Saggi Tascabili Bollati Boringhieri
28

Peter M. Hoffmann

GLI INGRANAGGI DI DIO

DAL CAOS MOLECOLARE ALLA VITA

Traduzione di Andrea Migliori

Bollati Boringhieri

Prima edizione in «Saggi Tascabili Bollati Boringhieri» novembre 2018

Titolo originale *Life's Ratchet. How Molecular Machines Extract Order from Chaos*

Torino, corso Vittorio Emanuele II, 86
Gruppo editoriale Mauri Spagnol
ISBN 978-88-339-3071-8

www.bollatiboringhieri.it

Stampato da Rotomail Italia S.p.A. di Vignate (Mi)

Anno				Edizione				
2026	2025	2024	2023	3	4	5	6	7

Indice

Gli ingranaggi di Dio

Gli ingranaggi di Dio

Al mio amore, mia moglie Patricia, e ai miei genitori,
che mi hanno insegnato a voler sempre sapere di più

RINGRAZIAMENTI

Un libro che comincia nell'antica Grecia e finisce all'ultima frontiera della ricerca contemporanea non potrebbe mai essere il frutto del lavoro di una persona sola. Sono molte le persone che, direttamente o indirettamente, mi hanno ispirato, aiutato, spinto o permesso, in un modo o in un altro, di scrivere queste pagine, e per questo le ringrazio.
Ringrazio anzitutto Patricia Dormanski, moglie adorabile e intelligente, artista e come me appassionata di scienza, per aver dedicato molte ore a leggere, criticare, rivedere e correggere bozza dopo bozza, finché anche l'ultima frase tortuosa, l'ultima parola inutile, l'ultimo paragrafo fiacco non sono stati cancellati. Se ne è rimasto qualcuno, è tutta colpa mia. Discutendo con lei ho avuto molte delle idee presenti nel libro; inoltre, le devo un ringraziamento speciale per aver avuto una pazienza quasi infinita nei miei confronti.
Ringrazio anche i miei genitori e i miei insegnanti per avermi dato l'amore per l'apprendimento, un dono che mi ha spinto a voler sempre imparare e sperimentare cose nuove. Questo libro è uno dei frutti di quel dono. Un ringraziamento va anche al professor Herbert Granger del Dipartimento di Filosofia della Wayne State University, che mi ha chiarito le idee sulla filosofia presocratica; al professor Rafael Fridman (Dipartimento di Patologia della WSU) e al professor Heinrich Hoerber (attualmente all'Università di Bristol) per avermi avviato alla ricerca biologica; nonché al mio collega fisico, il dottor Takeshi Sakamoto, per aver risposto alle mie numerose domande sulle macchine molecolari.
Per ultimo, ma non per importanza, ringrazio il mio agente, Russell Galen, così gentile da scommettere su di me anche quando il mio primo tentativo di proposta editoriale si era rivelato tutt'altro che stellare, e gli editor della Basic Books, T. J. Kelleher e Tisse Takagi, per i preziosi suggerimenti e per il loro sostegno.

Introduzione
Che cos'è la vita?

Piccola mosca,
La mia mano avventata
Ha spazzato via
Il tuo gioco d'estate.
Non sono io
Una mosca come te?
O non sei tu
Un uomo come me?
Anch'io ballo
E bevo e canto
Sinché una mano cieca
Non sfiori la mia ala...

William Blake

Che in origine la materia informe si sia data forma secondo leggi meccaniche, che la vita sia sorta dalla natura di ciò che è inanimato, che la materia sia riuscita a organizzarsi secondo forme e scopi di autoconservazione, [è] in contraddizione con la ragione.

Immanuel Kant

Un puntino nero mi passa davanti agli occhi con un ronzio. Lo schiaccio, distrattamente, e scopro di aver ucciso un moscerino della frutta. La cosa non dovrebbe turbarmi, ma ho distrutto un essere vivente, un'entità mobile e autonoma, capace di prendere decisioni, volare, trovare da mangiare e creare nuove copie di se stessa. Ho distrutto una macchina fantastica, la cui costruzione va ben al di là delle capacità dei nostri scienziati e ingegneri più brillanti. Guardo la creatura senza vita e penso: che cosa ha fatto sì che fino a un istante fa questa massa immobile di acqua e molecole organiche vivesse felice? Che cosa significa dire che qualcosa è «vivo»?

Sono un fisico, non un biologo. A essere sinceri, i miei studi di biologia sono terminati ufficialmente a 16 anni, e all'università non ho seguito una sola lezione sull'argomento. Ma allora perché scrivere questo libro? Al liceo mi piacevano le materie scientifiche e in modo particolare la matematica; non mi ero mai entusiasmato granché per la biologia, che ai miei occhi appariva come un mucchio di nozioni e noiose teorie *ad hoc* da imparare a memoria: una disciplina priva della coerenza, della chiarezza e dell'universalità tipiche della fisica. Rimasi dello stesso avviso per molti anni. Dopo la laurea lasciai la Germania, alla volta degli Stati Uniti, per il dottorato; per un po' fui il classico fisico arrogante che trova divertente la celebre frase di Ernest Rutherford: «La fisica è l'unica scienza; tutto il resto è come raccogliere francobolli».

La mia conversione ebbe inizio durante il dottorato in scienze dei materiali alla Johns Hopkins University. Il mio relatore, Peter Searson, era rimasto affascinato da un nuovo, potente strumento inventato solo otto anni prima: il microscopio a forza atomica (AFM, dall'inglese *atomic force microscope*). Non avendo dimestichezza con il suo funzionamento, diede a me e al mio amico Arun Natarajan il compito di capire come servirsene. Un AFM è mille volte più potente dei migliori microscopi ottici. Gli AFM non generano le immagini sfruttando la luce, come i microscopi tradizionali, ma a partire dal contatto con il campione, che viene percorso da una piccolissima sonda acuminata. Le forze microscopiche che agiscono su quest'ultima forniscono le informazioni necessarie a produrre l'immagine. Essendo molto appuntite – la loro sezione misura pochi nanometri – le sonde consentono di visualizzare oggetti estremamente piccoli.

Un giorno si presentò uno studente con alcuni campioni da esaminare. Aveva depositato delle molecole di DNA su un substrato piatto e si chiedeva se il nostro AFM fosse in grado di visualizzarle. Quando sullo schermo del computer apparvero le immagini di piccoli filamenti vermiformi rimanemmo senza parole: ognuno di loro era una singola molecola di DNA e il suo diametro era solo di due nanometri. Avevamo letteralmente toccato la molecola della vita.

Passò ancora qualche tempo prima che mi convertissi definitivamente alle meraviglie della biologia. Dopo un breve periodo come ricercatore alla Oxford University, approdai alla Wayne State University di Detroit, fresco di nomina di professore associato. In un primo tempo mi dedicai a ciò che sapevo fare: utilizzare l'AFM per osservare gli atomi e le molecole presenti su una superficie e misurare le loro interazioni. Erano due gli argomenti che mi affascinavano in modo particolare: lo strapotere del caso su scala atomica e le relazioni tra il mondo microscopico degli atomi e il nostro mondo macroscopico. Alla scala minuscola degli atomi e delle molecole regna il caos; agli ordini di grandezza umani, invece, prevale l'ordine (quasi sempre, almeno). Le origini di quest'ordine rappresentano l'argomento della meccanica statistica; misurando le forze all'opera in piccoli aggregati di atomi e di molecole esploravo la transizione da «rumore» a «ordine», cioè i limiti della meccanica statistica.

Come accade spesso nella vita, le nuove opportunità si sono presentate in maniera decisamente fortuita. Alla Wayne State University era arrivato un altro ricercatore esperto di AFM, Heinrich Hoerber. Hoerber, un pioniere dei nuovi metodi nanotecnologici applicati alla biologia molecolare, aveva svolto il post-dottorato con Gerard Binnig, che proprio per essere stato uno degli inventori dell'AFM aveva vinto il Nobel. Il lavoro di Hoerber mi affascinò, e quando lui accettò un posto all'Università di Bristol, nel Regno Unito, ereditai il suo progetto alla Wayne State: misurare il moto di certe macchine molecolari coinvolte nella diffusione del cancro. Mi si offriva un'opportunità per combinare l'interesse per la meccanica statistica e gli strumenti della nanotecnologia con qualcosa di nuovo: la biologia molecolare. Inoltre avrei potuto contribuire a una cura per il cancro. Così rinforzai le mie conoscenze di biologia e diedi una nuova direzione alle mie ricerche. Studiando la biologia molecolare rimasi affascinato dalla scienza delle macchine molecolari. Mi resi conto che la vita è frutto del rumore e del caos, filtrati dalle strutture di certe macchine molecolari sofisticatissime. Capii inoltre che non c'è obiettivo più interessante della comprensione del funzionamento di queste minuscole macchine, di come possano trasformare il caos in vita. Con questo libro ho voluto condividere la mia esperienza.

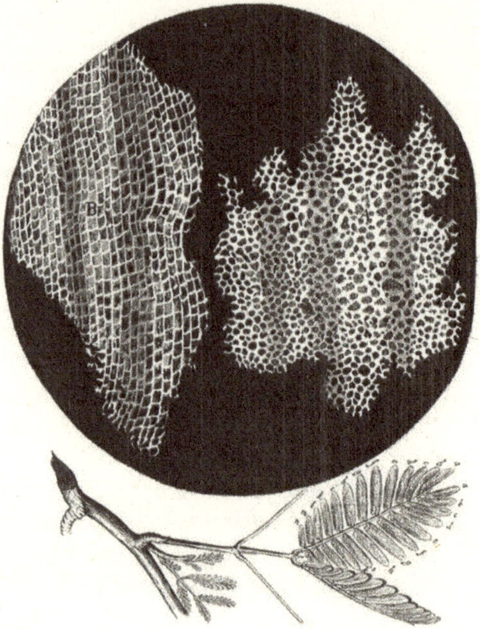

Figura 0.1
Le prime cellule viventi mai osservate e documentate. Da *Micrographia* di Robert Hooke (1665).

Che *cos'è* la vita? Gli scienziati cercano di rispondere alla domanda da quando esiste la scienza. Per Aristotele il corpo era composto di materia, ma per infondergli la vita era necessaria un'anima. È una concezione diffusa ancora oggi. Libri come *Il segreto* di Rhonda Byrne ci dicono che possediamo grandi riserve di «energia vitale» ancora intatte che possono aiutarci a diventare ricchi e felici. Nessuno, però, è mai riuscito a osservare una particolare forza vitale. Se si considera il bilancio dell'energia assunta (cibo) e di quella consumata (moto, calore) di qualsiasi organismo vivente, non c'è traccia di energia mancante o di scorte di energia mai sfruttate.

All'estremo opposto abbiamo l'idea che le creature viventi siano macchine incredibilmente complesse. Il filosofo francese Cartesio riteneva che gli animali (ma non gli uomini) fossero macchine prive di anima e non provassero dolore. Per esplorare i meccanismi interni degli animali Cartesio sosteneva l'utilità della vivisezione, una pratica che oggi giudichiamo incivile.

All'inizio del XVII secolo, l'invenzione del microscopio permise agli scienziati di cercare la vita su scale sempre più piccole. Il primo a descrivere le cellule biologiche fu Robert Hooke nell'opera *Micrographia* del 1665 (fig. 0.1). Per identificare nei cromosomi i vettori dell'ereditarietà si dovette attendere il 1902. La struttura del DNA fu decifrata nel 1953 e la prima struttura proteica su scala atomica fu svelata nel 1959. Ma nonostante gli scienziati scomponessero la vita in elementi sempre più piccoli, il suo segreto continuava a sfuggire.

Tutto questo significa che l'approccio riduzionista è destinato a fallire? Sono in tanti a crederlo, e tra questi molti eminenti biologi. A mio avviso, però, si sbagliano. Certo, il semplice riduzionismo non basta: molti fenomeni importanti e inattesi emergono solo dall'interazione complessa di più parti. Per spiegare questi fenomeni emergenti non ci si può limitare ad analizzare le loro singole componenti. L'*olismo* (l'idea che il tutto sia maggiore della somma delle sue parti) è un elemento insostituibile di qualsiasi spiegazione della vita.

Ciononostante, lo studio di pezzi sempre più piccoli di organismi viventi secondo l'approccio riduzionista è costellato da una serie ininterrotta di successi che potrebbero culminare in un premio di valore inestimabile, la soluzione di uno dei massimi misteri della vita: da dove nasce il «movimento per un fine» degli esseri viventi? Questo interrogativo, formulato da Aristotele più di duemila anni fa, costituisce ancora uno dei misteri fondamentali della vita. Aristotele attribuiva il movimento a un fine. Oggi, invece, dopo essere riusciti a penetrare nel regno delle molecole, ciò che troviamo non è un fine ma un movimento casuale. Quello stesso interrogativo si è così trasformato in un'altra grande domanda: come fanno le molecole a creare l'azione «secondo un fine» che caratterizza le cellule e i batteri? Come si passa da semplici aggregati di atomi ai movimenti complessi e organizzati che hanno luogo nelle cellule?

In questo libro troveremo una risposta a queste domande, che assillano la scienza e la filosofia da migliaia di anni. Che cosa ci ha impedito per così tanto tempo di risolvere il mistero? Non avevamo gli strumenti e i concetti giusti per studiare la vita su scala abbastanza piccola. E che cosa intendiamo per «abbastanza piccola»? Il segreto dei processi vitali si cela a una scala di un nanometro: un miliardesimo di metro.

Grazie ai progressi della nanotecnologia possiamo vedere all'opera i componenti elementari della vita: molecole in grado di muoversi autonomamente e di compiere attività specifiche come minuscoli robot. Le nostre cellule sono città piene di api operaie molecolari che, come per magia, si assemblano da sole, vanno dove sono richieste, fanno ciò che devono fare e infine vengono riciclate. Com'è possibile che semplici molecole si muovano secondo modalità ben precise per assolvere compiti ben precisi? Questi stupefacenti robot molecolari sono forse impregnati di una forza vitale speciale? Sono controllati da una coscienza superiore? La cosa potrà stupirvi, ma ciò che governa la vita alle scale più piccole non è una forza misteriosa e soprannaturale, pur avendo proprietà sorprendenti. La forza che governa la vita è il caos.

Come neofita della biologia molecolare, e potendo osservare le cose dal punto di vista peculiare di un fisico, mi sento particolarmente indicato a raccontare la storia delle nuove scoperte sulla vita al livello delle nanoscale. Non ho lavorato in questo campo così a lungo da poter dare qualcosa per scontato: tutto è nuovo ed entusiasmante e io desidero condividere questo entusiasmo con i miei lettori. Se posso raccontare questa storia, tuttavia, è grazie a chi mi ha preceduto: i biologi che hanno ricostruito con precisione meticolosa i processi chimici dell'attività cellulare, i biochimici che hanno identificato la natura chimica delle macchine molecolari cellulari e, più recentemente, i fisici che stanno cercando di identificare i princìpi generali alla base di tutto il trambusto che agita le nostre cellule. L'obiettivo principale di questo libro è quello di seguire le scoperte degli scienziati per scoprire che cosa trasforma una molecola in una macchina, e molte macchine molecolari in una cellula vivente.

Se cerchiamo di comprendere la vita seguendo l'approccio riduzionista, il punto di partenza delle nostre ricerche non può che trovarsi a livello molecolare. La vita, fondamentalmente, è una danza complessa di molecole che può essere capita nel contesto della fisica. Nel 1945, il premio Nobel per la fisica Erwin Schrödinger predisse che l'informazione genetica, lo schema a partire dal quale si costruisce un essere umano, doveva essere codificata nelle struttura delle molecole. Nel libro *Che cos'è la vita?* Schrödinger ipotizzò che il codice genetico fosse contenuto in «lettere» chimiche appartenenti a un cristallo aperiodico (oggi si preferisce chiamarlo «polimero»), e che le dimensioni di ogni lettera presente nel codice genetico fossero dell'ordine di pochi nanometri. Tredici anni dopo, le previsioni di natura fisica formulate da Schrödinger diedero al giovane Francis Crick l'ispirazione per decifrare il mistero del DNA. Crick e il suo collaboratore James Watson scoprirono che Schrödinger aveva visto giusto. Tutto quello che abbiamo imparato sulla vita a livello molecolare si è rivelato conforme a princìpi fisici noti. Questo libro segue la strada aperta da Schrödinger per osservare la vita dal punto di vista di un fisico.

Anche a livello molecolare, tuttavia, la vita rivela una complessità incredibile, senza la quale non potrebbe funzionare. Nel 1970 un altro premio Nobel, il biochimico francese Jacques Monod, giunse alla conclusione – esposta nel libro *Il caso e la necessità* – che i meccanismi complessi delle nostre cellule dovessero essere il frutto di una coincidenza cosmica incredibilmente fortunata: «L'universo non era impregnato di vita, né la biosfera portava l'uomo al suo interno. Il nostro numero è uscito al Casinò di Monte Carlo. C'è da stupirsi se ci sentiamo strani e lievemente irreali, proprio come chi ha appena vinto un milione alla roulette?». Molti scienziati hanno sposato la posizione di Monod a favore del caso rispetto alla necessità. Il loro timore è che la scienza venga travolta dal vitalismo e dalla religione. La necessità implica che l'esistenza della vita si spieghi con una ragione esterna. Se esiste realmente, deve esistere anche una forza motrice esterna alla fisica o alla biologia.

Altri scienziati la pensavano diversamente. Nel 1917, D'Arcy Wentworth Thompson, un biologo e matematico britannico, pubblicò un libro straordinario, *Crescita e forma*, in cui mostrava come la forma di piante e animali presentasse una serie di analogie con il mondo fisico non vivente. Thompson sosteneva che la forma del nostro corpo non è dovuta al caso ma è l'effetto *necessario* di forze fisiche e vincoli geometrici. Aveva trovato il modo per privilegiare la necessità rispetto al caso senza ricorrere alla religione o al vitalismo: secondo lui, la struttura di ogni organismo vivente era conseguenza necessaria della matematica e della fisica.

Man mano che ci addentriamo nel mondo microscopico delle molecole della vita, scopriamo che il caos, la casualità, il caso e il rumore sono nostri alleati. Senza le vibrazioni che scuotono gli atomi, le molecole della vita sarebbero come congelate, incapaci di muoversi. Se ci fosse solo il caos, d'altro canto, tutte quelle vibrazioni convulse non avrebbero un obiettivo. Affinché la tempesta molecolare si trasformi in una forza utile alla vita è necessario imbrigliarla e domarla servendosi delle leggi fisiche e di strutture complesse: in altre parole, servono macchine molecolari.

L'interazione feconda tra caso e necessità spiega anche in che modo l'evoluzione abbia «progettato» queste macchine raccoglitrici di caos. Il caso e la necessità possono addirittura spiegare il funzionamento della nostra mente e l'origine delle nostre intuizioni. Questo libro vuole rendere giustizia al caso, una forza di cui si è detto tutto il male possibile, perché senza il caso non avremmo l'universo, la vita e gli esseri umani, e non avremmo il pensiero.

Da dove viene il caos? Perché gli atomi si muovono senza sosta in maniera aleatoria? Il moto casuale degli atomi del nostro corpo è l'ultima traccia della creazione dell'universo. Il Big Bang ha creato un universo pieno di energia e lo ha riempito di stelle come il nostro Sole. Attraverso quest'ultimo, l'energia del Big Bang fa vibrare gli atomi delle nostre cellule, rendendo possibile la vita sulla Terra.

Che vi piaccia o no (e spero che una volta finito di leggere il libro l'idea vi abbia conquistato), il caos *è* la forza vitale. Attraverso l'effetto moderatore della legge fisica, che vi aggiunge un pizzico di necessità, il caso diventa la forza creatrice che muove e scuote il nostro universo. Tutte le cose belle che vediamo intorno a noi, dalle galassie ai girasoli, sono il risultato della collaborazione creativa tra il caos e la necessità. Il potenziale della vita era già scritto nel libro del nostro universo fin dal primo incontro tra le leggi della fisica e i movimenti violenti delle particelle elementari. Sono convinto che tutto ciò renda la storia della vita ancora più bella e le conferisca addirittura un aspetto spirituale.

Capire la vita non è facile. La sua natura fondamentale è uno degli interrogativi più inesplicabili della scienza. La letteratura scientifica trabocca di articoli che cercano di spiegare vari aspetti della vita, ma in molti casi si tratta di congetture, e molte di queste sono controverse. È raro che il grande pubblico sia informato sui progressi entusiasmanti compiuti dalla scienza, perché la loro comprensione richiede conoscenze approfondite di fisica, biologia e chimica. Come se non bastasse, la letteratura scientifica è scritta con un linguaggio tale che persino gli scienziati hanno difficoltà a capirsi a vicenda. In questo libro spazzerò via la nebbia dei geroglifici scientifici e farò in modo che le ultime teorie sulla vita diventino accessibili al lettore interessato. Non possiedo tutte le risposte, e alcune delle cose che ho scritto si riveleranno in futuro sbagliate. La scienza, però, non è un libro vecchio e polveroso pieno di fatti scontati. È una storia di scoperte, viva e pulsante, una vera avventura della mente umana.

Che l'avventura abbia inizio.

1.
La forza vitale

> Il corpo umano è una macchina che carica da sé i suoi meccanismi, immagine vivente del moto perpetuo
>
> Julien Offray de La Mettrie

> Vieni, ha detto la mia anima,
> scriviamo per il mio corpo questi versi (noi siamo una cosa sola)
>
> Walt Whitman, *Foglie d'erba*

La vita è la danza di un'ape e il ruggito di un leone. È l'intrico di una foresta tropicale e la battaglia mortale tra i batteri e l'organismo ospite. La vita è l'ameba e l'elefante, l'evoluzione e l'estinzione; è il potere di trasformare il pianeta. La complessità e la varietà della vita sono stupefacenti, ma per i fisici la vita comincia a un livello più elementare. La vita è nata miliardi di anni fa da un circolo di molecole danzanti. Le cellule del leone e dell'ape, quelle dell'umile lievito e della possente balenottera azzurra condividono le stesse molecole animate da movimenti frenetici; siamo tutti cugini.

Pur fondandosi su molecole ed energia, tuttavia, la vita sembra non voler sottostare a una spiegazione puramente fisica. Osservando un essere vivente lo riconosciamo immediatamente come tale, e vediamo che è fondamentalmente diverso da una roccia o da una nuvola. Se cerchiamo di definire che cos'è la vita, però, cominciano le difficoltà. Sembra esserci qualcosa di indefinibile, un ingrediente speciale che separa la materia inanimata dalle creature viventi. Quando muore una persona cara ci disperiamo per la nostra incapacità di ricreare la vita: è come se una componente particolare, una «forza vitale», avesse abbandonato il corpo. La vita sembra destinata a sfuggire per sempre alla nostra capacità di comprensione.

Sappiamo però che la scienza moderna è in grado di manipolare la vita. La scienza ha sviluppato gli strumenti per esplorare il cuore stesso della materia vivente: pensiamo all'ingegneria genetica o alle tecniche di visualizzazione dell'attività cerebrale. La dicotomia che vede da una parte la magia e lo scopo della vita, così come li sperimentiamo tutti i giorni, e dall'altra il fatto che cercando l'ingrediente magico finiamo sempre per trovare materia bruta e ingranaggi meccanici, ossessiona la mente umana da migliaia di anni. Ne è nata una battaglia senza fine tra chi vede lo scopo e chi vede il meccanismo. È una battaglia in cui le sorti dei due contendenti si alternano regolarmente. Possiamo dire che l'esito della battaglia è ormai segnato? E se è così, chi ha vinto?

Il segreto

Se dovessi votare per eleggere i termini scientifici più abusati, *energia*, *potenza* e *forza* sarebbero tra i candidati alla vittoria. Secondo Bob Proctor, esperto di comunicazione motivazionale, gli esseri umani sono un'incredibile fonte di potenza: potrebbero usare la «potenza racchiusa nel loro corpo» per illuminare «un'intera città per quasi una settimana».[1]

Dato che Proctor è così preciso («quasi una settimana»; e perché non una settimana intera?), vale la pena controllare i suoi calcoli. Scopriamo così che calcolare la potenza di picco generata da un essere umano è relativamente facile. La potenza, in fisica, esprime la *velocità* con la quale l'energia viene convertita da una forma a un'altra e non la quantità di energia disponibile. Proctor confonde potenza ed energia, ma non voglio stare qui a sottilizzare.

Facciamo finta che Proctor volesse dire che la potenza di picco di un essere umano sia equivalente alle centinaia di migliaia di lampadine che illuminano una città. Gli esseri umani

[1] Bob Proctor, esperto di comunicazione motivazionale, in *The Secret*, diretto da Drew Heriot (Prime Time Productions, 2006). La citazione proviene dal sito IMDb, «Memorable Quotes for *The Secret* (2006)», http://www.imdb.com/title/tt0846789/-quotes?ref__= tt__ql__3.

trasformano l'energia fornita dal cibo in movimento, calore e pensiero. L'energia si conserva. L'energia spesa nell'arco di una giornata proviene dal cibo che mangiamo. L'apporto energetico del cibo è, tipicamente, di 2500 kilocalorie al giorno. Una kilocaloria è pari a 4184 joule. Un essere umano che consuma 2500 kilocalorie assume ogni giorno una quantità di energia pari a circa 10,5 milioni di joule (2500 × 4184 joule). Sembra davvero tanto. Un giorno, però, contiene 86 400 secondi, e quindi la *velocità* con la quale il nostro corpo trasforma quell'energia è pari a 10,5 milioni di joule divisi per 86 400 secondi, vale a dire circa 120 watt (dove 1 watt = 1 joule/secondo). Altro che l'intera città: un essere umano ha all'incirca la stessa potenza di picco di *una* lampadina.

Gli esseri umani parlano, scrivono e amano usando la stessa quantità di energia al secondo di una lampadina, un dispositivo che non fa altro che diffondere luce e scaldarsi. Lungi dallo sminuire gli esseri umani, questo fatto incredibile testimonia la meravigliosa complessità dei nostri corpi, capaci di fare così tanto con così poco.

Gli esseri umani e le altre creature viventi non sono fonti di energia. Noi siamo consumatori di energia: ingeriamo energia di alta qualità sotto forma di cibo e la rilasciamo nell'ambiente sotto forma di calore, cioè energia di bassa qualità. Quando smettiamo di mangiare moriamo di fame. È un semplice dato di fatto, che non costituisce certamente una novità: eppure ci sono libri come *Il segreto* di Rhonda Byrne (nel quale si afferma che «gli esseri umani gestiscono la propria energia magnetizzante») che vendono milioni di copie per farci credere che dentro di noi esistono sorgenti di energia ancora inutilizzate.[2] Perché un'idea simile è così convincente? Da dove viene questa mania dell'energia e della forza vitale?

[2] Rhonda Byrne, *The Secret*, Atria Books, New York 2006 [trad. it.: *Il segreto*, Macro, Diegaro di Cesena 2007]. La frase successiva di Byrne, dopo l'affermazione che «gli esseri umani gestiscono la propria energia magnetizzante», va ancora più in là: «Siete magneti carichi di energia, e così energizzate elettricamente ogni cosa verso di voi». È una frase senza senso, che non trovereste mai in un libro di fisica. Quando si tratta di pubblicare un libro, però, dire cose di senso scientifico compiuto non conta. Dopo tutto, *The Secret* ha venduto milioni di copie.

L'idea che la vita sia impregnata di energie o forze speciali è vecchia come il genere umano. Se oggi la gente è attratta da libri come *Il segreto* è perché l'idea che esista una forza vitale è radicata nelle profondità della nostra psiche. È da almeno centomila anni che l'uomo cerca di colmare il divario tra la vita e la morte mettendo fiori, cibo o utensili nelle sepolture dei propri defunti. Per i nostri antenati la morte era uno stato innaturale, dato che tutto, in natura, sembrava essere vivo, mutevole e in perenne movimento.

Le forze naturali del movimento e del cambiamento erano associate all'*anima*. L'animismo, la credenza che in natura tutto fosse vivo e obbedisse a forze spirituali, sopravvisse allo scorrere dei secoli ed entrò nel patrimonio filosofico nobile dell'Europa, dove era ancora presente in pieno XX secolo.[3] L'uso di cristalli e magneti «magici» a scopo di guarigione è tuttora parte integrante delle credenze di molte persone, convinte che oggetti del genere possiedano un'energia speciale capace di influenzare la vita e la salute. Per gli animisti non erano solo gli animali a essere vivi, ma anche le rocce, il vento e i fiumi. In un sistema di credenze di questo tipo il concetto di morte non aveva molto senso. Gli antichi credevano che una persona non morisse realmente, ma che il suo spirito andasse altrove. Per questo era importante fornire al morto doni e utensili per la sua nuova esistenza. La distinzione tra esseri viventi e materia inanimata, che oggi suona così familiare, si sviluppò solo molto più tardi. Quando accadde, la maggior parte delle cose – le rocce, l'acqua, l'aria – furono riconosciute come prive di vita, e l'*essere vivi* divenne un mistero in attesa di spiegazione. La materia vivente cominciò a essere considerata sostanzialmente diversa da tutta l'altra materia e si pensò che dovesse essere dotata di forze straordinarie oppure di un'anima. Questo insieme di credenze è detto *vitalismo*.

[3] Nel ripercorrere la storia delle credenze e delle conoscenze sulla vita, mi limiterò alla scienza e alla filosofia dell'Occidente. Non intendo sminuire le idee e i successi delle altre culture, ma il pensiero occidentale ci fornisce molti degli esempi relativi al modo di riflettere sulla vita. E sebbene il pensiero occidentale sia stato influenzato da numerosi fattori esterni importanti, la scienza moderna è fondamentalmente il frutto della storia della filosofia europea, a partire dagli antichi Greci.

Il vitalismo nacque con i Greci, in particolare con il filosofo e scienziato Aristotele (384-322 a.C.). Per Aristotele, la vita era diversa dalla materia inanimata perché possedeva «un'anima». Non è un caso che associamo il termine «animato» all'idea di movimento. Il movimento secondo un fine, che comprende la locomozione, la crescita e il moto interno dell'organismo, era per Aristotele (ed è ancora oggi) la caratteristica più evidente della vita.

Aristotele dedicò molto tempo a riflettere sull'anima, come testimonia il trattato *De anima*, e identificò una serie di problemi legati alla sua definizione: l'anima è un tutto o è composta da parti? Esistono tipi di anima diversi per i cavalli, i cani e le persone? Qual è il rapporto tra l'anima e il corpo? Aristotele capì che la distinzione tra anima e corpo rappresentava un problema: «Le affezioni appartengono tutte al complesso formato da corpo e anima o ve ne sarà qualcuna che è propria della sola anima? ... Sembra che nella maggior parte dei casi l'anima non subisca né operi nulla indipendentemente dal corpo». Pur avendo sollevato il problema, però, Aristotele non arrivò mai a interrogarsi sulla necessità dell'anima. In effetti una domanda del genere gli sarebbe parsa assurda, poiché per lui e per gli altri Greci l'esistenza dell'anima era un fatto assodato: «La conoscenza dell'anima ... contribuisce grandemente alla verità in tutti i campi e, soprattutto, alla comprensione della natura, poiché l'anima è ... il principio della ... vita».

L'atomismo

Studiando filosofia al liceo, la prima cosa che notai fu tutto quello che i Greci non avevano capito. Il mio ego di adolescente giudicava ingenuo pensare alla terra o al fuoco come elementi. In realtà i Greci compirono enormi passi avanti, dalla fede negli dèi dell'Olimpo, Zeus e Hera, alla descrizione della natura con un modello fondato su quattro elementi. I Greci furono anche i primi a basare le loro idee su osservazioni scientifiche. Il filosofo Anassimene di Mileto (585-529 a.C.) concluse che l'elemento fondamentale era l'aria perché poteva

Figura 1.1
Democrito nella raffigurazione tradizionale del filosofo barbuto che ride. Se c'è qualcuno che nella storia della scienza ha riso per ultimo, di sicuro è stato lui. Sugli atomi, in fondo, aveva (quasi) ragione.

rarefarsi o condensarsi. La sua idea si basava sull'osservazione dei fenomeni di evaporazione, condensazione, essiccamento e umidificazione. Tra le altre osservazioni che guidarono la filosofia greca troviamo la crescita dei semi (Anassimandro), la respirazione (Anassimene), la presenza dei fossili nelle rocce (Senofane), la necessità dell'acqua per vivere e galleggiare (Talete) e il moto aleatorio della polvere in sospensione (Democrito; fig. 1.1).

Aristotele fu senza dubbio il più prolifico (e il più scientifico) di tutti i filosofi greci. Il suo *De anima* comprende una panoramica delle riflessioni compiute dai suoi predecessori sul mistero dell'anima. Partendo da dati sperimentali estremamente scarsi, i filosofi dell'antichità erano giunti incredibilmente vicini a concetti moderni: secondo Aristotele, il filosofo Democrito pensava che l'anima fosse un fuoco formato da miriadi di particelle che si urtavano in continuazione e che chiamò «atomi». Democrito trovò l'ispirazione per l'idea del movimento ininterrotto degli atomi osservando il movimento casuale dei granelli di polvere ai raggi di sole. Come vedremo, il moto incessante degli atomi e delle molecole – che possiamo definire a ragion veduta *tempesta molecolare* – ha un ruolo centrale in ciò che oggi sappiamo sulla vita.

Purtroppo Aristotele bollò come assurde le idee di Democrito e di Pitagora, ritenendo che il movimento non risultasse dal moto casuale degli atomi ma dal pensiero e dalla volontà:

Democrito afferma che ... gli atomi ... con il loro moto incessante attirano il ... corpo dietro di sé e così ne generano i movimenti ... Possiamo obiettare che non è così che l'anima figura come causa del moto negli animali, ma attraverso l'intenzione o il processo del pensiero.

Dai filosofi greci ai biologi degli inizi del XIX secolo, quindi, le soluzioni proposte per spiegare la vita furono tre: assumere l'esistenza di un principio superiore universale che determina lo scopo dell'intero universo (animismo), assumere che una forza vitale speciale distingua la vita dalla materia bruta, limitando così l'esistenza di uno scopo ai soli organismi viventi (vitalismo), o negare in blocco l'esistenza di uno scopo (meccanicismo, atomismo). Ognuno di questi approcci aveva i suoi problemi. L'animismo cancellava la distinzione netta tra ciò che è vivo e ciò che non lo è; il vitalismo introduceva in maniera ingiustificata una forza invisibile, sollevando un interrogativo in più (sulle modalità di interazione tra questa forza e il corpo), e l'atomismo pareva incapace di spiegare le attività degli esseri viventi che sembravano avere uno scopo ben preciso, come la crescita e la riproduzione.

L'atomismo conobbe una breve rinascita con Epicuro (341-270 a.C.) e in seguito fu ripreso dal filosofo romano Lucrezio (99-55 a.C.) nel celebre poema *De rerum natura*. Per spiegare l'universo attraverso il moto degli atomi, Epicuro inventò il *clinamen*, la deviazione casuale e improvvisa degli atomi dalla prevedibile traiettoria rettilinea originale. Il clinamen spiegava in che modo gli atomi si aggregavano tra di loro o rimbalzavano gli uni sugli altri. Spiegava la creazione, la spontaneità, il caso e il libero arbitrio. L'idea del clinamen può sembrare ingiustificata, ma Epicuro aveva capito che una spiegazione atomistica dell'universo aveva bisogno di una miscela di caso e di necessità.

Tuttavia, la difficoltà di conciliare il moto casuale degli atomi con l'evidente presenza di uno scopo nella vita segnò la condanna dell'atomismo per molti secoli, condizionando negativamente fino a oggi la nostra conoscenza della vita. La battaglia tra l'anima e l'atomo continuò a essere un elemento determinante per la comprensione della vita, anche se i termini del conflitto mutarono man mano che la conoscenza biologica progrediva.

Nell'antichità, le posizioni oscillavano in particolare tra vitalismo e animismo. Avendo capito perfettamente che la vita era speciale, Aristotele non diede un'anima alle rocce e alle montagne. Tuttavia, il moto doveva essere legato a un obiettivo: una roccia «voleva» cadere perché era composta dall'elemento terra e alla terra voleva tornare. Gli Stoici (una scuola filosofica fondata da Zenone di Cizio intorno al 300 a.C.) credevano invece in un mondo più animistico, in cui una misteriosa forza regolatrice, lo *pneuma* («respiro»), era all'origine di tutti gli esseri viventi. Lo pneuma era come una versione antica della «forza» di *Guerre Stellari*, il campo energetico immaginario creato da ogni essere vivente.

Con l'avvento del Cristianesimo, sia l'atomismo di Epicuro sia l'animismo degli Stoici caddero in disgrazia. Ai primi cristiani risultava molto più appetibile la filosofia di Platone, basata sul mondo trascendente delle idee in contrapposizione alla nostra realtà materiale. L'universo di Platone non nasceva dal caso ma dalla ragione. Ecco cosa scriveva l'evangelista Giovanni, impregnato di filosofia platonica: «In principio era il Verbo, e il Verbo era presso Dio, e il Verbo era Dio». Ispirandosi a Giovanni, la Chiesa antica (soprattutto sant'Agostino) stabilì l'uguaglianza tra il «Verbo» – la ragione – e Dio, e tra il mondo delle idee e il paradiso. Il mondo materiale fu relegato a semplice riflesso corrotto di quello spirituale: era quest'ultimo a contenere la vera verità, quella di Dio.

Molti degli scritti di Aristotele, che l'Occidente credette persi per quasi mille anni, furono salvati dagli arabi, grazie ai quali, nel XII secolo, le sue opere fecero nuovamente il loro ingresso nella filosofia occidentale. Le prime scuole di teologia di Parigi, Oxford, Toledo e Colonia, che in seguito si trasformarono in università, furono folgorate dall'incontro con la conoscenza enciclopedica contenuta nei numerosi scritti aristotelici, che spaziavano dalla logica alla fisica, dalla politica alla biologia. Aristotele, a differenza di Platone, vedeva nel mondo materiale l'elemento fondamentale; le idee, per lui, erano mere generalizzazioni di oggetti e fenomeni osservati. Da questo punto di vista non era molto distante dalle posizioni degli scienziati odierni.

Con le sue idee, Aristotele minacciava la teologia neoplatonica ufficiale dell'epoca, ma non poteva essere ignorato: il suo pensiero era troppo esauriente e ben argomentato per essere messo da parte. L'opera di riconciliazione tra la teologia cristiana e il pensiero di Aristotele portò così alla nascita di una nuova filosofia, la *Scolastica*. Non tutto il contenuto dei libri di Aristotele era in contraddizione con le credenze cristiane. L'atomismo, ad esempio, vi era esplicitamente rifiutato, così come l'idea che il caso avesse un ruolo significativo nell'universo. Per Aristotele, la forza più importante era il fine. Anche il movimento aveva bisogno di una spiegazione, non potendo essere attribuito all'inesplicabile moto casuale degli atomi. Così Aristotele aveva postulato l'esistenza di un primo mobile che san Tommaso d'Aquino, il più famoso di tutti i filosofi scolastici del XIII secolo, identificò con Dio. Negli esseri viventi, l'anima era il primo mobile. Secondo Aristotele, «[l'anima] agisce e [il corpo] subisce l'azione, [il corpo] viene mosso e [l'anima] muove».

Il concetto aristotelico di anima resiste ancora, ed è evidente nel catechismo della Chiesa cattolica:

> Il termine «anima» designa anche tutto ciò che nell'uomo vi è di più intimo e di maggior valore, ciò per cui più particolarmente egli è immagine di Dio: «anima» significa il principio spirituale nell'uomo ... L'unità dell'anima e del corpo è così profonda che si deve considerare l'anima come la «forma» del corpo; ciò significa che grazie all'anima spirituale il corpo, composto di materia, è un corpo umano e vivente; lo spirito e la materia, nell'uomo, non sono due nature congiunte, ma la loro unione forma un'unica natura.

L'idea dell'anima come forma e principio vitale del corpo proviene da Aristotele. Nel catechismo cattolico, il termine «anima» ha due accezioni: «forma» aristotelica che dà la vita e «principio spirituale». Si tratta di due concetti dal significato radicalmente diverso, sebbene spesso vengano considerati come una cosa sola.

Oggi la fisica, la chimica e la teoria dell'evoluzione sono in grado di dire che cosa rende viva una cellula o un organismo e che cosa dia loro una «forma». I corpi sono aggregati complessi di cellule interagenti che operano secondo un programma evoluto scritto nel DNA. Contrariamente a ciò che pensava Aristotele, la forma, la locomozione, la nutrizione o la riproduzione non hanno bisogno di un'anima. L'idea di anima può avere un senso nella seconda accezione, cioè come essenza unica e incorporea di un essere umano; come sintesi di quegli aspetti di un essere vivente che riguardano la personalità, la dignità, l'intelligenza, la mente e le relazioni con gli altri.

L'adozione da parte del Cristianesimo delle idee aristoteliche, che in un primo momento apparvero come una novità radicale, paralizzò la scienza per molti secoli. I filosofi greci apprezzavano la discussione, ed è ragionevole credere che Aristotele sarebbe inorridito se avesse scoperto che le sue riflessioni sarebbero state prese come un vangelo.

Medicina e magia

Le idee vitalistiche dei filosofi greci, unite alla loro originale propensione per l'osservazione scientifica, influenzarono profondamente l'applicazione pratica per eccellenza delle scienze della vita: la medicina. Inizialmente fondata sulla magia e sul potere di guarigione della fede, la medicina trovò un fondamento più razionale con Ippocrate e con i pensatori ippocratici vissuti ai tempi di Aristotele. Divenne così una scienza razionale basata sulla conoscenza dell'universo. L'evoluzione della medicina greca (e, successivamente, di quella romana) culminò nelle idee di Galeno (129-217 d.C.), i cui libri dominarono la pratica medica occidentale per 1400 anni. Ancora nel 1559, un membro del London College of Physicians che aveva osato criticare Galeno di fronte ai propri colleghi dovette ritrattare le proprie affermazioni.

La medicina di Galeno, che si fondava sulla filosofia di Aristotele e su idee di estrazione stoica, era profondamente vitalista: si ispirava ai quattro elementi degli antichi, che per Galeno erano i fluidi vitali del corpo (o «umori»). Galeno credeva che lo pneuma, lo «spirito vitale» che circolava nell'aria, entrasse nel corpo attraverso i polmoni. Nel cuore lo pneuma si mescolava con il sangue (uno dei quattro umori) per produrre gli «spiriti vitali», responsabili del movimento. In quanto parte dell'anima, gli spiriti vitali erano associati al calore, il quale, secondo Galeno, veniva prodotto nel cuore quando il sangue si mescolava con l'aria. Le connessioni tra l'aria, il calore e l'anima sono un tema ricorrente, che dall'antica Grecia raggiunge gli albori della scienza moderna. E come vedremo, l'idea che il calore sia la «potenza vitale» non è così lontana dal vero come si potrebbe pensare.

La medicina dell'antichità univa le osservazioni (che nel caso di Galeno provenivano soprattutto dalla dissezione di animali) a una visione filosofica dell'universo. Per i medici la vita era associata al calore e il calore era generato dal fuoco (uno dei quattro elementi tradizionali), il quale, a sua volta, doveva essere alimentato dall'aria (un altro degli elementi). Poteva accadere che ragionamenti del genere portassero a risposte non lontane da quella giusta, ma in ultima analisi si può dire che gli antichi erano prigionieri delle proprie concezioni filosofiche. Senza i metodi della medicina moderna – esperimenti controllati, verifica delle ipotesi e ragionamenti quantitativi – la medicina rimase in una situazione di stallo per più di 1400 anni.

Nel Rinascimento, quando lo studio della natura umana assunse un ruolo centrale, la medicina, l'astronomia e la fisica riuscirono finalmente a liberarsi dai lacci del pensiero aristotelico e galenico. Il Rinascimento fu un'epoca di riscoperta e di rivalutazione, nel corso della quale gli studiosi setacciarono il globo alla ricerca di manoscritti antichi. A consentire ai medici rinascimentali di rompere con Galeno e Aristotele non fu la scoperta dei metodi scientifici moderni, ma quella di antichi manoscritti di *magia*. Ragionando in termini di corrispondenza tra il corpo umano e l'universo nel suo insieme, i maghi dell'antichità erano giunti allo sviluppo della medicina alchemica. Nell'opera *Delle cose naturali e soprannaturali*, il monaco e alchimista benedettino Basilio Valentino dà una ricetta per lo «Spirito di Mercurio ... che cura ogni malattia, poco importa se si tratta di idropisia, consunzione, gotta, calcoli, epilessia, apoplessia, lebbra o altro»: una ricetta che senza dubbio aveva più probabilità di causare l'apoplessia che di guarirla.

Il principale sostenitore della nuova medicina fu il medico svizzero Philippus Aureolus Teophrastus Bombastus von Hohenheim (1493-1541), più noto come Paracelso (per quanto ne sappiamo, il termine inglese *bombastic*, «pomposo», non deriva dal terzo nome di Hohenheim, che tuttavia pomposo lo era di sicuro: «Lasciate che vi dica una cosa: ogni pelo del mio collo sa più cose di voi e di tutti i vostri scribi, i lacci delle mie scarpe sono più dotti dei vostri Galeno e Avicenna, e la mia barba ha più esperienza di tutti i vostri illustri colleghi»). In molti casi la medicina alchemica di Paracelso non si rivelò migliore dei vecchi rimedi greci, ma la sua rottura con la tradizione antica e l'enfasi posta sull'uso della chimica costituirono un passo avanti importante. A volte le parole di Paracelso suonano anche incredibilmente moderne: «La medicina non è solo una scienza; è anche un'arte. Non consiste unicamente nella preparazione di pillole e impiastri; il suo oggetto sono i processi stessi alla base della vita, che vanno capiti prima di poterli governare».

La convivenza tra i diversi approcci nei confronti della medicina – i rimedi tradizionali a base di erbe, la medicina galenica basata sull'equilibrio degli umori e la medicina alchemica di Paracelso – provocò controversie accese, che spesso poggiavano su argomentazioni che oggi ci appaiono discutibili. Tuttavia, il fatto che *se ne discutesse* segnò l'ingresso nell'era della scienza critica moderna.

Il meccanicismo

La battaglia tra la medicina antica e quella alchemica infuriava ancora quando si fece strada una nuova idea: che il corpo umano non fosse altro che una macchina e che le sue funzioni potessero essere descritte da un insieme di componenti discreti. Eroe involontario della visione meccanicista della vita fu il medico inglese William Harvey (1578-1657), un convinto vitalista che credeva ancora negli spiriti vitali di Galeno. Eppure proprio lui fu il primo a capire la vera funzione del cuore. Secondo la medicina galenica il cuore era la sorgente del calore che fluiva nel sangue, oltre a essere il luogo in cui il sangue e l'aria si mescolavano per generare gli «spiriti vitali». Galeno credeva che le arterie avessero origine nel cuore e le vene nel fegato; arterie e vene nella sua concezione formavano cioè due sistemi separati, connessi solo attraverso il setto poroso del cuore.

Le prove a favore di una natura porosa del setto erano ben poche, ma pochi erano anche i medici abbastanza coraggiosi da mettere in discussione le teorie di Galeno. Il celebre medico Andrea Vesalio (1514-1564), autore di alcuni tra i libri di anatomia umana più autorevoli e dettagliati, non aveva trovato alcuna porosità; ciononostante, nella prima edizione del suo *De fabrica* si era allineato sulle posizioni di Galeno:

> Il setto è formato dalle più dense sostanze del cuore. Abbonda di cavità su entrambi i lati. Di queste, nessuna, secondo quanto percepiscono i sensi, penetra dal ventricolo destro a quello sinistro. Proviamo meraviglia per l'arte del Creatore che permette al sangue di fluire ... attraverso pori invisibili.

Già nella seconda edizione del libro, però, Vesalio dovette ammettere – non senza rammarico – che era semplicemente impossibile che la teoria di Galeno fosse corretta.

Harvey, che come Vesalio prima di lui aveva studiato all'Università di Padova, si trovò la strada spianata. Il modo in cui confutò Galeno fu inappellabile: non si limitò alle dissezioni e alle osservazioni, ma fece anche ricorso a un ragionamento *quantitativo* semplice e potente, cui nessuno aveva mai pensato. Se il cuore era la fonte del sangue, la quantità totale di sangue generata dal cuore poteva essere stimata facilmente, moltiplicando il volume del cuore per la frequenza delle pulsazioni. Così facendo si otteneva un numero enorme: 250 chili all'ora. Dove finiva tutto quel sangue? L'unica spiegazione sensata era che nel corpo circolasse una quantità di sangue limitata, e che tutto quello che il cuore pompava verso l'esterno ritornasse al cuore in breve tempo. Il ragionamento matematico di Harvey ebbe un impatto enorme sull'evoluzione delle scienze biologiche: la vita, come il resto della natura, poteva essere sottoposta a un'analisi quantitativa e a esperimenti accurati.

L'adozione di metodi scientifici moderni da parte di Harvey non impedì che il suo lavoro ricevesse il plauso del medico paracelsiano Robert Fludd (1574-1637), che vide nella circolazione sanguigna una conferma della sua visione alchemica di una corrispondenza tra il mondo microscopico del corpo umano e quello macroscopico delle stelle: così come i pianeti si muovono intorno al Sole, affermava Fludd, il sangue circola intorno al cuore. Le scoperte di Harvey, tuttavia, riscossero anche l'approvazione di scienziati e filosofi di scuola più moderna, in modo particolare Cartesio (1596-1650), che nella sua *Descrizione del corpo umano* si schierò con decisione a favore di Harvey, affermando che il corpo era una macchina.

Le idee filosofiche di Cartesio costituirono un importante passo avanti verso una visione meccanicista della vita. I suoi esperimenti (a volte raccapriccianti) sugli animali lo portarono a intuire che il corpo era paragonabile a una macchina dotata di pompe e tubi. Cartesio fu uno dei primi filosofi naturali a sostenere la necessità di studiare il corpo umano da un punto di vista meccanico, astenendosi dall'invocare forze misteriose. Le sue convinzioni lo misero nei pasticci con la Chiesa cattolica, nonostante egli fosse un praticante devoto. Sforzandosi di riconciliare le sue idee sulla natura con la teologia cattolica, Cartesio trovò la soluzione nella separazione della «mente» dal resto della descrizione meccanicista. La mente, o spirito, diventava così il regno dell'anima e del divino, mentre il corpo era una semplice macchina. L'anima, che un tempo spiegava ogni cosa, dalla crescita delle piante alla mente umana, si trovò confinata nella mente. Tutto il resto era materia in movimento.

I primi atomisti moderni dopo la scomparsa pressoché totale dell'atomismo nel corso del Medio Evo furono Isaac Beeckman (1588-1637), un filosofo e scienziato olandese, e Pierre Gassendi (1592-1655), un gesuita francese. Beeckman, insegnante e amico di Cartesio, era considerato uno degli uomini più istruiti d'Europa. Gassendi lo seguì nella campagna a favore di una rinascita atomista, cercando in tutti i modi di far digerire l'atomismo epicureo alla Chiesa cattolica. Il suo approccio era diverso da quello di Cartesio: mentre quest'ultimo aveva creato il *dualismo* tra il regno della materia e quello dell'anima, Gassendi infuse nei suoi atomi la potenza divina, tornando così a una visione animistica dell'universo. Se la vita dipendeva dagli atomi, allora occorreva dotare queste particelle dell'intelligenza necessaria. E chi poteva dare agli atomi quell'intelligenza? Dio, naturalmente.

L'idea fu ripresa dal filosofo tedesco Gottfried Leibniz (1646-1716), che sostituì gli atomi con le «monadi», unità atomiche del pensiero. I filosofi materialisti successivi, però, eliminarono qualsiasi riferimento a Dio; al suo posto attribuirono agli atomi un fine non creato, un'idea che il filosofo Voltaire (1694-1778), vissuto durante l'Illuminismo, trovava insensata. Secondo Voltaire, l'idea che gli atomi possedessero qualche sorta di intelligenza non creata era ridicola. A quel punto non era più semplice credere in Dio? Dopo duemila anni di discussioni, sembrava proprio che i filosofi non si fossero mossi granché dalle posizioni di Aristotele e Democrito.

Quest'ultima affermazione, però, è ingiusta: la visione meccanicista del mondo, la rinascita dell'atomismo e la combinazione tra analisi razionale ed esperimento furono il punto di partenza di una delle fasi più importanti della storia della scienza, quella rivoluzione scientifica che durò dalla fine del XVI al XVIII secolo. Fu allora che nacque la scienza moderna e che i filosofi naturali cominciarono a distinguere tra scienza e misticismo. Le figure di gran lunga più importanti del periodo furono Galileo Galilei (1564-1642) e Isaac Newton (1642-1726). Entrambi erano atomisti e credevano nell'uso della ragione e degli esperimenti per scoprire nuove verità sulla natura. Per Newton, la formazione della materia da parte degli atomi era un processo di tipo lucreziano, in cui minuscole particelle rigide si uniscono e formano particelle più grandi. In tal modo si riusciva a spiegare la rottura dei materiali, che avviene «non nel mezzo di particelle solide ma là dove tali particelle si dispongono le une accanto alle altre, entrando in contatto in pochi punti».

Newton si trovava alla frontiera tra il misticismo rinascimentale e la scienza moderna. Si è detto molto dei suoi interessi per l'alchimia e per le sue misteriose ricerche teologiche, ma si tende a dimenticare che fu l'alchimia a fargli capire l'importanza dell'approccio sperimentale e a confermare la validità del suo atomismo. Newton sembrava essere consapevole della differenza tra misticismo e scienza e fu attento a mantenere separati i suoi studi alchemici e teologici dalle opere scientifiche e matematiche, al punto di arrivare a difendere le sue scoperte scientifiche da chi pensava che stesse propugnando l'esistenza di nuove forze occulte:

> Io considero questi princìpi non come qualità occulte che si immaginano sorgere dalle forme specifiche delle cose, ma come leggi generali della natura, dalle quali le stesse cose sono formate. La realtà di questi princìpi ci si manifesta attraverso i fenomeni, quantunque non ne siano ancora state scoperte le cause.[4]

La filosofia meccanicista e il nuovo atomismo spinsero i protagonisti della rivoluzione scientifica a esaminare con attenzione sempre maggiore il mondo vivente; parallelamente, i progressi compiuti dall'ottica permisero di dedicare nuovi strumenti alla ricerca degli «atomi» della natura. In Olanda, verso la fine del XVI secolo, gli occhialai Zacharias Janssen e suo figlio Hans inventarono il microscopio, poi perfezionato da Galileo (1609) e da Cornelius Drebbel (1619). Nel 1614 Galileo osservò che le mosche avevano «i peli». Altri osservarono gli acari e la struttura dell'occhio della mosca. Nel 1665 Robert Hooke (1635-1703) pubblicò *Micrographia*, il più celebre tra i primi libri dedicati alle osservazioni al microscopio. Hooke, sperimentatore esperto, si era servito del microscopio che lui stesso aveva costruito per osservare di tutto, dalle pulci ai «sassi» presenti nelle urine. I primi microscopisti scoprirono quelle che Hooke definì «le piccole macchine della natura», dalle zampe delle pulci agli organismi unicellulari, ma fu lui il primo a osservare le cellule del sughero. Le prime cellule animali, i globuli rossi del sangue, furono scoperte poco dopo da Antoni Philips van Leeuwenhoek (1632-1723), ma né lui né Hooke si resero conto che quelle cellule erano le unità elementari di tutti gli esseri viventi.

Hooke e i suoi contemporanei scoprirono che la vita era una meravigliosa collezione di meccanismi, dagli «animalculi» più

[4] I. Newton, *Ottica*, Libro III, I. In *Scritti di ottica*, a cura di A. Pala, Torino, UTET 1978, p. 601.

piccoli al corpo umano. La ricerca di componenti sempre più elementari proseguì per più di duecento anni, culminando verso la metà del XIX secolo nella formulazione della teoria cellulare. Il pensiero meccanicista spinse i microscopisti a studiare attentamente i componenti degli esseri viventi: ciò che videro fu la conferma della loro concezione della vita. Osservando la crescita delle muffe, Hooke commentò:

> Devo concludere, per quello che ho potuto vedere della natura di questa forma primaria di vita vegetale, che non ho trovato alcun argomento verosimile per convincermi che esistano altre cause concorrenti oltre a quella puramente meccanica.

L'homme machine

Certa gente non sa proprio tenere la bocca chiusa.

Julien Offray de La Mettrie (1709-1751), bretone, medico e filosofo illuminista radicale, di sicuro era uno di questi (fig. 1.2).

Quando la sua prima incursione in campo filosofico, *Storia naturale dell'anima*,[6] fu dato alle fiamme per blasfemia a Parigi, La Mettrie rilanciò con un attacco ai medici francesi e alla loro incompetenza. Avendo fatto infuriare sia l'establishment religioso che quello medico, dovette rifugiarsi in Olanda. Da lì proseguì la sua offensiva, e nel 1747 pubblicò *Politica del medico di Machiavelli*, contro i medici, e *L'uomo macchina*, contro i preti. Quando anche in Olanda non fu più al sicuro, La Mettrie trovò rifugio a Berlino, alla corte di Federico il Grande. Il re di Prussia amava i Francesi e l'Illuminismo, e non si poteva essere più illuministi di La Mettrie.

Che cosa aveva scritto La Mettrie nell'*Uomo macchina* per far arrabbiare a tal punto i suoi contemporanei?

Dopo essersi laureato in medicina all'Università di Reims, La Mettrie aveva prestato servizio come ufficiale medico nelle Gardes Françaises, partecipando a diverse cruente battaglie. L'esperienza lo portò a maturare un profondo disgusto per i massacri provocati dalle guerre. Avendo visto gli effetti della

[6] In *Opere filosofiche*, Laterza, Roma-Bari 1974.

Figura 1.2
Julien Offray de La Mettrie. Un altro filosofo materialista ridanciano, anche se, a differenza di Democrito, sprovvisto di barba.

brutalità e della violenza fisica sulla mente umana, dedusse che la ragione e l'emozione, considerate parte dell'anima, potevano essere influenzate pesantemente da una ferita. Non era la dimostrazione lampante che la mente – l'estremo rifugio dell'anima, secondo Cartesio – poteva essere spiegata in chiave puramente meccanica? Non c'è da stupirsi se i più devoti tra i contemporanei di La Mettrie se ne erano avuti a male.

Il carattere provocatorio degli scritti di La Mettrie ha fatto sì che talvolta egli sia stato presentato come il ragazzaccio dell'Illuminismo. La voce che fosse morto ingozzandosi di un costoso paté di fagiano non contribuì favorevolmente alla sua reputazione (anche se in realtà la sua morte fu causata più probabilmente da avvelenamento). Dietro l'apparenza bellicosa della sua scrittura, tuttavia, si celava una profondità filosofica che fa di La Mettrie uno dei rappresentanti più intransigenti del pensiero meccanicista.

La Mettrie era più dotato come provocatore e come filosofo che come scienziato, ma non possiamo fargliene una colpa: se la sua spiegazione della procreazione o della cosiddetta «irritabilità» (si veda il paragrafo successivo) ci sembra ingenua o ridicola, va detto che a quei tempi le idee degli alchimisti e degli antichi Greci erano ancora molto diffuse, e la conoscenza della fisiologia umana era ancora superficiale. La sua filosofia, però, non dipendeva da questi dettagli.

La sua opera più famosa, *L'uomo macchina*, ruotava intorno a due osservazioni: la prima era che le funzioni del corpo e della mente potevano essere influenzate profondamente da eventi fisici e quindi non potevano essere considerate indipendenti da questi. In secondo luogo, i tessuti viventi, come i muscoli, potevano muoversi autonomamente, anche dopo essere stati separati dal corpo. Gli esperimenti effettuati dai contemporanei di La Mettrie dimostravano che un tessuto isolato poteva muoversi se «irritato». Da questa cosiddetta «irritabilità» La Mettrie dedusse che la vita possedeva «il potere intrinseco di muoversi secondo un fine». L'irritabilità divenne il cardine dei suoi ragionamenti, che corredò di una lista di dieci esempi, alcuni dei quali decisamente macabri (come nel caso dei polli decapitati che continuavano a sbattere le ali freneticamente). Alla luce di queste osservazioni, La Mettrie concluse che non possiamo separare le funzioni del corpo o della mente dalla loro natura fisica, e che tali funzioni, invece, devono *risultare* dalla combinazione di elementi fisici e meccanici.

La negazione dell'esistenza di un'anima causò a La Mettrie l'accusa di ateismo (accusa comune per tutti i filosofi che si opponevano alla dottrina della Chiesa). Più che ateo, in realtà, lui era sinceramente agnostico:

> Io [non] metto in discussione l'esistenza di un essere supremo; anzi, credo che le probabilità siano tutte a suo favore. Questo, però, non dimostra che una religione è giusta a scapito di tutte le altre; si tratta di una verità teorica di scarsa utilità pratica.

Se si poteva rendere felice e contenta l'«anima» con un pasto, ed essendo evidenti «gli eccessi cui possono spingere i morsi crudeli della fame», le speculazioni metafisiche e teologiche sull'anima servivano a ben poco. «Talvolta», osservava scherzosamente La Mettrie, «potremmo quasi dire che l'anima è situata nello stomaco». Avendo osservato che la fame, le ferite, le droghe e il sonno influenzavano la mente umana, era certo che l'anima non fosse altro che un componente del corpo, anche se non sapeva spiegarne con precisione il funzionamento: «Sprecare il proprio tempo per cercare di scoprirne il meccanismo è follia ... non c'è modo di scoprire da dove la materia tragga il movimento».

La Mettrie aveva torto nell'affermare che «non c'è modo» di scoprire come si muove la materia organizzata, ma possiamo essere d'accordo con lui sul fatto che probabilmente non serve un'anima soprannaturale per renderci vivi, come credeva Aristotele, perché l'anima dipende fortemente dallo stato fisico del corpo. La Mettrie ne deduceva che le «capacità dell'anima» dipendono chiaramente dall'«organizzazione specifica del cervello e di tutto il corpo». L'anima, quindi, non era altro che il principio organizzatore del corpo: considerandola come un'entità separata la si svuotava di qualsiasi contenuto. C'erano voluti duemila anni prima che qualcuno riconoscesse senza riserve che per spiegare i movimenti del corpo non c'era bisogno di un'anima.

L'agnosticismo portò La Mettrie a maturare una concezione moderna della metodologia della scienza (anche se gli scienziati moderni sono più diplomatici) e una soggezione quasi religiosa verso il potere della necessità sulla natura. La Mettrie si chiedeva «perché dovrebbe essere assurdo credere che esistano cause fisiche per tutto ciò che è stato creato». Non era forse «la nostra ignoranza, assolutamente incurabile, di tali cause che ci aveva fatto volgere a Dio»? Per lui, la soluzione al mistero della vita e della mente non si nascondeva nel caso o in Dio, ma nella natura.

Con il suo rifiuto del caso, La Mettrie era in sintonia con lo spirito pre-darwiniano dell'epoca. Era difficile capire che ruolo potesse avere il caso nella genesi di quello stato organizzato della materia che chiamiamo «vita». La Mettrie credeva che una spiegazione della vita in termini puramente fisici fosse possibile: una spiegazione meccanica, però, avrebbe dovuto chiarire tutti gli aspetti della vita che in precedenza venivano spiegati dalla religione. Nel momento in cui Dio diventava «un'ipotesi non necessaria», la natura doveva riempire il vuoto, generando la vita e la razza umana a partire dalla necessità. Il meccanicismo, come altre spiegazioni che si basavano sulle idee di moda in un determinato periodo storico, paragonava gli esseri viventi a marchingegni meccanici come gli orologi.[6] Un

[6] Altri esempi sono le spiegazioni ispirate alle macchine a vapore (legate alla termodinamica) e alla chimica o ai computer (il cervello come computer). Ognuna di esse coglie alcuni aspetti della vita, perlomeno a livello metaforico, ma in ultima analisi non raggiunge l'obiettivo sperato. Spiegazioni del genere andrebbero usate solo con estrema cautela. Il cuore non è un orologio e il cervello non è un computer.

orologio che riceve la corretta manutenzione non lascia nulla al caso: è l'incarnazione della necessità.

La Mettrie era convinto che la natura operasse su molti livelli, dal più semplice al più complesso; si opponeva a chi voleva frapporre barriere artificiali alle spiegazioni fisiche e rifiutava l'idea di un muro al di là del quale la fisica non aveva accesso. Ciò che distingueva la mente di un uomo da un sasso che cade, per La Mettrie, non era la diversità della materia che li costituiva o delle leggi di natura, ma l'incredibile complessità. E anche se questa complessità ci impediva di spiegare fino in fondo il funzionamento della mente umana, ciò non implicava che la lacuna della nostra conoscenza dovesse per forza essere colmata dall'anima o da Dio.

Così come è impossibile che il mare, date certe leggi fisiche, non possieda un flusso e un riflusso, dalle stesse ... leggi del moto ... nasceranno occhi che vedono, orecchi che ascoltano, nervi che sentono, lingue che parlano o che non parlano a seconda della loro organizzazione; quelle stesse leggi, infine, creeranno l'organo del pensiero. Nella macchina umana la natura ne ha costruita un'altra, capace di immagazzinare idee e di crearne di nuove ... ha creato, ciecamente, occhi che vedono; pur essendo priva di pensiero, ha creato una macchina che pensa.

Il calore animale

Se il meccanicismo se la cavava abbastanza bene con il problema del movimento e il vitalismo con la crescita e la riproduzione, il problema della generazione del calore animale era ancora un osso duro. Perché il calore era così importante? Quasi tutti gli esseri viventi emanano calore e quando muoiono si raffreddano. Era ovvio che esisteva un nesso tra il calore e la vita. Già Pitagora e Democrito avevano espresso la convinzione che il calore, e più precisamente il «calore innato», fosse la chiave per capire la vita. Gli antichi Greci vedevano (letteralmente) nel problema del calore il cuore del mistero della vita: credevano, infatti, che nel cuore bruciasse una sorta di fuoco e che i polmoni servissero a raffreddarlo e a rimuovere i prodotti della combustione. Ecco che cosa scrive Platone nel *Timeo*:

> Ogni essere vivente ha le parti interne vicino al sangue e alle vene, che sono caldissime, come se vi fosse dentro di sé una fonte di fuoco: e questo è ciò che abbiamo paragonato al tessuto di una nassa, di cui la parte distesa in mezzo sia interamente composta di fuoco, mentre tutte le altre parti esterne di aria.

L'idea sopravvisse per secoli: persino Harvey credeva ancora che il cuore fosse una sorgente di calore e che la circolazione sanguigna, da lui scoperta, fosse un modo per distribuire il calore in tutto il corpo.

Idee simili nascevano da inferenze ragionevoli, basate sull'osservazione diretta: il cuore risiedeva chiaramente in prossimità del centro del corpo – il posto adatto per mettere una stufa – e distribuiva il sangue, fonte di vita e di calore, a tutte le membra. Su come facesse il cuore a generare il calore, si sapeva che di solito il calore è associato al fuoco. Apparentemente, quindi, nel cuore bruciava una sorta di «fuoco lento» che generava calore per tutto il corpo. Gli antichi, inoltre, avevano ipotizzato correttamente che il calore vitale doveva essere alimentato dal cibo, tanto che Galeno osservava che «[il cibo] è consumato dal nostro calore come l'olio è consumato da una fiamma».

Galeno e gli altri scienziati dell'antichità sapevano che sia il fuoco che la vita non possono sopravvivere in assenza di aria, ma non sapevano perché. «Se scoprissimo perché in questi casi [in assenza di aria] le fiamme si spengono», si rammaricava Galeno, «forse scopriremmo quali sono i vantaggi che il calore trae dalla respirazione degli animali». Ci vollero 1500 anni prima che i filosofi naturali prendessero sul serio l'idea di Galeno e approfondissero le ricerche in quella direzione. All'inizio del XVI secolo erano ancora in voga le idee animiste sulla natura del calore innato. Il medico francese Jean François Fernel (1497-1558) pensava che il calore innato entrasse nel corpo nel momento in cui l'embrione diventava un individuo, confondendo, a quanto pare, il calore innato con il concetto religioso di anima. A Cartesio va il merito di aver riportato il calore nel dominio della scienza, nonostante l'entusiasmo per le spiegazioni meccaniciste lo avesse condotto fuori strada nelle sue riflessioni sul ruolo del calore del cuore. Cartesio credeva infatti alla circolazione sanguigna di Harvey, ma era anche convinto che il movimento del cuore non derivasse dalle contrazioni muscolari bensì dall'espansione del sangue a causa del calore intenso presente nel cuore stesso.

Il primato del calore come principio vitale fondamentale fu messo in discussione dal medico belga Jan Baptist van Helmont (1579-1644), che fece notare come le rane, pur essendo indubbiamente vive, siano decisamente fredde. Gli animali, inoltre, non morivano quando il calore li abbandonava: era il calore ad abbandonarli quando morivano. Van Helmont, che seguiva le orme di Paracelso, amava le spiegazioni basate sulla chimica, e quindi vedeva nel calore il risultato dei processi chimici che avevano luogo nel corpo anziché identificare il calore stesso come causa di tali processi. La sua era una posizione di rottura con il passato: prima di lui, infatti, il calore era sempre stato visto come un elemento innato posseduto da tutti gli esseri viventi, una specie di anima. Van Helmont considerava invece il calore come un fenomeno spiegabile, a patto di identificarne correttamente le cause.

I primi esperimenti pensati espressamente per rispondere alla domanda di Galeno furono realizzati da tre filosofi meccanicisti inglesi: Robert Boyle (1627-1691), John Mayow (1641-1679) e Robert Hooke, tutti e tre membri della neonata Royal Society di Londra. I loro risultati permisero di concludere che qualcosa, nell'aria, era legato sia al fuoco che alla respirazione. In entrambi i casi veniva prodotto calore. L'aria inspirata dai polmoni, quindi, non moderava il calore presente nel cuore, ma era semmai un ingrediente per la sua produzione. I filosofi meccanicisti ipotizzarono che l'aria contenesse «spiriti nitrosi» capaci di combinarsi con qualche composto solforoso presente nel sangue, in una sorta di fermentazione che avrebbe generato il calore. La loro scienza era ancora legata a filo doppio con l'alchimia: per risolvere il mistero servivano esperimenti più sofisticati.

Nel corso del XVIII secolo la mancanza di una spiegazione chimica soddisfacente per il calore innato spostò nuovamente l'ago della bilancia in favore del meccanicismo. Il maestro di La Mettrie, il medico olandese Herman Boerhaave (1668-1738), credeva che il calore corporeo derivasse dall'attrito del sangue con le pareti delle arterie in cui scorreva. Era un'idea condivisa da molti altri medici, sostenitori convinti della filosofia meccanicista in voga a quel tempo. Le idee meccaniciste, però, erano criticate pesantemente dai vitalisti. In un articolo scritto nel 1747, il medico di Edimburgo John Stevenson scriveva:

> Non contenti dell'ingegnosa ... applicazione di leve, corde e carrucole alle ossa, ai muscoli e ai tendini, hanno portato macine nello stomaco, selce e acciaio nei vasi sanguigni, martello e morsa nei polmoni. Tutto ciò, però, è stato inutile, poiché ci sono limiti che le dimostrazioni e i princìpi meccanici non riescono a superare.

La teoria del calore animale generato per attrito fu smentita da una serie di esperimenti, tra i quali uno, condotto da Benjamin Franklin nel 1769, che dimostrò come i fluidi che scorrevano nei vasi sanguigni non avrebbero mai potuto produrre una tale quantità di calore. Per interpretare i risultati Franklin fece ricorso a spiegazioni di natura chimica: avendo notato che la temperatura della frutta in fermentazione era quasi uguale a quella di un essere vivente, rispolverò la teoria della fermentazione di Hooke e Boyle.

Il progresso dovette attendere una migliore comprensione dell'origine e della natura del calore, proprio come aveva predetto Galeno 1500 anni prima. Dato che l'aria sembrava svolgere un ruolo importante per il calore *e* per la respirazione, i filosofi naturali cercarono di capirne l'effetto chimico in vari processi, da quelli vitali all'ossidazione dei metalli (che a quell'epoca veniva chiamata «calcinazione», poiché l'ossigeno non era stato ancora scoperto). Il fatto che a volte il calore e il fuoco rilasciassero tipi di «aria» differenti e cambiassero la natura della sostanza scaldata o bruciata non faceva che aumentare la confusione. Forse quell'aria era «prigioniera» all'interno delle sostanze e veniva rilasciata durante la combustione? Come faceva l'aria a rimanere intrappolata in un solido? Finché si considerava l'aria alla stregua di un elemento era difficile capire come mai in certe reazioni sparivano arie diverse mentre in altre venivano liberate.

Il mistero del fuoco sembrò trovare una soluzione quando i chimici (ancora un po' alchimisti) Johann Joachim Becher (1635-1682) e Georg Ernst Stahl (1659-1734) formularono la teoria del flogisto. Secondo costoro, il flogisto era una sostanza liberata durante la combustione, la respirazione e la calcinazione; il calore nasceva dal suo rilascio. La teoria si diffuse e rimase in voga fino al XVIII secolo inoltrato. I problemi, però, non mancarono fin dall'inizio: riscaldando un metallo in aria, ad esempio, lo si trasformava nella «calce» (ossido) corrispondente. Secondo la teoria, la calce, formatasi quando il flogisto veniva liberato dal metallo, avrebbe dovuto essere più leggera del materiale di partenza. Tuttavia gli esperimenti dimostrarono che era vero il contrario: la calce era sempre più pesante del metallo. I fautori della teoria del flogisto spiegarono questo fatto curioso affermando che il flogisto possedeva levità, cioè una sorta di antigravità. Tentativi di spiegazione così disperati non potevano che indurre a derisione da parte della fazione antiflogisto. Il leader degli oppositori era il chimico francese Antoine Lavoisier (1743-1794), che insieme alla moglie e collega Marie-Anne Pierrette Paulze (1758-1836) stroncò definitivamente la teoria del flogisto.

Lavoisier era un aristocratico francese che lavorava come esattore delle tasse (un impiego che lo fece finire sulla ghigliottina) e che, nel «tempo libero», rivoluzionò la chimica. Non è esagerato definirlo il Newton della chimica. Primo fra tutti a riconoscere con chiarezza la differente natura chimica dei vari tipi di aria, Lavoisier scoprì che l'acqua, la terra e l'aria erano sostanze composte, ovvero misture. Le sue scoperte fecero piazza pulita di gran parte degli elementi degli antichi, che nel XVIII secolo erano ancora presi sul serio. L'unico che sopravvisse alla rifondazione della chimica operata da Lavoisier fu il fuoco, o calore (che Lavoisier ribattezzò «calorico»), ma la sua fine non tardò molto: agli inizi del XIX secolo, Benjamin Thompson dimostrò che il calore è una forma di energia (ne riparleremo nel terzo capitolo).

Dei molti esperimenti effettuati da Lavoisier sul calore animale, il più importante fu la misura del calore emesso da una cavia rispetto a quello prodotto nella combustione del carbone, attraverso l'osservazione dell'anidride carbonica («acido cretoso») generato nella respirazione e nella combustione. L'esperimento era ingegnoso: per misurare la produzione di calore, Lavoisier si servì di un calorimetro a ghiaccio, inventato da lui stesso in collaborazione con Pierre-Simon Laplace (1749-1827). Lo strumento era composto da un secchio isolato, dotato di pareti cave riempite di ghiaccio. Il calore veniva misurato osservando la quantità di ghiaccio sciolta dal processo in corso all'interno del recipiente. Per evitare che lo scioglimento fosse dovuto all'aria circostante, gli esperimenti furono condotti in inverno, quando la temperatura era di poco superiore a quella di congelamento. La quantità di anidride carbonica emessa fu misurata ponendo il carbone, o l'animale, in una campana di vetro, in modo da poter raccogliere e analizzare l'aria prodotta. Lavoisier scoprì che la respirazione e la combustione producevano approssimativamente la stessa quantità di calore per la stessa quantità di anidride carbonica liberata. Era la prova che la respirazione era effettivamente un «fuoco lento». Non sapendo dell'esistenza delle cellule, Lavoisier pose quel fuoco nei polmoni.

Pur non riuscendo a scoprire dove e come venisse generato il calore, Lavoisier inaugurò con i suoi esperimenti l'era della fisiologia quantitativa e stabilì il nesso tra la biologia e la termodinamica. Le scoperte effettuate, e lo sviluppo di una chimica razionale basata sui veri elementi chimici e sui loro composti, fanno di Lavoisier uno dei massimi scienziati di tutti i tempi. Quando i rivoluzionari francesi lo condannarono a morte, nel 1795, il giudice che presiedeva la corte dichiarò: «La Repubblica non ha bisogno di scienziati o di chimici; il corso della giustizia non può subire ritardi». Il matematico Joseph Louis Lagrange la pensava diversamente: «È bastato loro un istante per tagliargli la testa, ma la Francia potrebbe non produrre un altro simile genio per i prossimi cento anni».

La fine orribile toccata a un genio scientifico può servire da monito a tutti quelli che considerano inutile sostenere la scienza. Con la morte di Lavoisier, la Germania e l'Inghilterra superarono rapidamente la Francia in campo scientifico (e industriale).

Il fallimento del meccanicismo

Il meccanicismo era nato come reazione allo scolasticismo, alla fede cieca nella filosofia greca e ai misticismi di ogni sorta. Paladini del pensiero razionale e delle prove sperimentali, i filosofi meccanicisti rivoluzionarono la scienza e la filosofia, inanellando un trionfo dopo l'altro in fisica, chimica e astronomia.

Verso la fine del XVIII secolo, però, l'approccio meccanicista cominciò a mostrare i propri limiti. La descrizione meccanicista della vita, per quanto documentata da osservazioni ed esperimenti, si rivelò sterile e inefficace. Le funzioni corporee, le interazioni degli organismi, lo sviluppo della vita e i processi della mente non si prestavano ad analogie puramente meccaniche. Era difficile esorcizzare lo spettro del fine. Il «fine» della ghianda era generare una quercia; il «fine» del cervello era pensare. Come faceva la ghianda a sapere che sarebbe diventata una quercia? Come poteva pensare una massa di materia grigia? Un meccanismo a orologeria avrebbe potuto davvero spiegare tali misteri?

La situazione portò a un atteggiamento schizofrenico nei confronti dei processi vitali: da un lato, era innegabile che l'approccio meccanicista avesse consentito di capire molte cose sul funzionamento della vita; dall'altro, quello stesso approccio sembrava incapace di spiegare *che cosa* desse vita alla materia. La proprietà fondamentale della vita, la sua capacità di organizzarsi e sostentarsi autonomamente, sfuggiva alle spiegazioni di stampo puramente meccanicista. Fu da questa tensione che nacque la biologia moderna.

Nel XIX secolo il centro della ricerca biologica si spostò in Germania, negli altri paesi dell'Europa Centrale e in Russia. Il termine stesso «biologia» fu coniato in quel periodo. I biologi tedeschi svilupparono tecniche sofisticate per studiare lo sviluppo degli embrioni e le funzioni degli organi e dei muscoli, fecero progredire la microscopia e le tecniche di preparazione dei campioni e studiarono le funzioni degli organi di senso. I loro studi si fondavano su una visione meccanicista dei processi vitali, ma solo fino a un certo punto: c'era la netta consapevolezza che gli organismi viventi non fossero affatto assimilabili a un orologio o a una macchina a vapore. Doveva esserci qualcos'altro.

Era l'embriologia, in particolare, a mettere in difficoltà i meccanicisti. Analizzando in dettaglio lo sviluppo di un pollo o di un girino i biologi avevano visto la materia prendere forma, trasformando in maniera misteriosa un ammasso informe di cellule in un essere vivente complesso. Era impossibile spiegare un processo che aveva del miracoloso facendo ricorso a leve, pompe e atomi che seguono traiettorie casuali. Era evidente che le strutture organiche obbedivano a uno scopo. Gli organismi viventi dovevano essere radicalmente diversi da tutto ciò che apparteneva al mondo inanimato.

L'imbarazzo causato dall'embriologia si concretizzò nelle controversie tra i *preformisti* e gli *epigenisti*, che misero in luce alcune sorprendenti spaccature tra meccanicisti e vitalisti. Il preformismo era l'idea secondo cui ogni essere vivente doveva trovarsi già formato nell'uovo o nello spermatozoo. Per un preformista, nelle cellule germinali dei genitori della piccola Annie doveva esistere già una versione minuscola della bambina, troppo piccola persino per essere individuata al microscopio. Dopo essere stato attivato dallo spermatozoo paterno, l'embrione microscopico cominciava a crescere nel ventre della madre: dal momento che la forma era già presente nell'uovo materno, quindi, non c'era bisogno di dare una forma a una materia che ne era priva. Può sembrare sorprendente, ma spesso il preformismo era la posizione preferita dal meccanicismo, che avremmo potuto considerare – con un po' di ingenuità – come il più scientifico dei due schieramenti. Eppure il preformismo sembrava un'assurdità: spingendola alle sue estreme conseguenze logiche, avrebbe voluto dire che tutta l'umanità, tutti i miliardi di persone vissuti su questo pianeta, erano già presenti nelle ovaie di Eva in versione progressivamente miniaturizzata.

Secondo la teoria dell'epigenesi, invece, la materia informe si trasformava in un essere vivente complesso durante lo sviluppo dell'embrione. Anche qui non mancavano i problemi. Che cosa guidava lo sviluppo? Com'era possibile che un ammasso di materia indifferenziata si trasformasse in un pollo o in una rana? Il meccanicismo non era in grado di spiegare come fosse possibile questa auto-organizzazione spontanea, neanche in linea di principio. L'epigenesi era la teoria preferita dai vitalisti. La formazione della complessità biologica dalla materia informe era un compito che solo la loro amata forza vitale era in grado di assolvere: di fatto, era la prova che una simile forza doveva assolutamente esistere.

L'insoddisfazione nei confronti del meccanicismo portò alla nascita di una visione filosofica della vita di stampo romantico. Per i fautori della *Naturphilosophie* («filosofia della natura»), nella natura agiva una forza vitale che lottava per creare forme di vita sempre più elevate (un'idea che ricordava molto l'animismo). Tra i biologi tedeschi, però, erano in molti a opporsi a spiegazioni che sembravano appellarsi a forze soprannaturali: pur riconoscendo la necessità di una forza vitale, in molti erano convinti che questa dovesse essere parte integrante della natura, soggetta all'investigazione scientifica.

Nel tentativo di tracciare una terza via tra meccanicismo e vitalismo, il filosofo tedesco Immanuel Kant (1724-1804) e il suo amico biologo Johann Friedrich Blumenbach (1752-1840) idearono un nuovo approccio allo studio della vita: il teleomeccanicismo.[7] Nel 1790 Kant scriveva a Blumenbach: «La vostra recente unificazione dei due princìpi, vale a dire quello fisico-meccanico e quello teleologico, che tutti credevano incompatibili, è molto vicina alle idee che al momento mi tengono impegnato». Fedeli alla tradizione aristotelica, Kant e Blumenbach pensavano che la vita obbedisse a un fine (in greco *telos*). Blumenbach, in particolare, aveva sposato la tesi dell'esistenza di un impulso formativo (in tedesco *Bildung-*

[7] Il termine teleomeccanicismo fu introdotto da Timothy Lenoir in *The Strategy of Life: Teleology and Mechanics in Nineteenth-Century German Biology*, University of Chicago Press, Chicago 1989.

strieb) che avrebbe dovuto fornire i «mezzi [attraverso] i quali [gli organismi] ricevono in origine una data forma, la conservano, e quando viene distrutta la riparano, nei limiti del possibile». Blumenbach e i biologi che ne seguirono le orme non vedevano in questa forza vitale un'entità separata dall'organismo, bensì una forza contenuta nell'organismo stesso, risultante dal carattere speciale della sua struttura e della sua organizzazione.

L'idea che esistessero forze speciali confinate all'interno di corpi organicamente strutturati aiutò la biologia a trasformarsi in una scienza autonoma. Il rinnovato riconoscimento del carattere speciale della vita consentì agli scienziati di studiarla con metodi, idee e approcci nuovi. Il compito del biologo divenne quello di trovare le regole cui le speciali forze vitali agivano sulla materia organica. Il biologo tedesco Carl Friedrich Kielmeyer (1765-1844) giunse persino a formulare un insieme di leggi newtoniane cui avrebbero dovuto obbedire le forze vitali: dopo aver identificato le forze che agiscono negli esseri viventi – sensibilità, irritabilità, riproduzione, secrezione e propulsione –, enunciò una serie di leggi che esse avrebbero dovuto rispettare (e che si rivelarono in gran parte sbagliate) e battezzò il tutto come «fisica del regno animale».

La tradizione biologica fondata da Kant e Blumenbach portò a scoperte importanti nel campo dell'embriologia e della fisiologia. Una delle novità più rivoluzionarie fu la teoria cellulare, cioè il riconoscimento del fatto che tutti gli esseri viventi sono formati da unità elementari chiamate «cellule». L'idea era matura da tempo: dopo tutto, Hooke aveva coniato il termine «cellule» per indicare i minuscoli compartimenti osservati nel sughero già alla fine del XVII secolo. Si è soliti attribuire la paternità della teoria cellulare a tre scienziati tedeschi: Matthias Jakob Schleiden (1804-1881) botanico, Theodor Schwann (1810-1882), zoologo, e Rudolf Virchow (1821-1902), medico; ma in realtà alla teoria contribuirono molti altri scienziati, provenienti da diversi paesi.

La teoria cellulare era una sorta di atomismo biologico, in cui le cellule erano gli «atomi» della vita. A differenza degli atomi, però, le cellule non erano indivisibili: i microscopisti avevano scoperto al loro interno strutture ancora più piccole, a partire dal nucleo cellulare, battezzato così da Robert Brown nel 1833.

L'epoca della biologia vitalista tedesca aprì nuovi orizzonti alla ricerca. I teleomeccanicisti erano sperimentatori eccezionali e fondarono nuove scuole di embriologia, biologia dello sviluppo, botanica e fisiologia. Se le loro riflessioni teoriche sulle forze vitali si rivelarono errate, possiamo perdonarli: i loro risultati sperimentali hanno superato quasi tutti la prova del tempo.

Un Frankenstein irritabile

> Fu in una tetra notte di novembre che vidi il compimento delle mie fatiche. Con un'ansia simile all'angoscia radunai gli strumenti con i quali avrei trasmesso la scintilla della vita alla cosa inanimata che giaceva ai miei piedi. Era già l'una del mattino; la pioggia batteva lugubre contro i vetri, la candela era quasi consumata quando, tra i bagliori della luce morente, la mia creatura aprì gli occhi, opachi e giallastri, trasse un respiro faticoso e un moto convulso ne agitò le membra.
>
> Mary Shelley, *Frankenstein*

L'irritabilità, una delle cinque forze vitali di Kielmeyer, stimolò l'immaginazione di scienziati, filosofi e scrittori. Uno di questi fu La Mettrie, vivamente impressionato dal movimento di muscoli che erano stati separati dai loro corpi. La Mettrie pose l'irritabilità al centro del proprio ragionamento a sostegno della tesi che la vita avesse una natura puramente meccanica, come una sorta di complesso congegno a orologeria. L'irritabilità, però, veniva invocata anche dai sostenitori delle idee vitaliste: il fatto che i muscoli potessero muoversi da soli non dimostrava forse la presenza di una forza vitale? E non era pensabile che una simile forza vitale, concentrata nella sua essenza fondamentale, potesse essere utilizzata per riportare in vita i tessuti morti? Agli inizi del XIX secolo, all'apice del periodo romantico, l'ipotesi spinse una giovane donna con ambizioni letterarie a scrivere un romanzo mentre si trovava in vacanza con il suo amante in una villa sul lago di Ginevra.

Mary Wollstonecraft Shelley (1797-1851) concepì il romanzo *Frankenstein, o il moderno Prometeo* durante una vacanza a Villa Diodati insieme al marito Percy Bysshe Shelley e ad alcuni amici, tra i quali il poeta Lord Byron. Era il 1816, il cupo «anno senza estate», quando la gigantesca eruzione del vulcano indonesiano Tambora oscurò i cieli d'Europa. Conversando fino a notte inoltrata, Mary e i suoi amici parlarono di esperimenti sempre più macabri, in cui gli scienziati applicavano tensioni elevate ad animali ed esseri umani morti per dimostrare l'esistenza dell'irritabilità. Quando gli amici la sfidarono a intrattenerli scrivendo una storia o una poesia, Mary Shelley pensò a un racconto horror gotico su uno scienziato che riporta in vita un cadavere.

L'interesse per lo studio dell'irritabilità, che La Mettrie aveva usato come prova della natura meccanica della vita, raggiunse picchi inimmaginabili quando gli scienziati dell'epoca scoprirono che la neonata scienza dell'elettricità poteva essere utilizzata per studiare gli organismi viventi. L'esperimento-simbolo di quel periodo fu realizzato da Luigi Galvani (1737-1798) che collegò una bottiglia di Leida carica (un condensatore capace di immagazzinare grandi quantità di carica elettrica) alle zampe recise di una rana, osservando come queste scalciassero e si contraessero mentre venivano percorse dalla corrente. Esperimenti del genere suggerivano che l'elettricità potesse costituire la misteriosa forza vitale che i filosofi cercavano da secoli. Nel 1803, il nipote di Galvani, Giovanni Aldini, si spinse a realizzare esperimenti con cadaveri umani, riuscendo a farne contrarre i volti, ad aprirne gli occhi e a sollevarne le estremità. Lo scopo di esperimenti così orribili era quello di dimostrare che la cosiddetta «elettricità animale» era una forza vitale che si propagava lungo il sistema nervoso ed era responsabile del moto dei muscoli. Purtroppo, ciò che tali esperimenti suggerirono realmente (con il valido aiuto del romanzo di Mary Shelley) fu l'idea dello scienziato pazzo travolto dalla propria ambizione, una figura che da allora si è imposta nell'immaginario collettivo.

Prima di cominciare a scrivere questo libro non avevo ancora letto il romanzo di Shelley (anche se ne conoscevo bene alcune trasposizioni cinematografiche, compresa quella classica, in cui il mostro è interpretato da Boris Karloff) e fui sorpreso nel rendermi conto che Shelley non indica mai con precisione in che modo il dottor Frankenstein dia vita alla sua creatura. L'eroe di Shelley mantiene volutamente all'oscuro il lettore, in apparenza per evitare che la tragedia imminente possa ripetersi: «Amico mio, vedo nei vostri occhi lucidi di meraviglia e di speranza, l'attesa, il desiderio che io vi faccia partecipe del mio segreto, ma così non sarà», spiega Frankenstein nel romanzo. «Ascoltate pazientemente fino alla fine il mio racconto e allora non stenterete a capire il perché della mia riservatezza». Gli interruttori giganteschi e il temporale con i fulmini delle varie versioni cinematografiche sono tutte invenzioni di Hollywood, ma è chiaro che le ricerche sull'irritabilità di cui tanto si parlava agli inizi del XIX secolo fornirono l'ispirazione per il romanzo-simbolo di Mary Shelley.

Fin dalla sua scoperta da parte dei Greci (*electron* significa «ambra» in greco antico: l'ambra, se strofinata, genera elettricità statica), l'elettricità era stata a lungo considerata come una forza misteriosa, un fluido inafferrabile. La sua natura enigmatica faceva pensare a una sua relazione con il grande mistero della vita. Anche Newton aveva suggerito che l'elettricità fosse responsabile del moto animale, ipotizzando nella seconda edizione del suo *Philosophiae Naturalis Principia Mathematica* che lo «spirito sottile» dell'elettricità, trasmesso dai nervi, «stimolasse sensazioni» e «muovesse le membra».

A chi si era ispirata Mary Shelley per il dottor Frankenstein? A quei tempi l'elettricità animale era di gran moda, e i candidati per quell'onore infamante erano numerosi. Aldini, che applicava correnti ad alta intensità ai corpi dei criminali londinesi appena impiccati di fronte a folle numerose – per aggiungere altro orrore alla scena – era sicuramente uno di questi. Un altro era Johann Wilhelm Ritter (1776-1810), uno scienziato tedesco che preferiva applicare le correnti intense a se stesso: provandole sui propri occhi vide lampi rossi e blu, a seconda del polo elettrico connesso al bulbo oculare. Ritter morì in giovane età per cause sconosciute, ma è chiaro che sottoporsi a folgorazioni ripetute non è una pratica molto salubre.

La conservazione della forza: ovvero, in che modo il vitalismo fu sconfitto da una zampa di rana

Anche se il periodo tra la fine del XVIII secolo e la metà del XIX secolo era stato dominato dai teleomeccanicisti e dai vitalisti, verso la metà del XIX secolo il meccanicismo aveva preso nuovamente il sopravvento. Il ritorno alle spiegazioni meccaniciste fu in gran parte frutto dell'opera di due uomini: il naturalista inglese Charles Darwin (1809-1882), che distrusse la teleologia, e il fisiologo e fisico tedesco Hermann von Helmholtz (1821-1894), che sconfisse la forza vitale.

Helmholtz fu uno degli ultimi scienziati realmente enciclopedici. Contribuì in maniera significativa alla medicina, alla biologia e alla fisica, in aree diversissime tra loro come il calore animale, l'irritabilità, la forza vitale, la termodinamica, l'elettrodinamica, la conservazione dell'energia, la turbolenza nei liquidi e la fisiologia dei sensi. Ebbe intuizioni rivoluzionarie, molte delle quali hanno resistito alla prova del tempo. A Helmholtz dobbiamo anche l'invenzione di vari strumenti sperimentali, tra i quali l'oftalmoscopio, lo speciale microscopio che gli oculisti puntano verso i nostri occhi per controllare la retina. Le sue vaste conoscenze gli permisero di stabilire collegamenti tra discipline diverse. Esaminando un sistema complesso come un tessuto vivente, Helmholtz riuscì a determinare quale fosse il parametro che lo collegava al mondo meccanico inanimato: l'energia.

Accade spesso che i fisici più arroganti credano che le interazioni tra la fisica e la biologia avvengano in una sola direzione: la fisica può spiegare la biologia, ma la biologia non ha nulla da dire sulla fisica. Per correggere una visione della scienza così sbagliata è utile considerare in che modo Helmholtz giunse ad argomentare in favore della legge di conservazione dell'energia (che lui chiamò «conservazione della forza»). Terminati gli studi di medicina, Helmholtz cominciò infatti la propria carriera scientifica occupandosi di esperimenti di fisiologia. Furono questi esperimenti biologici a convincerlo della validità della legge di conservazione dell'energia.

Il concetto di conservazione dell'energia era nell'aria da tempo. Cartesio, Newton e Leibniz avevano affermato che nelle interazioni tra corpuscoli materiali dovesse conservarsi qualche quantità, pur non essendo d'accordo tra loro su quale fosse (Newton propendeva per la quantità di moto, mentre per Leibniz era l'energia cinetica o *vis viva*, «la forza vitale»). Altri ancora avevano dimostrato che il lavoro e l'energia cinetica potevano essere convertiti l'uno nell'altra, ad esempio durante la caduta libera. Era stato dimostrato che il calore era un tipo di moto, e si sapeva già che l'energia cinetica poteva essere convertita in calore mediante l'attrito. Nel 1845 James Joule (1818-1889) dimostrò che da una quantità prefissata di lavoro si poteva ottenere una quantità prefissata di calore (che lui chiamò «equivalente meccanico del calore»): «Producendo quantità uguali di effetto meccanico con qualsiasi mezzo a partire da sorgenti puramente termiche, o disperdendo tali quantità in effetti puramente termici, si sottraggono o si generano uguali quantità di calore».

Prendendo spunto dalle proprie osservazioni biologiche e da studi accurati di fisica matematica, Helmholtz estese la legge di conservazione a tutte le forme di energia, dimostrando la possibilità di dedurla matematicamente da ipotesi semplici, facendone così una legge fondamentale dell'universo. Se la trattazione matematica fu esclusivamente opera di Helmholtz, l'idea di una legge universale della conservazione dell'energia era invece stata formulata anni prima da un altro scienziato tedesco, Julius Robert von Mayer (1814-1878). Anche Mayer, come Helmholtz, era un medico che si era avventurato nel regno della fisica, e anche lui si era ispirato alla biologia per proclamare la legge universale di conservazione dell'energia. Quando pubblicò le proprie idee, nel 1847, Helmholtz non era al corrente dell'articolo scritto da Mayer sei anni prima. In quel lavoro Mayer respingeva l'idea di forza vitale, proprio come avrebbe fatto Helmholtz poco tempo dopo, e affermava che «la causa della tensione chimica prodotta nella pianta ... è la forza fisica». Questa forza fisica, o energia, come la chiameremmo oggi, aveva la stessa natura dell'energia ottenuta se avessimo bruciato la pianta. Inoltre doveva avere un'origine. Se avessimo postulato l'esistenza di una misteriosa forza vitale, una forza che non richiede una sorgente, ci saremmo «ritrovati ... nel regno delle fantasie più sconfinate» e ogni nuova ricerca sarebbe stata «preclusa». No, disse Mayer: la spiegazione corretta doveva essere che l'energia e la materia potevano solo convertirsi da una forma all'altra e che «la creazione dell'una o dell'altra non ha mai luogo». In altre parole, anche in un'entità complessa come una pianta o un animale, l'energia poteva solo essere trasformata, ma mai creata o distrutta. La legge universale della conservazione dell'energia era stata enunciata.

Nel suo celebre saggio del 1847, *Über die Erhaltung der Kraft* (Sulla conservazione della forza), Helmholtz, che all'epoca aveva solo 26 anni, seguì più o meno lo stesso ragionamento di Mayer. Aveva intuito che postulare l'esistenza di misteriose forze vitali non aggiungeva nulla allo studio della vita. La presenza di forze vitali capaci di generare forza meccanica dal nulla, inoltre, avrebbe reso possibile la realizzazione di una macchina a moto perpetuo capace di creare energia dal nulla, mentre era opinione quasi unanime che ciò fosse impossibile. La conservazione dell'energia doveva essere corretta; non potevano esistere forze vitali speciali. Helmholtz dimostrò che la legge di conservazione dell'energia poteva essere dimostrata matematicamente. L'unica assunzione che dovette fare fu che la materia fosse composta di particelle puntiformi che interagiscono attraverso forze dipendenti esclusivamente dalla distanza. La dimostrazione e la natura onnicomprensiva della nuova legge incontrarono qualche resistenza da parte dei colleghi più anziani, ma ben presto nuovi esperimenti dimostrarono che Helmholtz e gli altri fautori della conservazione avevano ragione.

Helmholtz era sempre stato un fervente meccanicista. Pur avendo studiato con l'autorevole ricercatore e insegnante Johannes Peter Müller (1801-1858), appartenente alla fazione teleomeccanicista, disprezzava l'idea che si potesse spiegare qualcosa invocando una forza vitale, e progettò diversi esperimenti per dimostrare che l'irritabilità poteva essere spiegata senza ricorrere a ipotesi simili. Per ironia della sorte, molti di questi esperimenti prevedevano l'uso di zampe di rana, il materiale sperimentale favorito di Galvani, il quale, naturalmente, aveva presentato i suoi esperimenti a sostegno delle tesi vitaliste.

Nel primo gruppo di esperimenti, Helmholtz si propose di dimostrare che il moto muscolare è causato da processi chimici, cioè che è un processo fisico-chimico, non legato a misteriose forze vitali. A tale scopo stimolò le zampe di rana centinaia di volte con correnti elettriche, proprio come aveva fatto Galvani. Successivamente preparò vari estratti chimici con le zampe di rana stimolate e li paragonò a quelli ottenuti dalle zampe non stimolate; scoprì così che nei muscoli stimolati si verificava una perdita di massa in un estratto a base di acqua e un aumento di massa equivalente in un estratto a base di etanolo. Era chiaro che qualche composto chimico presente nei muscoli era passato da una forma idrosolubile a una solubile in alcool in seguito al lavoro dei muscoli. L'esperimento dimostrava che il moto dei muscoli induceva al loro interno una variazione di natura chimica, e Helmholtz concluse che i muscoli erano macchine che convertivano l'energia chimica in energia meccanica.

A quel punto, per stabilire che si trattava esclusivamente di energia chimica, paragonò il calore che può essere liberato dalla scomposizione chimica del cibo (il cosiddetto «calore latente») con il calore latente delle sostanze espulse dagli animali. Era lo stesso esperimento che aveva effettuato Lavoisier. Dai tempi di quest'ultimo e della sua cavia, le tecniche sperimentali si erano però perfezionate. Helmholtz analizzò i nuovi dati sperimentali e giunse alla conclusione che la differenza di energia tra cibo ed escrementi corrispondeva in maniera soddisfacente al calore animale osservato. Riuscì così a correggere un errore introdotto da Lavoisier e dal celebre chimico tedesco Justus von Liebig (1803-1873), che, come Lavoisier prima di lui, credeva che l'energia consumata da un animale fosse esattamente pari a quella che si ottiene ossidando (bruciando) il cibo dell'animale nell'ossigeno respirato da quest'ultimo. Il fisico francese Pierre-Louis Dulong (1785-1838) e il fisico belga César-Mansuète Despretz (1798-1863), tuttavia, avevano ripetuto più volte l'esperimento di Lavoisier e avevano dimostrato che un animale generava circa il 10 per cento di energia in più rispetto a quella attribuibile esclusivamente all'ossidazione da respirazione. Tale risultato apriva un varco ai vitalisti, che poterono associare il 10 per cento mancante al contributo della forza vitale. Helmholtz dimostrò invece che quel 10 per cento proveniva dall'ossigeno già presente nel cibo, in modo particolare nei carboidrati e negli zuccheri. Includendo nei calcoli l'ossigeno supplementare, l'energia proveniente dal cibo corrispondeva alla perfezione alla somma del calore animale e dell'energia associata agli escrementi, rendendo inutile l'intervento di qualsiasi forza vitale.

Per eliminare una volta per tutte la necessità di una forza vitale serviva un altro esperimento: Helmholtz avrebbe dovuto dimostrare, al di là di ogni ragionevole dubbio, che l'energia necessaria per muovere i muscoli era contenuta nell'energia chimica di questi ultimi (che a loro volta l'avevano ricevuta dal cibo) e non proveniva da qualche altro posto. All'epoca si sapeva che un danno al sistema nervoso portava a un raffreddamento del corpo. Alcuni biologi, quindi, si persuasero che il sistema nervoso fosse una sorgente di forza vitale o di calore animale. Per eliminare l'ultimo rifugio della forza vitale, Helmholtz escogitò un metodo geniale: eccitando tre campioni di tessuto – una zampa di rana con il nervo spinale ancora attaccato, una zampa di rana senza il nervo e un nervo senza la zampa – riuscì a dimostrare che qualsiasi aumento di temperatura dovuto al moto della zampa nasceva nella zampa stessa e non da energie vitali trasferite dalla zampa ai nervi. Per misurare il minuscolo aumento di temperatura di una zampa di rana in movimento Helmholtz costruì un dispositivo estremamente sensibile, formato da una termocoppia (una sorta di termometro elettrico che converte la temperatura in valori di tensione), da una bobina magnetica per aumentare il voltaggio finale e da un indicatore che mostrava la temperatura dopo ogni calibrazione del dispositivo. L'apparato era sufficientemente equilibrato da permettere la misura di variazioni di temperatura con una precisione di un millesimo di grado, e inoltre costituiva una rappresentazione fisica della legge di conservazione: l'energia chimica presente nella zampa della rana (liberata dall'eccitazione elettrica) veniva convertita in energia meccanica (moto della zampa) e poi in calore; energia elettrica (termocoppie), energia magnetica (bobina) e, infine, movimento meccanico dell'indicatore.

Helmholtz scoprì che la presenza dei nervi non faceva alcuna differenza, e che il nervo, da solo, non si scaldava affatto. A parità di movimento effettuato, i muscoli si scaldavano sempre in ugual misura, a prescindere dalla presenza del nervo. Secondo Helmholtz tutto questo rendeva insostenibile l'idea di una forza vitale.

Sarebbe troppo facile trarre la conclusione che i fisici avevano avuto partita vinta. Certo, Helmholtz e altri avevano dimostrato che ciò che avveniva in un corpo – tutti i segni caratteristici della vita, dal calore animale all'irritabilità – doveva rispettare il conto energetico definito dalla realtà chimico-fisica. Se fosse esistito qualcosa di simile a una forza vitale, sarebbe stato privo di energia e quindi privo di potenza. Dopo Helmholtz le forze vitali caddero rapidamente in disgrazia e da allora non sono più tornate in voga, quantomeno negli ambienti scientifici seri. Nonostante la tenacia dimostrata nell'estirpare la forza vitale, però, Helmholtz e i suoi colleghi fisici non furono in grado di spiegare come facesse la materia informe a strutturarsi in un organismo complesso. Era stato dimostrato che la trasformazione doveva avvenire nel rispetto della legge di conservazione dell'energia, ma questo non spiegava come si formassero effettivamente gli esseri viventi. Le ricerche di Helmholtz avevano semplicemente eliminato le forze vitali dalla lista delle spiegazioni possibili.

Grazie a Helmholtz e agli altri, alla fine del XIX secolo la biologia era tornata al meccanicismo, anche se non a quello primitivo e ingenuo dei filosofi del XVII secolo. Ormai era chiaro che tutti i processi biologici avvenivano nel quadro delle leggi della fisica e della chimica; le due discipline costituivano la chiave per spiegare processi fisiologici come l'irritabilità e il calore animale. Era altrettanto chiaro, però, che la biologia era fondamentalmente diversa dalla fisica e dalla chimica: la complessità e lo sviluppo erano ancora in attesa di una spiegazione. L'idea che tutto avesse un fine non era ancora stata esorcizzata.

Darwin e Mendel: dal caso al fine

I temi fondamentali del dibatto sui misteri della vita non cambiarono di molto. Le nuove scoperte esasperarono lo scontro tra i meccanicisti e i fautori dell'esistenza di uno scopo, ma alla fine del XIX secolo il dilemma della biologia era praticamente lo stesso delle antiche controversie tra Aristotele e Democrito. A metà del secolo nessuno poteva negare che per spiegare i processi vitali bisognava ricorrere a forze fisiche, chimiche e meccaniche, eppure la meccanica sembrava drammaticamente incapace di spiegare la straordinaria complessità della vita e l'idea che quest'ultima obbedisse a uno scopo. Le spiegazioni meccaniche si erano fatte più potenti; grazie all'opera di Helmholtz e dei suoi contemporanei era ormai chiaro che tutte le forze e le energie attive negli esseri viventi erano presenti anche nella materia inanimata, ma tutto questo non spiegava il fine. Il dilemma dei fisici era lo stesso che aveva dovuto affrontare Democrito. Com'è possibile che dal caos emerga la complessità?

La persona che salvò il meccanicismo dallo spauracchio del finalismo fu Charles Robert Darwin. Insieme ad Alfred Russell Wallace (1823-1913), Darwin sviluppò la teoria dell'evoluzione fondata sulla selezione naturale. L'idea di evoluzione non era completamente nuova. Non appena si erano resi conto delle relazioni esistenti tra forme di vita diverse, e tra queste e alcune forme di vita estinte, gli scienziati si erano chiesti se le specie potessero cambiare col tempo. In assenza di un meccanismo soddisfacente, però, l'idea di evoluzione non poteva progredire.

Scritta in uno stile sorprendentemente accessibile, nonostante i ragionamenti curati nel minimo dettaglio, *L'origine delle specie*, l'opera rivoluzionaria di Darwin, proponeva in maniera risoluta la selezione naturale come forza motrice dell'evoluzione.

Gli scienziati moderni non mettono più in discussione la teoria di Darwin, ma quando questa fu pubblicata, nel 1859, fu giudicata anti-intuitiva ed ebbe l'effetto di un terremoto. Osservando lo splendore delle forme degli animali e dei vegetali, i contemporanei di Darwin trovavano scandalosa l'idea che tali forme potessero essere il frutto di un processo cieco e graduale.

La teoria, tuttavia, era convincente: dopo aver letto il libro, uno dei sostenitori più accesi di Darwin, il biologo Thomas Henry Huxley (1825-1895), esclamò: «Quanto sono stato stupido a non averci pensato io!» In effetti, come molte idee brillanti, anche quella di Darwin è incredibilmente semplice: ogni specie esiste come popolazione di individui, ognuno dei quali è lievemente diverso dagli altri. Darwin ignorava l'origine delle variazioni (oggi la conosciamo abbastanza bene), ma la loro esistenza era ovvia. Col tempo, le variazioni che causavano un maggiore successo riproduttivo erano destinate a diffondersi nella popolazione. In altre parole, gli individui portatori di una variazione che consentiva loro di accoppiarsi con maggior successo erano destinati ad avere una prole più numerosa, portando in breve tempo a un aumento degli individui in possesso di quella stessa variazione. Il cambiamento delle condizioni ambientali, o l'isolamento di una popolazione dalle altre popolazioni, favorivano la diffusione di variazioni particolari e la comparsa di nuove specie. Si tratta di un processo estremamente lento: le possibilità di veder emergere una nuova specie nell'arco di una vita umana sono poche.

La teoria di Darwin incontrò una strenua opposizione in campo religioso. Nel 1802, il teologo William Paley (1743-1805) aveva pubblicato un libro di enorme successo, *Teologia naturale*, in cui paragonava i meccanismi complessi presenti negli esseri viventi agli ingranaggi di un orologio (proprio come aveva fatto il ben meno religioso La Mettrie). Era ovvio che là dove c'era un orologio doveva esserci anche un orologiaio: gli ingranaggi non si progettavano e non si costruivano da soli. Come si poteva anche solo immaginare che gli esseri viventi, dall'organizzazione infinitamente più complessa, si fossero creati da soli? Il libro di Paley fu una delle letture favorite di Darwin durante gli anni dell'università. Solo molto lentamente, e attraverso migliaia di osservazioni meticolose, Darwin si rese conto che Paley aveva torto.

Eliminati gli ultimi residui di finalismo, la teoria dell'evoluzione di Darwin fece di Dio un elemento non più necessario nella spiegazione del mondo naturale. Naturalmente non era la prima volta che Dio diventava superfluo. La fisica aveva già bandito Dio dai cieli («Non ho avuto bisogno di quell'ipotesi», era stata la risposta del fisico Pierre-Simon Laplace a Napoleone, che gli chiedeva quale fosse il ruolo di Dio nell'universo), e Helmholtz aveva bandito le forze vitali. Sembrava che l'ultimo rifugio del soprannaturale fosse la meravigliosa molteplicità delle forme viventi, ma ora anche quella era diventata il risultato di forze cieche.

Si è detto molto delle critiche religiose alla teoria di Darwin, ma in realtà anche l'accoglienza iniziale che le riservarono i suoi colleghi scienziati fu carica di riserve. Le ragioni, in questo caso, erano diverse. Alla teoria mancavano alcuni ingredienti cruciali: come si trasmettevano le variazioni alla generazione successiva, e come ne nascevano di nuove? Non c'è dubbio che Darwin avesse argomenti solidi, basati sulla riproduzione di cani, orchidee e piccioni, che dimostravano la possibilità di trasformare radicalmente gli animali in un lasso di tempo relativamente breve. Però sembrava che ci fosse bisogno della guida di un allevatore. Da dove veniva la varietà osservata in natura? Come poteva dare origine ai cambiamenti osservati? Come si ereditavano le variazioni? Perché la prole era simile ma non identica ai genitori? Darwin aveva identificato il meccanismo cruciale che spiegava l'evoluzione – le variazioni e la selezione naturale – ma le lacune erano ancora numerose.

Darwin non lo sapeva, ma un frate moravo, incuriosito dalle regolarità osservate tra le generazioni di piante di piselli del suo orto, aveva già scoperto alcuni degli elementi mancanti del puzzle. Le ricerche del frate Gregor Mendel (1822-1884) erano state pubblicate su una rivista poco nota, gli «Atti della Società di Storia Naturale di Brünn», e rimasero virtualmente sconosciute fino alla loro riscoperta agli inizi del XX secolo. Ciò che Mendel aveva scoperto studiando le sue amate piante di piselli erano le leggi dell'ereditarietà, ovvero il fatto che i caratteri morfologici si ereditano integralmente, e che i tratti che la prole eredita da ciascun genitore possono combinarsi in vari modi. Prima di Mendel e delle sue ricerche non era chiaro come funzionasse l'ereditarietà, e non era possibile escludere l'ipotesi del *mescolamento*. Nell'ereditarietà per mescolamento, i tratti della prole sono una miscela di quelli dei genitori. Mendel scoprì che non era vero: se fosse stato così, le piante di piselli avrebbero finito rapidamente per assumere un colore medio, risultante dal mescolamento dei colori delle generazioni precedenti. Invece le cose andavano diversamente. Incrociando un pisello verde con un pisello giallo, Mendel non aveva ottenuto una generazione di piselli con una colorazione intermedia, bensì solo piselli verdi; sorprendentemente, però, i piselli «nipoti» potevano essere nuovamente gialli o verdi. Il tratto giallo non si era mescolato: era semplicemente diventato dormiente (recessivo), pronto a ricomparire in una generazione successiva. L'osservazione che l'ereditarietà dei tratti non funzionava per mescolamento ma per conservazione si rivelò estremamente importante per la teoria darwiniana. Solo i tratti che potevano essere trasmessi integralmente alla generazione successiva potevano diffondersi in una popolazione e spiegare la comparsa di una nuova specie. Se ci fosse stato mescolamento, qualsiasi carattere avrebbe finito ben presto per svanire, diluito nella media.

L'opera di Darwin fu accolta positivamente dagli antivitalisti dell'epoca. Helmholtz abbracciò le idee di Darwin, che fornivano «la possibilità di un'interpretazione totalmente nuova del finalismo organico». Ormai, infatti, anche il finalismo era pronto per raggiungere la forza vitale nel dimenticatoio della storia della scienza. Tuttavia rimaneva un problema. Secondo Helmholtz, «la controversia [sulla teoria di Darwin] si concentra principalmente sulla portata da assegnare alla variazione delle specie». Il fatto era che le parti della teoria di Darwin che si occupavano della *necessità* non erano un problema. *Se* fosse emerso un nuovo tratto utile, la teoria di Darwin era in grado di descriverne con chiarezza la diffusione all'interno di una popolazione mediante la selezione naturale. Per i fisici la cosa non era affatto problematica (la fisica ottocentesca si basava sulla regolarità e su leggi di natura inoppugnabili). Ma quali leggi erano in grado di spiegare l'origine dei nuovi tratti? Una forza vitale? Per carità! Il caso? Non molto meglio, e inimmaginabile per un meccanicista assoluto del calibro di Helmholtz. In realtà, il ruolo del caso nella scienza non aveva fatto grandi progressi da quando Aristotele l'aveva rifiutato, duemila anni prima. Tutto doveva seguire una legge; ma qual era la legge delle variazioni?

2.

Il caso e la necessità

> Tutto quello che esiste nell'universo è frutto del caso e della necessità.
>
> Democrito

> Noi crediamo che il mondo è stato creato da Dio secondo la sua sapienza. Non è il prodotto di una qualsivoglia necessità, di un destino cieco o del caso. Noi crediamo che il mondo trae origine dalla libera volontà di Dio.
>
> *Catechismo della Chiesa cattolica*, Art. 295

Tenui filamenti di idrogeno ed elio percorrono vorticosamente l'immensità dello spazio. Il cosmo è vasto e vuoto. D'un tratto, i visitatori percepiscono il bagliore di un'isola minuscola: una galassia in un mare di nulla. Avvicinandosi, notano che l'isola è formata da puntini luminosi ancora più piccoli, minuscoli focolari nucleari chiamati stelle, disseminati nella fredda oscurità dello spazio. Intorno a molte di queste stelle, rischiarati dalla loro luce, orbitano lentamente piccoli granelli di sabbia e bolle di gas. Su uno di questi granelli, un pianeta che il calore della stella mantiene alla gradevole temperatura di 293 gradi Kelvin, il bianco delle nuvole di vapore acqueo esalta il blu scuro degli oceani di acqua salata e il giallo-marrone dei continenti. Le minuscole creature a due zampe che popolano questo piccolo mondo hanno appena cominciato a scorgere poche, fragili risposte ai misteri infiniti che li circondano, e credono di essere al centro dell'universo. I visitatori, ridendo sommessamente, decidono di mantenere invisibile la loro gigantesca astronave e proseguono il viaggio.

Sulla Terra, intanto, gli umani, totalmente ignari dei potenti esseri che li osservano dalle profondità dello spazio, sembrano incapaci di scuotersi di dosso le loro illusioni di superiorità. Per quel che ne sanno, il loro è l'unico pianeta che ospita la vita e loro sono le uniche forme di vita intelligente tra milioni di specie. Solo una manciata di esseri umani sente che in tutto questo c'è qualcosa di sbagliato. Uno di essi disegna una striscia a fumetti, *Calvin e Hobbes*, in cui un ragazzino di nome Calvin osserva: «La dimostrazione migliore dell'esistenza di forme di vita intelligente nell'universo è che non ci hanno contattato». Forse perché morirebbero dalle risate.

La convinzione di essere al centro dell'universo ci ha portato a dare troppe cose per scontate, solo per venire smentiti ripetutamente. No, il Sistema solare non ruota intorno alla Terra. No, l'universo non finisce dopo Plutone o oltre la Via Lattea, la nostra galassia, ma è molto più grande di quanto avessimo mai pensato, pieno di stelle, in alcune zone, ma per lo più dominato da un vuoto sconcertante. No, non esiste una speciale forza vitale: i nostri corpi fanno parte della natura e sono governati dalle molecole. E per finire: no, non siamo stati creati in maniera indipendente dagli altri animali; siamo loro parenti stretti e siamo tutti – sì, anche noi – eventi casuali della storia dell'evoluzione. In parole povere, siamo *fortunati* a essere qui.

Quest'ultimo insulto al nostro orgoglio – il fatto che si possa essere qui, almeno in parte, per un capriccio del caso – potrebbe essere il boccone più difficile da ingoiare. Ma che cosa c'è di così male nel caso?

Casualità

Conoscete la storia. Siete in viaggio verso una destinazione lontana, diciamo la Turchia o Singapore, quando vi imbattete nel vicino di casa di vostro cugino che per puro caso è a conoscenza di un posto di lavoro fatto apposta per voi. È il destino, giusto? Quando accade qualcosa di inatteso, sono in molti a leggervi un significato nascosto. C'è chi diventa superstizioso, chi crede nel karma e chi, invece, nel volere di Dio. Sono in pochi ad ammettere che è successo tutto per caso, che si è trattato di una semplice coincidenza. Perché così tante persone respingono l'idea che il caso possa influenzare la loro vita? Perché la casualità ci infastidisce così tanto? Il fatto è che la casualità fa pensare al caos, alla mancanza di controllo; quando domina la casualità, vale tutto. Ma è veramente così?

Prima della fine del XIX secolo erano tutti convinti che nelle spiegazioni della realtà non ci fosse spazio per il caso. Sui modi per esorcizzare lo spettro della casualità, però, non c'era unità di vedute. I meccanicisti credevano nella necessità meccanica: se conoscessimo la posizione e la velocità di ogni particella dell'universo in un dato istante e avessimo a disposizione un computer abbastanza potente, potremmo prevedere ogni evento futuro. I fanatici religiosi, dal canto loro, credevano nell'insondabile volere di Dio: se non era possibile spiegare perché era accaduto un certo evento, era perché Dio aveva voluto che le cose andassero in quel modo. E i filosofi credevano in... in quasi tutto, tranne che nella casualità. Era opinione unanime che quando sembrava che qualcosa accadesse per caso era solo perché non si conoscevano tutte le circostanze.

Eppure era ovvio che molti eventi erano al di fuori della portata delle nostre previsioni. Un modo per affrontare l'imprevedibilità consisteva nell'accettarla chiamandola fato, volere di Dio o ignoranza umana. In alternativa, si poteva cercare un modo per quantificare la nostra ignoranza e domare l'imprevedibile.

Breve storia del gioco d'azzardo

La prima volta che a qualcuno venne in mente di quantificare l'imprevedibilità non fu in nome della scienza ma del desiderio di fare soldi facili. L'obiettivo era sapere quanto puntare nei giochi d'azzardo.

Il gioco d'azzardo è un passatempo antico. I soldati romani che facevano la guardia al corpo di Gesù sulla croce si erano giocati i suoi miseri averi. Oggi il gioco d'azzardo è ancora altrettanto popolare: Las Vegas, una città cresciuta in un luogo dove non dovrebbe esserci una città, è interamente dedicata a questa attività peccaminosa. La città ospita campionati di poker e c'è sempre una roulette, un tavolo di blackjack, una slot machine o qualche altro sistema per aiutarvi a perdere il vostro denaro.

Negli ultimi anni si è diffusa la moda del poker, soprattutto tra i fisici. Sfortunatamente le mie credenziali di fisico non sono di grande aiuto: a poker sono un disastro. Il mio problema è che non so proprio bluffare. Tutti i bravi giocatori di poker sanno nascondere le proprie emozioni e sono eccellenti strateghi. Ma perché mai i fisici (a parte me) dovrebbero essere bravi a poker? La ragione è che i fisici capiscono le probabilità.

Da quanto ho capito, ci sono due modi per vincere a poker: avere una mano migliore di quella degli altri giocatori o far credere di avere una mano migliore della loro. Che cosa rende migliore una mano di poker? La risposta è che è migliore se è più rara, cioè se si presenta con una frequenza inferiore a quella di una mano meno buona. Il numero medio di occorrenze di una mano in un insieme di carte selezionate a caso è descritto dalla *probabilità*. La probabilità di ottenere una scala reale – una sequenza ordinata di carte dello stesso seme, partendo dall'asso – è una su 649 740. La probabilità di ottenere una coppia (due carte dello stesso valore) è molto più alta: una su 2,36. Significa che distribuendo cinque carte a caso un gran numero di volte, si avrà una coppia più o meno ogni 2,36 distribuzioni, mentre una scala reale può uscire solo una volta ogni 649 740 mani. Certo, questo non vuol dire che giocando 650 000 volte si ha la certezza di ricevere una scala reale, ma giocando miliardi o trilioni di volte, il numero di scale reali ricevute diviso per il numero di giocate totali si avvicinerà a 1/649 740. Visto che nessuno ha mai giocato a poker miliardi di volte, però, come possiamo essere sicuri che sia veramente così?

L'idea che nei giochi d'azzardo risultati diversi abbiano probabilità diverse sembra antica quanto il gioco stesso. In che altro modo potremmo decidere quanto puntare? Eppure, per molto tempo la stima della probabilità dei vari risultati possibili era stata affidata all'esperienza o alle sensazioni anziché alla scienza quantitativa.

Nel film *21*, Kevin Spacey impersona un professore di matematica del MIT privo di scrupoli morali, che insegna ai suoi studenti come far saltare il banco giocando a blackjack. Dopo aver imparato a contare le carte e aver concordato una serie di segni segreti, gli studenti vanno a Las Vegas e sbancano i casinò. Un modo interessante per pagarsi la retta del college, non c'è dubbio, e anche una bella idea per un film (basata su una storia vera), ma per nulla originale: l'idea di pagarsi l'università con il gioco d'azzardo precede *21* di 500 anni.

La persona che per prima ebbe l'idea di sfruttare il gioco d'azzardo in modo così ingegnoso nacque infatti nel 1501, a Milano, figlio non voluto di una coppia non sposata. Sua madre, Chiara, aveva già molti figli e non ne desiderava altri: l'infuso d'erbe che aveva bevuto per abortire non funzionò, e alla donna toccò la gioia di dare alla luce un bambino così macilento da far pensare che non sarebbe sopravvissuto. Purtroppo per sua madre, il bambino guarì grazie a un bagno nel vino rosso. Ebbe così inizio la vita poco probabile della prima persona che formulò una teoria della probabilità.

Appena il nostro eroe fu abbastanza grande, suo padre Fazio, avvocato, se ne servì come facchino per i suoi libri e come leggio mobile: a soli cinque anni, il bambino veniva fatto avanzare per strada a suon di calci, schiacciato da pile di tomi pesantissimi. A otto anni si ammalò gravemente, e il padre, pentendosi, lo fece battezzare con il nome di Gerolamo Cardano. Cardano fu il tipico genio del Rinascimento: medico, matematico, giocatore d'azzardo, ingegnere meccanico e fondatore della teoria delle probabilità. Crescendo, cominciò ad accompagnare il padre dai numerosi clienti, ai quali l'avvocato forniva consulenze di geometria e di diritto. Quando compì tredici anni, Fazio lo presentò al grande Leonardo da Vinci. Gerolamo aveva una fame insaziabile di conoscenza, aveva imparato il latino e il greco e non c'era nulla che non gli interessasse, dalla stregoneria agli oroscopi, alla costruzione delle ragnatele, passando per la circolazione sanguigna. Sembrava destinato a diventare uno studioso di grande fama, ma suo padre, nonostante Gerolamo fosse così promettente, rifiutò di pagargli gli studi in un'altra città.

Un giorno, in un accesso di rabbia, Fazio colpì la moglie, facendole sbattere la testa su un tavolo. L'uomo si pentì immediatamente del gesto violento, ma Chiara, che nel frattempo si era affezionata al figlio che un tempo non aveva voluto, sfruttò più che poté l'incidente a proprio vantaggio. Svenendo ripetutamente e invocando l'aiuto della sorella, che aveva assistito alla scena, fece promettere a Fazio che avrebbe permesso a Gerolamo di frequentare l'università. A malincuore, Fazio cedette al ricatto, ma suggerì che il ragazzo studiasse giurisprudenza, un campo di studi remunerativo. Gerolamo avrebbe avuto uno stipendio, e suo padre, come tanti altri padri, non vedeva l'ora di fornire un'istruzione al figlio senza dover pagare la retta. A Gerolamo, però, gli studi giuridici non interessavano affatto; voleva diventare medico, ma il padre rifiutò di pagare per un corso di studi così costoso: Gerolamo avrebbe dovuto procurarsi il denaro in qualche altro modo.

Lui lo trovò nel gioco d'azzardo. Gerolamo aveva una predilezione per il gioco dei dadi, perché possedeva un talento naturale per calcolarne le probabilità. Non barava (non conveniva, in un'epoca in cui spesso i bari finivano a penzolare da una trave), ma sapeva come scommettere. In breve tempo accumulò una quantità di denaro sufficiente a studiare medicina alla rinomata università di Padova. Nonostante qualche difficoltà iniziale, dovuta anche a una dissertazione sull'incompetenza dei suoi colleghi, Cardano divenne un medico di successo, finendo per essere nominato Rettore della facoltà di medicina della stessa università. Scrisse molti libri di medicina e di matematica, soprattutto di algebra, e non dimenticò mai il suo passato di scommettitore: il desiderio di condividere le proprie esperienze lo portò a formulare la prima teoria del gioco d'azzardo nel *Liber de ludo aleae* (Il libro del gioco d'azzardo).

Pur essendo stato pubblicato solo un secolo dopo essere stato scritto, il libro di Cardano segnò un punto di svolta, poiché introduceva l'idea fondamentale di calcolo delle probabilità: se volete sapere qual è la probabilità che accada un evento particolare tra tutti gli eventi possibili, contate il numero di varianti dell'evento in questione e dividetelo per il numero di tutti gli eventi possibili. Il metodo proposto da Cardano assumeva che tutti gli eventi avessero la stessa probabilità di accadere. Ecco un esempio: qual è la probabilità che nel lancio di due dadi si ottenga una somma pari a 5? Nel lancio di due dadi esistono 6 × 6 = 36 risultati possibili: (1, 1), (1, 2), ... , (6, 5), (6, 6). In quanti modi si può ottenere una somma pari a 5? Contiamoli: (1, 4), (2, 3), (3, 2), (4, 1), cioè quattro modi possibili. Quindi la probabilità di ottenere un totale di 5 lanciando due volte un dado è pari a 4/36 = 1/9. Con qualche calcolo in più possiamo anche calcolare la probabilità di una scala reale. Scegliendo cinque carte a caso da un mazzo di 52 carte si possono ottenere 2 598 960 mani diverse. Di queste, solo 4 saranno scale reali (una per ogni seme). Dividendo 4 per 2 598 960 ottenete 1/649 740. Non avete neanche bisogno di giocare a poker per scoprirlo.

Cardano ha le carte in regola per essere il protagonista della nostra storia. Come medico, capiva il ruolo del caso nella vita delle persone. La sua esistenza fu un susseguirsi frenetico di eventi casuali. Fondò la teoria delle probabilità, inventò un metodo per scrivere messaggi segreti ed ebbe persino un legame con Detroit, la città in cui io abito: inventò infatti il giunto cardanico, usato ancora oggi nelle automobili (ma concepito inizialmente per un sistema di pompaggio dell'acqua). Purtroppo, il caso finì per avere la meglio su Cardano: in seguito a una serie di eventi sfortunati finì in prigione e terminò la propria esistenza in un ospizio.

Dopo Cardano, nel corso del XVII e del XVIII secolo, la trattazione matematica dei giochi d'azzardo divenne una pratica diffusa. Aristocratici facoltosi (e, a quanto pare, piuttosto annoiati) si avvalevano di matematici illustri per calcolare le probabilità di vari giochi. I matematici Blaise Pascal (1623-1662) e Pierre de Fermat (1601-1665), ad esempio, furono incaricati dal Cavaliere de Méré di risolvere il *problema delle parti*: come dividere le puntate nel caso in cui un gioco venga interrotto prima della fine? Ecco lo scenario (fittizio): il Cavaliere de Méré sfida il Conte di Dubois a una semplice partita a dadi. Vincerà il primo che otterrà sei volte un 6. Dopo dieci minuti di gioco, il conte viene convocato senza preavviso a Versailles per incontrare il re. Fino a quel punto ha fatto 6 tre volte, mentre il

Riga	
0	1
1	1 1
2	1 2 1
3	1 3 3 1
4	**1 4 6 4 1**
5	1 5 10 10 5 1

Figura 2.1
Il triangolo di Pascal. Ogni numero è la somma dei due numeri immediatamente superiori. Il numero 6 della riga 4, ad esempio, è la somma dei due numeri 3 immediatamente superiori (si vedano le frecce). I numeri indicano quanti modi esistono per scegliere *k* (colonna) elementi da un totale di *n* (righe) possibilità. Il triangolo fu utilizzato da Pascal per risolvere il problema dei punti. La quarta riga, esaminata in dettaglio nel testo, è evidenziata in grassetto.

cavaliere è a 4. Nessuno dei due si fida dell'altro, ma come dividere equamente il piatto di sedici pezzi d'oro? Ovviamente la somma andrebbe distribuita in funzione della probabilità che ogni giocatore ha di vincere la partita. Pascal decise che il problema era troppo difficile per i suoi mezzi e contattò il celebre matematico dilettante Fermat perché lo aiutasse. I due si scrissero per qualche tempo sull'argomento, finché Fermat trovò una soluzione piuttosto noiosa che sfruttava la semplice regola di Cardano. La soluzione di Fermat diede a Pascal l'ispirazione per una formula generale, basata su un triangolo di numeri che oggi viene chiamato «triangolo di Pascal».[1]

I numeri del triangolo di Pascal ci dicono in quanti modi possiamo scegliere un certo numero (diciamo *k*) di elementi da un insieme di *n* elementi disponibili. Ne è un esempio il lotto, in cui dobbiamo indovinare 6 numeri tra i 90 che abbiamo a disposizione. In quanti modi lo si può fare? Tantissimi! Prima, però, proviamo con un esempio più facile: quanti modi esistono di scegliere 2 elementi da una lista di 4 elementi disponibili A, B, C e D? Per scoprirlo, andiamo alla quarta riga del triangolo di Pascal (fig. 2.1), che contiene i numeri 1, 4, 6, 4 e 1. Questi numeri ci dicono in quanti modi possiamo scegliere *k*

[1] In Italia è noto soprattutto come «triangolo di Tartaglia» [*N.d.T.*].

elementi tra 4 elementi disponibili (se ne avessimo 5 dovremmo considerare la quinta riga del triangolo e così via). I numeri 1, 4, 6, 4 e 1 corrispondono, da sinistra a destra, alla scelta di 0, 1, 2, 3 o 4 elementi tra i 4 disponibili.

Procediamo un passo alla volta: muovendoci da sinistra a destra lungo la quarta riga, il primo numero che incontriamo è 1, che corrisponde al numero di possibilità che abbiamo di scegliere zero elementi tra i 4 a disposizione. La non scelta di un elemento può essere fatta solo in un modo (la matematica può essere ben strana). Il numero successivo della riga è un 4, e ci dice in quanti modi possiamo scegliere 1 elemento su 4. Dato che gli elementi disponibili sono 4, abbiamo 4 modi di sceglierne uno solo (cioè possiamo scegliere A, B, C o D). La situazione si fa interessante (e meno scontata) quando vogliamo scegliere più di 1 elemento. Quanti modi ci sono per sceglierne 2 su 4? Secondo il numero seguente della quarta riga, dovrebbero essercene 6. E infatti è proprio così: (A, B), (A, C), (A, D), (B, C), (B, D) e (C, D) (non considerando valida la scelta dello stesso elemento due volte).

Ora, per scoprire in quanti modi si possono scegliere i 6 elementi su 90 del lotto dovremmo percorrere il triangolo fino alla novantesima riga. Potete provare, ma vi renderete subito conto che l'impresa è ardua. I numeri diventano molto grandi. Per fortuna esiste una formula che permette di calcolare tutti gli elementi del triangolo di Pascal senza doverlo scrivere esplicitamente in quella forma: si tratta del cosiddetto *coefficiente binomiale*, dato da $n!/((n-k)!k!)$, dove n è il numero di elementi disponibili, k il numero di possibilità e $n! = 1 \cdot 2 \cdot \ldots \cdot n$. L'espressione $n!$ è detta «fattoriale di n». Ad esempio, il fattoriale di 3 è: $3! = 1 \cdot 2 \cdot 3 = 6$. Nel caso del nostro problema del lotto, quindi, troviamo che esistono 1867 843 890 modi di scegliere 6 elementi tra 90 disponibili. Non c'è da stupirsi se non ho mai vinto.

Qual è l'utilità dei coefficienti binomiali nella soluzione del problema delle parti? Pascal e Fermat si resero conto che occorreva capire in quanti modi ognuno dei contendenti avrebbe potuto vincere la partita. Se al Cavaliere de Méré servono solo due lanci per vincere e al Conte di Dubois ne servono tre, qual è il numero massimo di turni da giocare per avere un vincitore? La risposta è quattro (ovvero $2 + 3 - 1 = 4$). Perché se il cavaliere fa 6 al massimo una volta, allora il conte deve fare 6 almeno tre volte per vincere la partita. Se il cavaliere fa 6 per due o più turni, il conte deve averlo fatto meno delle tre volte che gli servivano per vincere, e quindi ha perso la partita. In entrambi i casi uno dei due sarà il vincitore.

Adesso che sappiamo che occorreranno al massimo quattro turni per sapere chi è il vincitore, dobbiamo solo calcolare in quanti modi il cavaliere può vincere due turni su quattro. Il problema, quindi, si riduce a quello che abbiamo appena risolto: il cavaliere può vincere in sei modi diversi (immaginate che gli elementi A, B, C e D di cui abbiamo parlato prima corrispondano ai quattro turni da giocare). Il cavaliere vince la partita anche se vince *più* di due turni, e quindi dobbiamo conteggiare anche tale eventualità. Se vince *tre* turni, può farlo in quattro modi diversi (si veda il triangolo di Pascal); se vince tutte e quattro le volte, invece, può farlo soltanto in un modo. In totale, quindi, il cavaliere ha $6 + 4 + 1 = 11$ diverse possibilità di vincere la partita. Il conte, invece, può contare solo su $4 + 1 = 5$ modi diversi di vincere (che corrispondono, rispettivamente, a tre o quattro vittorie negli ultimi quattro turni). Se la partita viene interrotta prima degli ultimi quattro turni, quindi, la ripartizione della posta in gioco dovrebbe essere 11 a 5 in favore del cavaliere, poiché quest'ultimo ha più probabilità di vincere rispetto al conte. Se la posta è di 16 pezzi d'oro, il cavaliere ne prenderà dunque 11 e il conte 5.

La scienza dell'ignoranza

Più o meno nello stesso periodo in cui Pascal e Fermat risolvevano il problema delle parti, John Graunt (1620-1674), un venditore di bottoni e nastri, notò una regolarità interessante nelle statistiche di mortalità londinesi. Sembrava che il numero dei decessi fosse approssimativamente costante ogni anno, nonostante le cause di morte fossero numerose e le esatte circostanze di ogni morte fossero uniche. Quando poté analizzare un campione sufficientemente grande – i dati della città di Londra – Graunt si accorse che le differenze individuali diventavano irrilevanti, lasciando emergere alcune regolarità di natura generale. Era nata la scienza della statistica.

La statistica è stata definita la teoria dell'ignoranza. È una descrizione appropriata. La statistica è ciò che facciamo quando ci troviamo di fronte a situazioni complesse condizionate da troppi fattori, quando ignoriamo le cause scatenanti di un evento e quando non siamo in grado di calcolare le probabilità a priori. In molte situazioni, dal moto degli atomi al valore delle azioni, quando si opera una media su un gran numero di eventi emergono regolarità che non si notano osservando individualmente i singoli eventi. La statistica ci dà indicazioni utili a capire le regolarità di fondo o i nuovi fenomeni che emergono dall'interazione di molti elementi.

Il lavoro di Graunt portò alle prime *tavole di mortalità*, che contavano la probabilità che un neonato riuscisse a vivere fino a una certa età. Era il tipo di informazione di cui avevano bisogno le compagnie assicurative per fare soldi: assicurando un numero sufficiente di persone e conoscendo bene le tavole di mortalità, si poteva chiedere agli assicurati una quantità di denaro sufficiente a garantire un bilancio in attivo, anche se ogni tanto qualcuno moriva prima del tempo. Il mercato delle assicurazioni sulla vita divenne un gioco d'azzardo ben informato, nel quale le probabilità erano calcolate basandosi sulla vita reale. Nel suo libro *La passeggiata dell'ubriaco*, Leonard Mlodinow ha riprodotto la tavola di mortalità compilata da Graunt per Londra nel 1662. Verso la fine del XVII secolo, il 60 per cento di tutti i londinesi moriva prima di aver compiuto 16 anni. Un dato statistico così tremendo fa apparire l'Afghanistan dei nostri giorni una specie di paradiso: lì il tasso di mortalità del 60 per cento corrisponde approssimativamente a un'età di 60 anni. A titolo di paragone, in Giappone una mortalità del 60 per cento corrisponde a un'età di 90 anni.

Anche se la statistica nacque dalla necessità di quantificare i dati economici e sociologici, si capì ben presto che la nuova disciplina poteva rendersi utile anche nelle scienze cosiddette «dure». Nel XVIII secolo ci si era resi conto che le misure ripetute di uno stesso fenomeno, soprattutto in astronomia, seguivano una legge degli errori: gli errori, in altre parole, sembravano seguire una distribuzione universale. Tuttavia non si riusciva a determinare la funzione matematica che riproducesse correttamente la distribuzione di questi errori. Dopotutto, ogni gruppo di misure seguiva la distribuzione solo in maniera approssimata, e tale approssimazione diventava abbastanza buona da far intuire la funzione giusta solo dopo un grandissimo numero di misure. Dopo vari tentativi andati a vuoto da parte di più di un matematico illustre, il tedesco Carl Friedrich Gauss (1777-1855), servendosi di alcuni suoi dati astronomici, riconobbe che la cosiddetta «distribuzione normale» sembrava essere quella giusta.

La distribuzione normale era stata da sempre sotto il naso dei matematici. Nel 1733 il francese Abraham de Moivre (1667-1754), matematico ed esperto di teoria del gioco d'azzardo, aveva pubblicato nel suo libro *The Doctrine of Chances* una formula che estendeva il triangolo di Pascal a serie di eventi molto grandi, molto più grandi di quelle ottenibili in pratica con il metodo di Pascal. Nel limite di grandi numeri, il triangolo di Pascal era approssimabile da una formula che descriveva una curva simile a una campana. La curva a campana, detta anche distribuzione normale, era proprio quella che Gauss aveva trovato negli errori dei dati astronomici. Partendo da dove Gauss si era fermato, il matematico francese Laplace dimostrò che per qualsiasi misura dipendente da un insieme di fattori casuali, gli errori tendono a seguire questa distribuzione. Oggi il teorema del limite centrale di Laplace è un elemento fondamentale della statistica, grazie al quale è possibile prevedere la distribuzione di grandezze di ogni tipo, dall'altezza delle persone alla massa delle stelle.

L'uso della distribuzione normale nella statistica fu perfezionato dallo scienziato belga Adolphe Quetelet (1796-1874), che sottopose ad analisi statistica tutto quello che gli passava per le mani: la dimensione del torace dei marinai, le altezze maschili e femminili, gli omicidi commessi con varie armi, l'ubriachezza e i matrimoni. Ovunque guardasse, trovava la distribuzione normale e, quando non la trovava, sapeva che qualcosa era andato storto. Ad esempio, quando si accorse che l'altezza dei coscritti di leva francesi era stranamente carente nella parte bassa della distribuzione, si rese conto che molti uomini di bassa statura, giungendo all'età del servizio militare, mentivano sulla propria altezza per farsi riformare. Se la statura minima per il servizio di leva è di 157 centimetri e si è alti proprio 157 centimetri e mezzo, perché non piegare un pochino le ginocchia durante la misura e sfuggire così al tanto temuto servizio militare?

Le ricerche di Quetelet dimostrarono come la legge degli errori, la distribuzione normale e il teorema limite centrale governassero praticamente ogni cosa. I suoi libri furono letti con attenzione non solo dai futuri sociologi, ma anche da chi si apprestava a diventare fisico o biologo. Se la statistica era utile in economia, medicina e astronomia, perché non avrebbe dovuto esserlo anche in altri campi? Nel XIX secolo, come vedremo nel terzo capitolo, fisici come James Clerk Maxwell e Ludwig Boltzmann si servirono dei risultati di Quetelet per sviluppare la statistica degli atomi e delle molecole.

Il matematico Francis Galton, cugino di Darwin, fu uno dei primi ad applicare le idee di Quetelet a un'ampia gamma di fenomeni biologici. Galton trovò che quasi tutte le misure caratteristiche di un organismo – ad esempio l'altezza, la massa degli organi e la circonferenza degli arti – obbedivano alla distribuzione normale. Una delle sue scoperte più importanti fu la *regressione verso la media*: Galton scoprì che la prole di un genitore appartenente alle fasce marginali di una popolazione, ad esempio un uomo molto basso o una donna molto alta, aveva la tendenza a «regredire» verso la media della distribuzione. In altre parole, il figlio di un uomo bassissimo tendeva a essere più alto del padre, mentre la figlia di una donna altissima tendeva a essere più piccola della madre. Mozart non ebbe figli geniali, così come non li ebbe Einstein, e i genitori con un'intelligenza al di sotto della media hanno spesso figli più brillanti di loro. A lungo andare, tendiamo tutti verso la media. Per certi versi è un bene. Il genio è imprevedibile, il che rende ancora più incomprensibile il fatto che Galton sia stato uno dei fondatori dell'eugenica, l'idea che l'accoppiamento selettivo degli esseri umani potesse migliorare la specie. A parte gli ovvi problemi di un'idea così terribile sul piano dei diritti umani, proprio la «regressione verso la media» di Galton suggeriva che le prospettive di successo sarebbero state assai dubbie. «Incrociare» due esseri umani molto intelligenti non avrebbe mai garantito la nascita di una prole più intelligente dei genitori o almeno altrettanto intelligente. Secondo la «regressione verso la media» di Galton, era più sicuro scommettere sul «meno intelligente».

Nonostante le sue idee tragicamente male applicate, Galton diede altri importanti contributi alla statistica, tra i quali il *coefficiente di correlazione*, una variabile statistica che misura il legame statistico - la correlazione, appunto - tra due variabili distinte. Il coefficiente di correlazione, che rappresenta uno dei principali strumenti statistici delle scienze biomediche moderne, è accurato dal punto di vista matematico ma va usato con cautela. Il fatto che il numero di cicogne e di nascite di bambini possa esibire una correlazione sull'arco di qualche anno non vuol dire che le cicogne portano davvero i bambini. Una correlazione indica una possibile connessione ma non ne dimostra l'esistenza.

Grazie alle idee di Galton e Quetelet, nel XIX secolo la statistica conobbe un periodo di crescita e di prosperità, divenne parte integrante della biologia, e fu grazie al suo uso che Mendel scoprì le leggi dell'ereditarietà. Le condizioni erano mature perché il caso vedesse riconosciuta la propria importanza nella storia della vita.

Il caso e la vita: tre punti di vista

Il confronto tra il caso e la necessità occupa la mente umana da migliaia di anni. Per molto tempo i filosofi, i teologi e gli scienziati negarono che il caso potesse avere un ruolo significativo nella natura. La vittima più ovvia della fobia del caso fu l'atomismo. I progressi compiuti dalla scienza tra la fine del XIX secolo e l'inizio del XX, tuttavia, resero tale posizione sempre più indifendibile. Il caso affacciò il suo volto poco raccomandabile dapprima nella biologia, attraverso i lavori di Galton e Quetelet, e infine nella fisica. Le battaglie definitive sul caso si svolsero nelle controversie sull'esistenza degli atomi, nella comparsa della meccanica statistica e di quella quantistica e nelle nuove scoperte sull'evoluzione molecolare e sul ruolo delle mutazioni.

Il dibattito sul caso coinvolse numerosi protagonisti illustri. Verso la fine del XIX secolo, il fisico austriaco Ludwig Boltzmann, cofondatore della fisica statistica, si batté per far accettare l'esistenza degli atomi: erano passati più di duemila anni dai tempi di Democrito e di Epicuro, ma l'idea era vista ancora con scetticismo. Vent'anni dopo, Albert Einstein dimostrò la loro esistenza nel celebre articolo sul moto browniano, ma non riuscì mai ad accettare l'idea che la nuova scienza della meccanica quantistica fosse fondata sul caso. La battaglia continuava anche nella biologia. Da quando Quetelet e Galton avevano dimostrato che alcuni aspetti della fisiologia obbediscono alla statistica, e da quando la teoria dell'evoluzione aveva introdotto il caso come motore di innovazione nello sviluppo della vita, sul ruolo del caso nella storia della vita erano state combattute battaglie furibonde. La lista dei combattenti più illustri comprendeva D'Arcy Wentworth Thompson (1860-1948), Pierre Teilhard de Chardin (1881-1955) e Jacques Monod (1910-1976).

D'Arcy Thompson, matematico e biologo inglese, divenne celebre per il suo capolavoro del 1917, *Crescita e forma*, un libro ricco di intuizioni stupefacenti (e di schemi affascinanti) sui princìpi matematici che governano le forme degli organismi viventi. Thompson non credeva nella teleologia delle forze vitali, gli pareva sciocco invocare ragioni confuse là dove una spiegazione matematica o fisica era sufficiente. Vedeva nella natura una continuità di elementi complessi che escludeva la possibilità che il mondo della vita e quello della materia inanimata fossero separati da un divario incolmabile:

> La ricerca delle differenze … tra i fenomeni del mondo organico e di quello inorganico, tra cose animate e inanimate, ha occupato la mente di molti uomini, mentre la ricerca di princìpi comuni o similitudini essenziali è stata perseguita da pochi … Cellula e tessuto, conchiglia e

osso, foglia e fiore, sono altrettante porzioni di materia, ed è in obbedienza alle leggi della fisica che le particelle che li compongono sono state assestate, modellate, conformate.

In tutto ciò, Thompson manteneva un atteggiamento umile, ammettendo la possibilità che non tutti i fenomeni vitali potessero essere spiegati esclusivamente attraverso le leggi fisiche. Tuttavia, sentiva che troppo spesso i biologi del suo tempo si erano arresi frettolosamente, e che molti fenomeni del mondo vivente *avrebbero potuto* essere spiegati se solo gli scienziati avessero avuto abbastanza tempo per comprenderne la complessità. Nella battaglia tra il fine e il meccanismo, capiva l'utilità di invocare cause finali, ma si rendeva conto che anziché fermarsi là era necessario scoprire le ragioni fisiche della nascita delle strutture. «Nella parabola di Aristotele, la casa è lì perché gli uomini possano abitarvi, ma è lì anche perché chi l'ha costruita ha posto una pietra sopra l'altra». Per Thompson, una spiegazione esauriente doveva comprendere sia la ragione dell'esistenza di una struttura che il modo in cui era realizzata.

Thompson, tuttavia, pur amando le spiegazioni meccaniciste non era un sostenitore della teoria dell'evoluzione. Per lui, le spiegazioni dovevano fondarsi sulla necessità: non c'era posto per il caso. Neanche le argomentazioni generiche della teologia incontravano però il suo gradimento: «Come è facile e vano osservare l'operato della natura e accontentarsi di attribuire le sue meraviglie al capriccio del caso o all'intervento diretto di Dio». Secondo Thompson, invocare il caso, Dio o qualunque altro principio vitale di fronte a ciò che non si conosce era un trucchetto da quattro soldi escogitato per non dover fare la fatica di cercare le cause reali.

Se Thompson rifiutava – pur se educatamente – le cause finali, il gesuita francese Teilhard de Chardin, paleontologo e antropologo, le esaltava, giungendo persino a spiegare l'esistenza degli atomi e delle molecole alla luce di un fine superiore. Teilhard dedicò la propria vita a riconciliare scienza e religione; da scienziato, sapeva che la teoria dell'evoluzione era la spiegazione migliore dello sviluppo del mondo vivente e ne divenne un sostenitore entusiasta, anche se con una chiave di lettura tutta sua. Nel suo capolavoro *Il fenomeno umano* (scritto nel 1935 ma pubblicato nel 1955), Teilhard vedeva l'evoluzione come un'ascesa verso forme di vita sempre più complesse e sofisticate, destinate a culminare in un'unica mente universale da lui identificata con Dio. L'evoluzione, secondo lui, era guidata da una misteriosa energia psichica, un'energia che nessuno aveva mai scoperto o misurato, ma la cui presenza era comunque evidente nel progresso visibile nell'evoluzione del nostro universo. La materia si muoveva nella scia della mente, cui toccava il ruolo più importante. La filosofia di Teilhard mirava a dare «il primato dello spirito e del pensiero sulla materia dell'universo». Idee simili erano state derise da Voltaire duecento anni prima; i progressi fatti nella conoscenza dell'impressionante storia dell'evoluzione, però, uniti al bisogno di definire il ruolo del genere umano, avevano fatto tornare di moda certe filosofie animiste.

La filosofia di Teilhard de Chardin sembrava offrire un modo per avere la moglie piena e la botte ubriaca: si poteva accettare l'evoluzione insieme a tutte le scoperte della scienza, e al tempo stesso credere alla guida da parte di una forza superiore, per quanto invisibile. Nonostante la posizione di compromesso sui grandi temi della nostra esistenza, però, ben pochi apprezzavano le idee di Teilhard: la Chiesa le riteneva troppo distanti dalla teologia tradizionale, mentre gli scienziati non apprezzavano l'aggiunta di forze sconosciute solo per soddisfare il bisogno di mettere l'uomo al centro di tutto.

Uno degli scienziati che considerava con disprezzo le idee di Teilhard era il biochimico francese e premio Nobel Jacques Monod. Nel capitolo *Vitalismi e animismi* del suo libro *Il caso e la necessità*, Monod criticò la logica di Teilhard de Chardin, definendola «confusa» e bollandone lo stile come «faticoso». Più di ogni altra cosa, però, Monod si dichiarò «colpito dalla mollezza intellettuale della [sua] filosofia»: sembrava esserci una «volontà di conciliare, di trovare un compromesso qualsiasi, a ogni costo».

Anche per Monod, tuttavia, il problema di riconciliare il moto cieco degli atomi e le loro leggi inanimate con la complessità della vita era un mistero profondo e cruciale. L'allergia a qualsiasi spiegazione animista o vitalista e l'incapacità di capire in che modo le leggi fisiche, da sole, potessero condurre alla complessità della vita (cioè l'idea di Thompson), lo portarono a risolvere il dilemma dando il ruolo principale al caso. L'origine della vita, secondo Monod, era stato un evento incredibilmente improbabile. Una volta avvenuto, era entrata in gioco l'evoluzione, condita a sua volta da una buona dose di casualità. Se è vero che sia Thompson che Monod rifiutavano il ricorso a princìpi guida come l'energia spirituale di Theilard, è anche vero che i due avevano posizioni totalmente diverse sul ruolo del caso e della necessità.

I problemi legati all'origine della vita, ai suoi meccanismi (il metabolismo, la crescita) e alla storia dell'evoluzione possono trovare molte risposte diverse. Quasi tutte, però, possono essere inquadrate facendo riferimento a due dimensioni distinte. Una è quella della dicotomia tra la «fisica pura e semplice» e le forze di ordine superiore (l'anima, le forze vitali), mentre l'altra è quella del rapporto tra caso e necessità. La figura 2.2 visualizza in maniera schematica le varie posizioni. Come mai esistono così tanti punti di vista sull'origine e sulla natura della vita? La difficoltà di vedere come si possa giungere alla complessità del vivente partendo dalla semplicità delle leggi fisiche

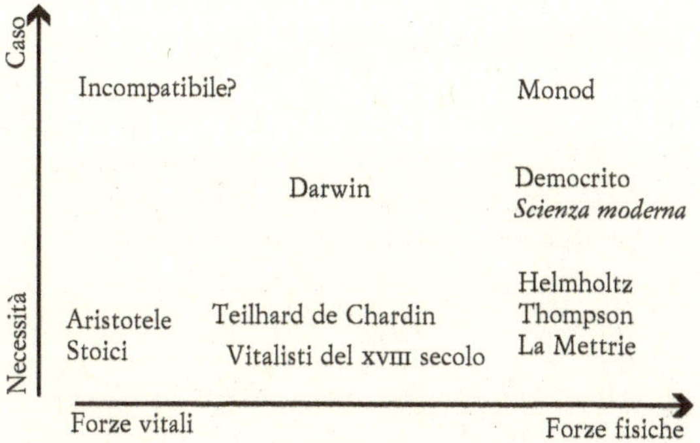

Figura 2.2
Una rappresentazione semplificata di come gli scienziati e i filosofi hanno spiegato la vita in funzione del rapporto tra caso e necessità e di quello tra forze vitali e forze fisiche.

è innegabile; al tempo stesso, però, gli scienziati hanno constatato più di una volta che l'ignoranza di ieri a proposito di certi fenomeni biologici si è trasformata nella conoscenza di oggi, e che tale conoscenza si basa su quelle stesse leggi fisiche così semplici. Perciò è opportuno fare tesoro del monito di Thompson e di Monod: quando sentiamo il bisogno di invocare princìpi estranei per placare la nostra ignoranza è più saggio astenersi. Sarebbe meglio, invece, continuare la ricerca di una spiegazione all'interno della scienza conosciuta, secondo un metodo che finora si è rivelato incredibilmente fertile. Teilhard de Chardin sapeva che il «nesso tra la fisica e la biologia» doveva risiedere nella cellula, ma era anche convinto che la cellula fosse «ancora un libro chiuso», una «fortezza inespugnabile». Da allora, gran parte della fortezza è stata espugnata; la profondità delle nostre spiegazioni è aumentata enormemente e la cellula non è più enigmatica come una volta. E in tutto ciò, la fisica e la chimica sono state le nostre guide.

La variazione e la fisica atomica

Alla fine del XIX secolo, la fisica aveva ormai fatto perdere ogni credibilità al vitalismo, così come l'*Origine delle specie* aveva sconfitto l'idea di un fine superiore. Molti scienziati, tuttavia, non riuscivano ancora ad accettare l'idea che il caso potesse avere un ruolo importante. La teoria di Darwin spiegava in maniera plausibile la varietà delle forme viventi e la storia biologica del nostro pianeta senza ricorrere a uno scopo o ad altri argomenti teleologici, ma fisica ed evoluzione formavano una strana coppia. La fisica del XIX secolo si fondava sulle leggi naturali. Si fondava sulla necessità. L'evoluzione, invece, funzionava solo grazie alla variazione e alla novità, cioè al caso. Come riconciliarle?

La soluzione arrivò lentamente, grazie all'intervento diretto dei fisici. Alla fine del XIX secolo le leggi olistiche della termodinamica – che descrivono il comportamento della materia usando proprietà come la pressione, il volume o la temperatura – furono ridotte a una teoria fondamentale. La nuova teoria, che analizzeremo in dettaglio nel terzo capitolo, spiegava le proprietà olistiche attraverso il moto degli atomi; in un primo momento fu chiamata teoria cinetica, ma quando, evolvendosi, finì per includere un numero sempre più grande di fenomeni venne ribattezzata meccanica statistica. Il caso fu accettato come parte integrante della fisica; le medie statistiche sui grandi numeri permisero di tenerlo sotto controllo, e il moto casuale degli atomi poté finalmente essere descritto da distribuzioni di probabilità ben definite.

All'inizio del XX secolo, lo studio degli atomi e della luce portò alla nascita di un'altra teoria che includeva in forma esplicita i concetti di caso e di probabilità: la meccanica quantistica. La fisica classica, modello inviolabile di necessità, fu sostituita da una descrizione della natura sostanzialmente probabilistica, che non consentiva più di affermare con certezza, ad esempio, la direzione di una particella e la sua energia. Tutto quello che si poteva calcolare erano probabilità. La meccanica quantistica era nata dalla necessità di spiegare nuovi stupefacenti risultati sperimentali. Tra la fine del XIX secolo e l'inizio del XX, ad esempio, gli esperimenti avevano rivelato una pletora di radiazioni nuove e misteriose: raggi X, raggi catodici, radiazione alfa, beta e gamma. Lo studio delle nuove forme di radiazione diede slancio alla nuova scienza dei quanti, e intorno agli anni venti del secolo scorso quelle stesse radiazioni misteriose provocarono una svolta radicale anche in biologia: fu in quel periodo, infatti, che i fisici cominciarono a studiare l'effetto delle radiazioni sul materiale biologico.

I cromosomi, le matasse di DNA contenute nel nucleo cellulare, erano stati scoperti nel 1882 dal biologo tedesco Walther Flemming (1843-1905) e da altri studiosi, ma la loro importanza non fu colta immediatamente. Ne era stata osservata la duplicazione durante la divisione cellulare, ma il loro ruolo nell'ereditarietà non era stato ancora capito, anche perché gli studi di Mendel erano finiti nel dimenticatoio. All'inizio del XX secolo, però, ci fu la riscoperta dell'opera dell'abate; il biologo tedesco Theodor Boveri (1862-1915) e il suo omologo americano Walther Sutton (1877-1916) scoprirono indipendentemente il nesso tra i cromosomi e i tratti ereditari descritti da Mendel. Intorno al 1909, l'embriologo americano Thomas Hunt Morgan (1866-1945) cominciò i suoi celebri esperimenti genetici sulla *Drosophila*, il moscerino della frutta, un animale caratterizzato dall'elevata velocità di riproduzione. Il cuore della ricerca biologica aveva ormai attraversato l'Oceano Atlantico. Morgan scoprì che non tutti i tratti erano indipendenti, come credeva Mendel, ma che esistevano vari livelli di correlazione. Questo faceva pensare che l'organizzazione dei tratti sui cromosomi seguisse qualche tipo di disposizione lineare, e che tratti vicini avessero maggiori probabilità di essere ereditati insieme. Il mescolamento dei tratti fu spiegato con uno scambio (*crossing-over*) di molecole lineari. Nel corso del processo di crossing-over, la prole riceveva da entrambi i genitori una miscela dei geni. Se due tratti si trovavano a poca distanza l'uno dall'altro sulla molecola responsabile dell'ereditarietà, era poco probabile che venissero ereditati separatamente durante la fase di rimescolamento. Il crossing-over, però, spiegava solo alcuni aspetti delle variazioni all'interno di una popolazione. Ciò che non si riusciva a spiegare, ad esempio, era la comparsa di tratti nuovi, assolutamente necessaria per l'evoluzione.

Nel 1920, grazie al lavoro indefesso dei pionieri della genetica, divenne chiaro che l'informazione ereditaria era contenuta in molecole lineari che, avvolgendosi, formavano i cromosomi. La dimostrazione giunse dalla neonata scienza della radioattività: quando si capì il comportamento delle radiazioni si poté formulare una nuova ipotesi sulle modalità di introduzione di novità e variazioni in una specie oltre al semplice rimescolamento dei tratti esistenti. Uno degli artefici della nuova teoria fu il genetista americano Hermann Joseph Muller (1890-1967), uno degli studenti di dottorato di Morgan. Studiando le mutazioni, cioè i cambiamenti rari ma importanti del patrimonio ereditario, che di solito sono nocive, Muller si era interessato agli effetti dei raggi X e della radioattività sul loro tasso di insorgenza nei moscerini della frutta. La sua speranza era che i raggi X potessero indurre mutazioni controllate. Dopo tre anni di false partenze (i raggi X sterilizzavano i moscerini, che non generavano prole da poter studiare), nel 1926 ci fu la svolta decisiva.

Controllando la dose di raggi X, Muller riuscì a trovare una relazione tra la dose stessa e la probabilità di mutazione, e dimostrò che la radiazione aumentava la probabilità di creare nuovi tratti genetici in una specie: il caso stava dimostrando finalmente la propria importanza.

Lavorando a Berlino con il genetista russo Nikolai Timoféeff (1900-1981), Muller ottenne risultati decisivi, ma la natura molecolare del materiale ereditario rimaneva un mistero. A quel punto giunse nel laboratorio di Timoféeff un giovane fisico atomico, Max Delbrück (1906-1981). Grazie alla sua conoscenza della fisica, Delbrück riuscì a dare una spiegazione teorica ai dati di Muller e Timoféeff. Pur non sapendo quale fosse la natura della sostanza genetica, Delbrück affermò che se si fosse trattato di una molecola avrebbe dovuto obbedire alle leggi della fisica atomica e della termodinamica. Nell'ormai famoso articolo pubblicato nel 1935 su una rivista poco conosciuta, «Nachrichten von der Gesellschaft der Wissenschaften zu Göttingen» (Atti della Società Scientifica di Gottinga), Delbrück, Timoféeff e Karl Zimmer (1911-1988) presentarono i dati sulla dipendenza del tasso di mutazione dalla temperatura o dalla dose di raggi X. I risultati erano chiaramente compatibili con le conoscenze di fisica atomica e di termodinamica di quei tempi.

La prima metà del XX secolo, quindi, fu teatro di una storia straordinaria: processi *biologici* fino a quel momento avvolti nel mistero, come l'ereditarietà e la variazione, vennero collegati a entità *fisiche* misurabili. Il risultato di Helmholtz, a confronto, era stato una cosa da nulla, benché avesse eliminato le forze vitali dalla lista delle spiegazioni possibili. In ogni caso, Helmholtz e i suoi colleghi scienziati del XIX secolo non erano stati in grado di spiegare il funzionamento degli esseri viventi: i processi implicati, infatti, avvenivano su scala molecolare, a un livello inaccessibile alla scienza ottocentesca. Per la prima volta, grazie al lavoro di Muller, Timoféeff, Delbrück e altri, alcuni dei più grandi misteri della vita erano stati messi in relazione con entità fisiche *molecolari*. Era nata la biologia molecolare.

Che cos'è la vita?

Come ex allievo della Johns Hopkins University, non posso fare a meno di apprezzare un aneddoto che ho trovato nella biografia di Erwin Schrödinger (1887-1961) scritta da Walther J. Moore. Schrödinger, premio Nobel nel 1933 e fondatore della meccanica ondulatoria – il formalismo più diffuso per i calcoli di meccanica quantistica –, era scappato dall'Austria nazista e aveva ricevuto una proposta di lavoro alla Johns Hopkins. I docenti dell'università volevano che il loro illustre ospite fosse a proprio agio, e seguendo le tradizioni di Baltimora lo invitarono a un ristorante di specialità di mare per gustare i famosi granchi del Maryland. Non so se all'epoca avessero già la salsa Old Bay, ma Schrödinger apprezzò molto il cibo e decise che un bel bicchiere di birra lo avrebbe accompagnato degnamente. Purtroppo si era al culmine del proibizionismo: i padroni di casa si scusarono, ma la birra era fuori discussione. Fu così che Schrödinger preferì accettare un posto a Dublino, in Irlanda.

Il lavoro di Delbrück si avviava a svanire nell'oblio insieme all'oscura rivista sulla quale era stato pubblicato, quando intorno al 1940 un altro profugo sfuggito al regime nazista, Paul Peter Ewald (1888-1985), lo sottopose all'attenzione di Schrödinger, che rimase affascinato dalla lettura di quel libretto verde. L'articolo di Delbrück, Timoféeff e Zimmer, intitolato *On the Nature of the Gene Mutation and the Gene Structure* (Sulla natura della mutazione e della struttura dei geni), fu per lui una rivelazione.

L'articolo, di natura tecnica, ispirò a Schrödinger una serie di lezioni affascinanti al Trinity College di Dublino, seguite da più di 400 persone, cui seguì il celebre libro *Che cos'è la vita?* In esso, Schrödinger inquadrava le scoperte di Delbrück e dei suoi colleghi nel contesto della scienza contemporanea, prendendo spunto dalle loro conclusioni, decisamente caute, per lanciarsi in ipotesi più ardite. Anche se gran parte delle idee di Schrödinger si rivelarono errate, il libro fu fonte di ispirazione per molti fisici che entravano nel mondo della biologia.

Non si trattava di un libro molto lungo (solo 90 pagine nell'edizione che possiedo io), ma Schrödinger vi affrontava molti degli aspetti misteriosi della vita, in modo particolare la natura, le dimensioni e la stabilità sorprendente della sostanza ereditaria. Schrödinger era al corrente delle prime stime delle dimensioni della sostanza ereditaria: osservando i cromosomi al microscopio si era giunti a valutare il volume di un gene intorno a 30 nanometri cubi, un valore decisamente grande per una molecola. Schrödinger voleva una stima più precisa. Delbrück, Timoféeff e Zimmer avevano stimato che se i raggi X fossero stati abbastanza forti da ionizzare approssimativamente un atomo su mille, le mutazioni sarebbero avvenute con certezza quasi assoluta. Assumendo che le mutazioni dei geni fossero dovute a variazioni su scala atomica della molecola dell'eredità, partì dai risultati di Delbrück e si spinse oltre: se la ionizzazione di un atomo su mille causava quasi certamente una mutazione, allora la dimensione di un gene doveva essere pari a circa mille atomi, cioè 3 nanometri cubi.

La conclusione di Schrödinger - che Delbrück e i suoi collaboratori avevano prudentemente evitato - non aveva molto senso, neanche per i biologi molecolari dell'epoca. Le mutazioni avvengono a causa della creazione dei cosiddetti «radicali» (molecole prive di un elettrone) che possono diffondersi su distanze ben più grandi di 3 nanometri. Inoltre oggi sappiamo che esistono macchine molecolari, i cosiddetti «enzimi di riparazione», che aggiustano il materiale genetico (successivamente identificato nel DNA). Le mutazioni, quindi, sono in realtà il risultato di un danno chimico che i meccanismi cellulari non riescono a riparare. Ciononostante, la stima di Schrödinger, per quanto fondata su premesse errate, stimolò l'immaginazione. Che cosa avrebbe potuto essere contenuto in 3 nanometri cubi? Che tipo di unità molecolare avrebbe mai potuto essere formata da mille atomi?

Partendo dalla sua stima delle dimensioni di un gene, Schrödinger si chiese come quel pugno di atomi potesse essere stabile. All'interno di un organismo vivente, le molecole sono soggette a un moto termico violento: alle temperature elevate tipiche di un organismo vivente gli atomi oscillano, vibrano e collidono tra loro ad alta velocità. In condizioni così ostili potrebbe sopravvivere solo un legame chimico molto stabile. Schrödinger si convinse che i geni dovevano essere molecole, e ipotizzò che il materiale genetico fosse come un cristallo, ma con una condizione inaspettata: per poter contenere l'informazione complessa, necessaria per far funzionare una cellula, il cristallo avrebbe dovuto essere *aperiodico*, cioè non ripetitivo. I cristalli reali, osservati su scala atomica, sono alquanto noiosi, essendo costituiti dalla ripetizione a oltranza della stessa struttura atomica. Una disposizione così ripetitiva non può contenere una grande quantità di informazione. È come se scrivessimo un libro con l'obbligo di utilizzare solo una lettera: *eeeeeeeeeeee*. Per trasportare informazione servono lettere diverse, con le quali formare frasi, come «La mucca ha spiccato un balzo verso la Luna». Serve una sequenza aperiodica di lettere. Schrödinger pensava appunto che le lettere dei geni fossero scritte nel linguaggio degli atomi e delle molecole. In questo caso si avvicinò alla realtà più di quanto avesse fatto con la stima delle dimensioni delle lettere, anche se l'idea non era tutta farina del suo sacco. Oggi sappiamo che il materiale genetico non è un cristallo ma un polimero aperiodico: una lunga e deformabile molecola lineare chiamata DNA.

Le perplessità sul modo in cui le molecole all'interno delle nostre cellule sfuggono agli effetti dell'agitazione termica spinsero Schrödinger a concludere che ogni elemento delle nostre cellule era reso stabile da legami chimici forti. Per lui l'agitazione termica era la grande nemica, da sconfiggere irrobustendo i legami della nostra natura microscopica. Come vedremo nel seguito del libro, su questo punto Schrödinger si sbagliava di grosso. Le nostre cellule non contengono strutture rigide; è tutto molle e mobile e l'agitazione termica non è affatto il nemico, bensì la chiave per capire l'attività all'interno delle cellule viventi.

Il libro di Schrödinger contiene anche alcuni commenti sul valore della meccanica statistica, la scienza che formula leggi macroscopiche esatte partendo dalla media su grandi numeri di molecole che si muovono caoticamente. Una di queste leggi è quella dei gas ideali, che stabilisce una relazione tra la densità, la pressione e la temperatura di un gas. La legge dei gas ideali si ottiene a partire dalla media di un numero grandissimo di molecole di gas, con un processo che Schrödinger descrisse come «l'ordine che nasce dal disordine». Nella biologia, invece, Schrödinger vedeva all'opera un'altra classe di leggi: leggi che creavano «ordine dall'ordine». Certo, gli organismi viventi funzionano proprio così, ma in ultima analisi devono sempre vedersela con il disordine, e devono anzitutto creare l'ordine a partire dal disordine sottostante. Schrödinger non riusciva a capire come fosse possibile; gli sembrava che gli atomi che formavano le molecole della vita fossero troppo pochi rispetto alle variazioni casuali («fluttuazioni») previste. Capovolgendo in maniera sorprendente le intuizioni di Helmholtz, dichiarò che la biologia doveva includere nuove leggi fisiche, mai osservate prima nella materia inanimata. La «caratteristica più evidente» della vita era che essa sembrava fondarsi su un «principio dell'ordine dall'ordine», e non su un principio dell'ordine dal disordine come i fenomeni descritti dalla fisica statistica. Per risolvere il problema, Schrödinger proponeva di immaginare la vita come un meccanismo a orologeria, ripescando così le idee espresse da La Mettrie duecento anni prima. Si rendeva conto, però, che questa idea della vita era da prendere «con un grano di sale molto grosso». Decisamente grosso, non c'è che dire.

Ormai siamo vicini alla soluzione del dilemma di Schrödinger. Un organismo vivente non si basa su un solido. Non è un meccanismo a orologeria. E la meccanica statistica può dirci molto sul suo funzionamento.

Le regole del gioco

Come abbiamo visto nel corso del capitolo, non possiamo sbarazzarci del caso. Nulla a che vedere con la forza distruttrice che gli è stata attribuita per migliaia di anni, tuttavia: il caso ci è utile, o quantomeno è utile alla vita nel suo insieme. Nei prossimi capitoli vedremo in che modo la casualità entra a fare parte di ogni aspetto della vita, anche nel semplice gesto di sollevare un braccio o di convertire il cibo in movimento.

Come visualizzare la relazione tra la necessità, le leggi di natura e il caso? Un modo è quello suggerito dal biochimico Manfred Eigen nel suo libro del 1975 *Il gioco: le leggi naturali governano il caso*. Eigen, vincitore del premio Nobel per le sue ricerche sulle reazioni chimiche ultraveloci, si era reso conto che l'interazione tra il caso e la necessità ricorda ciò che accade nei giochi. Giochi diversi possono rappresentare vari fenomeni tipici dei princìpi che governano la vita: le reazioni chimiche, la crescita di una popolazione, la regolazione enzimatica all'interno di una cellula o l'evoluzione. Un buon gioco integra elementi di necessità (deve avere regole), elementi casuali (deve esserci un elemento di sorpresa) e un livello sufficiente di complessità. Il gioco degli scacchi possiede regole semplici, ma l'insieme di tutte le partite mai giocate e la varietà delle strategie impiegate dimostrano che ha una complessità tutt'altro che ovvia. I giochi sono modelli di «emergenza», dove con emergenza si intende la comparsa di caratteristiche inaspettate in seguito all'interazione di componenti diverse: le regole del gioco, il caso, lo spazio e il tempo. Il modo migliore per capire la vita è pensarla come un gioco d'azzardo giocato sulla scacchiera dello spazio e del tempo con le regole fornite dalla fisica e dalla matematica. Per capire la vita con gli occhi di un fisico dobbiamo cominciare dalla regole che governano il gioco. Cominciamo quindi dai giochi preferiti dagli atomi.

3.
L'entropia di un rapinatore notturno

> [Il nostro] sforzo principale è stato di aumentare e rafforzare i sensi ... mediante ... strumenti materiali ... Grazie a questi [vediamo] ... che le impressioni dei Corpi comunemente attribuite alla Qualità e quelle riconosciute come occulte sono opera delle piccole Macchine della Natura, indistinguibili senza gli ausili suddetti.
>
> Robert Hooke, *Micrographia*

> Così i naturalisti osservano che una pulce
> Ha pulci più piccole che predano su di lei,
> E queste ne hanno di più piccole che ancora le mordono
> E così procedono all'infinito.
>
> Jonathan Swift

Quando Robert Hooke guardò nel suo rudimentale microscopio, vide un nuovo mondo di minuscole «macchine della natura», dalle rugosità sui semi di papavero al pungiglione di un'ape. Le «macchine» che vide con il suo microscopio alla fine del XVII secolo non erano che l'inizio: con il miglioramento dei microscopi si scoprì che tutte le macchine di Hooke erano composte da cellule, le quali, a loro volta, erano vere e proprie fabbriche contenenti macchine ancora più piccole, ognuna delle quali era formata da parti sempre più piccole, e così via fino agli atomi e alle molecole. Fu chiaro che gli esseri viventi, per quanto immensamente complessi, erano composti dalla stessa sostanza che compone il resto della natura.

Come fanno gli atomi e le molecole a unirsi per formare un fiore o un essere umano? Dov'è la soglia che separa molecole e atomi privi di vita dagli organismi viventi? Che cosa dà vita a un oggetto? Domande difficili, che hanno tormentato scienziati e filosofi per migliaia di anni. La nostra generazione, tuttavia, potrebbe essere la prima ad abbozzare qualche risposta. Per capire le risposte dobbiamo partire dai componenti fondamentali della natura: gli atomi e le molecole. Gli atomi sono microscopici ammassi di materia, così piccoli che per coprire la larghezza di un capello umano ci vogliono 300 000 atomi di carbonio. La massa dell'umile batterio *E. coli* è pari a un quadrilionesimo (10^{-15}) di quella di un essere umano, ma contiene 100 000 miliardi di atomi. Le molecole sono invece aggregati di atomi uniti da legami elettrici forti. Il numero di atomi di una molecola può variare da poche unità a decine di migliaia.

Gli atomi e le molecole non hanno quiete. Democrito, Epicuro e gli altri atomisti avevano già capito questo importante dettaglio. Le molecole di azoto, ossigeno, anidride carbonica e vapore acqueo presenti nell'aria si agitano vorticosamente, scontrandosi a gran velocità. Non ce ne rendiamo conto, ma siamo bombardati senza sosta dalle molecole supersoniche dei gas che compongono l'aria intorno a noi. La calma che ci circonda non è che un'illusione. Siamo accerchiati, anzi, immersi nel caos. Eppure da questo caos può nascere l'ordine: nelle fredde giornate invernali, le molecole d'acqua che si muovono caoticamente nelle nubi più alte si incontrano e formano fiocchi di neve dalle simmetrie stupende. Il mondo intorno a noi – il mondo *macroscopico* – è fatto di ordine e di regolarità. Un libro posato su un tavolo non salta in aria all'improvviso e non si incendia spontaneamente. Eppure, se lo osserviamo su scala microscopica, un libro non è che un ammasso di atomi che vibrano e si agitano, collidono e rimbalzano, proiettandosi con violenza nello spazio circostante. Com'è possibile che da un simile caos abbiano origine l'ordine visibile e la complessità della vita?

Alla fine del XIX secolo la domanda era al centro dell'attenzione di fisici come Ludwig Boltzmann in Austria, James Clerk Maxwell in Scozia e Josiah Willard Gibbs negli Stati Uniti. Per loro, il punto di partenza ideale era l'esempio relativamente semplice di un gas. Un volume macroscopico di gas segue leggi semplici che mettono in correlazione la pressione, il volume e la temperatura. Ma da dove nascono queste leggi? Per rispondere, gli scienziati fecero ricorso alla neonata scienza della statistica e inventarono la *meccanica statistica*, una disciplina che applica la statistica alla meccanica degli atomi e delle molecole. L'idea era che se la statistica riusciva a descrivere l'altezza di mille uomini o l'età in cui si sposano mille donne, sarebbe stata certamente in grado di descrivere il comportamento di un miliardo di miliardi di atomi. Nella vita di tutti i giorni ci serviamo della statistica per calcolare quantità come il reddito medio, il quoziente di intelligenza (definito come una deviazione standard dall'intelligenza media) e le distribuzioni del reddito. Analogamente, i fisici impararono a calcolare valori medi, deviazioni e distribuzioni delle velocità e delle energie degli atomi. Anche se gli atomi si muovono in modo casuale, le loro collisioni obbediscono a regole fisiche. Maxwell e Boltzmann dimostrarono che la distribuzione delle velocità degli atomi in un gas non era altro che una distribuzione normale, cioè proprio quella utilizzata per generalizzare la formula di Pascal per le scommesse. Applicando la statistica al caos degli atomi e delle molecole, i due scienziati scoprirono che se si calcolano i valori medi rispetto al tempo e allo spazio, il carattere aleatorio del moto atomico cede il passo all'ordine e alla regolarità.

La vita si basa sulle molecole soggette al caos di fondo della tempesta molecolare, che a prima vista sembra una forza distruttrice. Com'è possibile che la vita resista a tale caos e ne tragga addirittura beneficio? È la celebre domanda che si poneva Schrödinger riflettendo sulla contraddizione tra il caos degli atomi e la struttura della vita. Oggi, però, sappiamo che è il moto caotico degli atomi e delle molecole, soggetto al controllo della struttura complessa della vita, a generare l'attività vitale. Non c'è contraddizione: la vita emerge dal moto casuale degli atomi e la meccanica statistica è in grado di cogliere il cuore di tale emergenza.

Soldi «on the rocks»

Nei primi anni novanta, quando ero uno studente di dottorato a Baltimora, ebbi la sfortuna di subire una rapina a mano armata. Non fu una gran perdita – in tasca avevo solo dieci dollari – ma fu ugualmente un'esperienza sconvolgente. Oltre a far girare il mondo, il denaro spinge la gente a fare cose spiacevoli. In fisica e in biologia, la valuta che fa accadere le cose è un'altra: il suo nome è energia. Il denaro e l'energia hanno molto in comune. In una transazione economica, dove una controparte dà denaro all'altra, la quantità totale di denaro si conserva. Il rapinatore guadagnò dieci dollari e io ne persi dieci. È possibile che nella stessa transazione io perda otto dollari e il rapinatore ne guadagni dieci? No. Il denaro non appare dal nulla.

Lo stesso vale per l'energia. La conservazione dell'energia, come aveva dimostrato Helmholtz, è la più rigida delle leggi di natura. Nelle «transazioni energetiche», l'energia *prima* della transazione è uguale a quella *dopo* la transazione. Si può trasferire energia da un corpo a un altro o la si può convertire in una forma diversa, ma non è possibile guadagnarne o perderne.

Immaginate di essere sulla Luna, senza attrito da parte dell'aria, e di raccogliere un sasso. Quando la vostra mano lo solleva, il sasso possiede *energia gravitazionale*. Quando lo lasciate andare, il sasso cade, accelerando. Il moto è associato a una forma di energia detta *energia cinetica*. Da dove viene l'energia associata al moto del sasso? Dall'energia potenziale gravitazionale immagazzinata nell'attrazione che la Luna esercita sul sasso quando lo sollevate dal suolo. Cadendo, il sasso «paga» l'energia cinetica (il movimento), consumando l'energia potenziale. Per tutta la caduta, l'energia *totale* del sasso (energia cinetica *più* energia gravitazionale) è sempre costante. L'energia si conserva.

All'improvviso il sasso raggiunge il suolo, sollevando una nuvola di polvere lunare, e cessa di muoversi. Ha perso la sua energia gravitazionale durante la caduta e adesso è anche privo di energia cinetica. Se la legge di conservazione vale sempre, che fine ha fatto l'energia al momento dell'impatto?

Nel corso del XVIII e del XIX secolo, i fisici cercarono di capire che cosa accadesse quando un oggetto in movimento veniva rallentato da un impatto o dall'attrito. La legge di conservazione dell'energia era ancora una novità, e le situazioni simili a quella del sasso lunare costituivano un mistero. Le cose cambiarono quando Sir Benjamin Thompson, conte di Rumford, studiò il calore generato nell'alesatura di un cannone a partire da un cilindro di metallo. Avendo osservato che il moto (l'energia cinetica) può essere convertito ininterrottamente in calore, ne dedusse che il calore doveva essere una forma di energia. Fino ad allora, si pensava che il calore fosse un fluido (il cosiddetto *calorico*) che passava dai corpi più caldi a quelli più freddi e che a lungo andare si esauriva. Rumford confutò questa ipotesi: «è quasi superfluo aggiungere che ciò che un corpo isolato può continuare a fornire illimitatamente non può assolutamente essere una sostanza materiale; e mi risulta estremamente difficile ... immaginare, fosse anche vagamente, qualcosa che sia capace di essere eccitato e trasmesso in questi esperimenti, e che sia diverso dal moto». Sapendo che il calore poteva essere creato a partire dal movimento (cioè dall'energia cinetica), gli scienziati si chiesero: «Che tipo di energia *è* il calore?».

La materia è formata da atomi in perpetuo movimento. Come facciamo a saperlo? Nel caso di un gas racchiuso in un recipiente, a un aumento di temperatura corrisponde sempre un aumento di pressione. Le prime ricerche di Maxwell, Boltzmann e altri sulla teoria cinetica dei gas spiegarono il fenomeno correlando la temperatura e la pressione al moto degli atomi. La pressione, secondo questa ipotesi, era il risultato delle innumerevoli collisioni tra gli atomi e le pareti del recipiente; con la velocità degli atomi aumentava anche la violenza del loro impatto sulle pareti del recipiente, e quindi anche la pressione. Per far muovere gli atomi più velocemente si poteva aggiungere calore, aumentando la temperatura. Sembrava che ci fosse una relazione tra la temperatura del gas e l'energia cinetica dei suoi atomi. La teoria cinetica spiegava elegantemente le leggi macroscopiche cui obbediscono i gas, ma assumeva l'esistenza di ipotetiche particelle in continuo movimento (gli atomi), oggetti minuscoli che nessuno aveva mai osservato. Il padre della meccanica statistica, l'austriaco Boltzmann, fu deriso pesantemente per aver ipotizzato l'esistenza degli atomi: la sua depressione, già grave, peggiorò ulteriormente, e nel 1906 Boltzmann si suicidò.

Eppure l'idea che gas come l'aria fossero formati da atomi in continuo movimento non era una novità. Il moto atomico era stato scoperto nel 1827 dal botanico Robert Brown, sebbene per via indiretta. Anche Brown, come il suo successore Charles Darwin, si era fatto le ossa come naturalista partecipando a una spedizione britannica di esplorazione dell'Australia. Nel corso del viaggio aveva raccolto migliaia di esemplari della flora australiana, molti dei quali erano ancora sconosciuti. Sfortunatamente, la maggior parte andò persa in un naufragio, ma questo non impedì a Brown di diventare un naturalista molto rispettato, cui viene riconosciuta l'identificazione del nucleo cellulare. Più che per i suoi viaggi avventurosi, i fisici però ricordano Brown per una scoperta fatta nella tranquillità delle mura di casa. Egli notò che i granelli di polline in sospensione nell'aria o in un liquido si muovono in una danza frenetica, come se fossero sospinti da una forza invisibile e di direzione casuale. Oggi quella danza è nota come *moto browniano*. In un certo senso, Brown non fece che riscoprire ciò che Democrito aveva osservato duemila anni prima: proprio quelle «particelle nell'aria» che erano «sempre in movimento, anche nella calma più assoluta».

Quando Brown scoprì il moto casuale dei granelli di polline, si chiese se avesse qualcosa a che fare con il fatto che i granelli fossero vivi. Decise allora di studiare il comportamento in sospensione di particelle di polvere di dimensioni simili, e vide che anche quelle facevano la stessa strana danza. Ne dedusse che il moto casuale non era dovuto al fatto che il polline era vivo, ma a una forma di moto intrinseco della materia. La soluzione del mistero giunse quasi cento anni dopo, quando Albert Einstein dimostrò che la danza convulsa dei granelli di polline o di polvere era causata dal moto casuale di particelle molto più piccole. Il polline e la polvere sono spinti di qua e di là dalle collisioni casuali di un'infinità di atomi. Un grano di polline si muove a causa di piccoli disequilibri temporanei tra il numero di atomi che lo colpisce da una direzione e quello degli atomi che lo colpiscono dalla direzione opposta. Einstein suggerì una serie di esperimenti che avrebbero dovuto dimostrare la validità della teoria del moto browniano. Utilizzando i microscopi più sofisticati disponibili ai primi del Novecento, il francese Jean Perrin (1870-1942), premio Nobel per la fisica, si servì della teoria di Einstein per dimostrare una volta per tutte che gli atomi esistono e si muovono incessantemente. Per Boltzmann, ad appena due anni dalla sua tragica scomparsa, significò la riabilitazione.

La scala microscopica degli atomi e delle molecole è caratterizzata da un movimento continuo, che gli scienziati chiamano *moto termico*. Non vuol dire che gli atomi fluttuino tranquillamente: a temperatura ambiente, le molecole d'aria raggiungono velocità superiori a quelle dei più veloci aerei a reazione! Se diventassimo piccoli come una molecola, saremmo bombardati da una *tempesta molecolare* così violenta che un uragano, al confronto, ci sembrerebbe una brezza tranquilla. Eppure, nonostante le loro velocità stupefacenti, le molecole dell'aria non vanno molto lontano, perché si scontrano spesso tra di loro. A ogni collisione rimbalzano, come microscopiche palle da biliardo. La danza frenetica osservata da Brown e spiegata da Einstein è il risultato di quella tempesta invisibile di atomi in collisione.

Il mistero dell'energia mancante

Adesso possiamo tornare alla Luna e al sasso che cade. Se partiamo dal presupposto che l'energia si conserva, che cosa accade all'energia cinetica del sasso al momento dell'impatto? Dove sparisce?

In un solido, gli atomi non sono liberi di muoversi come in un liquido o in un gas. Eppure si muovono ugualmente, oscillando ad alta frequenza intorno a una posizione centrale, come la testa snodabile di certi pupazzi a molla. Spesso infatti i fisici rappresentano i solidi come insiemi di atomi collegati da molle, in continua oscillazione ma con una posizione media ben definita. Quando il sasso colpisce il suolo, la sua energia cinetica non sparisce, ma viene trasferita agli atomi del sasso e del suolo, facendoli vibrare ancora di più. Il risultato è un riscaldamento del sasso e del suolo. L'energia cinetica del sasso viene cioè convertita in energia termica, o calore. L'energia si è conservata anche questa volta.

La conservazione dell'energia, insieme al fatto che anche il calore è una forma di energia, costituisce il *primo principio della termodinamica* (tra poco faremo conoscenza anche del secondo). La termodinamica è la scienza che studia l'energia termica (la parola deriva dal greco *therme*, «calore», e *dynamis*, «potenza») ed è la «scienza gemella», su scala macroscopica, della meccanica statistica. La termodinamica è ciò che otteniamo facendo la media del moto casuale degli atomi con gli strumenti forniti dalla meccanica statistica.

Adesso che abbiamo risolto il mistero e sappiamo dove finisce l'energia del sasso al momento dell'impatto, lasciatemi fare una domanda stupida (il progresso scientifico deve molto alle domande stupide): perché i sassi non estraggono calore dal suolo e non saltano spontaneamente verso l'alto? Non ci sarebbe alcuna violazione della conservazione dell'energia. Il sasso estrarrebbe calore dal suolo, raffreddandolo, e lo potrebbe trasformare in energia cinetica, saltando via. Eppure non accade mai. Le rocce non saltano spontaneamente. Perché?

Dopo l'impatto, gli atomi del sasso e del terreno hanno iniziato a vibrare con maggiore violenza. Il sasso e il terreno si sono riscaldati. In un solido, gli atomi sono connessi ad altri atomi: se uno di loro inizia a vibrare, ben presto lo faranno anche gli atomi circostanti. Quando un atomo eccita i propri vicini, cede loro un po' di energia. A loro volta, gli atomi vicini eccitano i *loro* vicini, e ben presto l'energia aggiuntiva fornita dall'impatto del sasso viene distribuita a caso tra un numero astronomico di atomi, nel sasso e nel suolo.

Tornando alla storia del rapinatore notturno, il ladro ha rubato i miei soldi e ne ha speso una parte; a loro volta, le persone che hanno preso denaro da lui ne hanno speso un po'. Immaginate che il ladro, anziché rubare un biglietto da dieci dollari, si sia impadronito di mille monete da un penny. In teoria, dopo un po' di tempo potrebbero esserci mille persone in possesso di uno dei miei penny. Il ricongiungimento spontaneo di tutti i miei penny sarebbe altamente improbabile, perché implicherebbe che mille persone (che probabilmente non si conoscono) si rechino contemporaneamente dallo stesso commerciante e vi spendano la propria monetina. Allo stesso modo, è impensabile che tutti gli atomi del sasso concentrino spontaneamente la propria energia per farlo saltare. Se ci sembra impossibile che mille penny si ricongiungano spontaneamente, pensate al numero enorme di atomi presenti in un sasso (più o meno un trilione di trilioni di atomi!). Per far sì che il sasso balzi verso l'alto, tutti questi atomi dovrebbero spingere contemporaneamente nella stessa direzione, ma non esiste un coreografo che li diriga, indicando in che direzione debbano muoversi. Si muovono tutti, ma in modo casuale.

Prendete il ragionamento che ho appena concluso. Non ho detto che è *impossibile* che un sasso estragga il calore dal suolo e salti spontaneamente verso l'alto. Nella scienza non c'è posto per la parola «impossibile». Il mio era piuttosto un ragionamento probabilistico: non è strettamente impossibile che il sasso salti da solo, ma è estremamente improbabile. Non dimenticate che siamo nell'ambito della meccanica statistica: ogni affermazione che facciamo, quindi, è di natura probabilistica. È un po' diverso dalla fisica che si impara a scuola, dove si suppone che esista una sola risposta giusta e che tutte le altre siano sbagliate. Quando lascio cadere un sasso, so bene che si dirigerà verso il basso e non verso l'alto, ma in effetti *potrebbe* anche muoversi verso l'alto, solo che è altamente improbabile: nessuno lo ha mai visto accadere, ed è improbabile che qualcuno lo vedrà mai.

Non tutte le energie sono create uguali

L'impatto e l'attrito trasformano rapidamente l'energia cinetica in calore, ma il calore non si riconverte facilmente in energia cinetica. I vari tipi di energia non sono sempre intercambiabili. La legge di conservazione dell'energia ci dice che non possiamo creare o distruggere energia, ma non ci dice se un tipo particolare di energia può essere convertito in qualche altro tipo. Che cosa rende alcuni tipi di energia più convertibili di altri?

Finora abbiamo incontrato tre tipi di energia: energia gravitazionale, energia cinetica e calore (o energia termica). Ogni tipo di energia è associato a determinate proprietà di un sistema («sistema», nel gergo dei fisici, è un insieme di oggetti, energie e forze). L'energia gravitazionale è interamente determinata dall'altezza dell'oggetto rispetto al suolo. Anche l'energia cinetica è definita attraverso un solo parametro, la velocità dell'oggetto. Per descrivere completamente lo stato associato all'energia termica, invece, dobbiamo conoscere la velocità e la posizione di tutti gli atomi appartenenti al sistema: in altre parole, per dare una descrizione completa di un sistema contenente energia termica ci serve una quantità astronomica di informazione. Di fronte a un'impresa così poco realistica, i fisici preferiscono ricorrere ai valori medi. La temperatura di un gas, ad esempio, è data dall'energia cinetica media degli atomi moltiplicata per una costante. I singoli atomi di un gas possono avere energie cinetiche diverse. Trattandosi di un valore medio, la temperatura ci dice poco sull'effettiva distribuzione dell'energia cinetica tra tutti gli atomi del gas.

Immaginate un gas formato unicamente da cinque atomi. Tutti e cinque gli atomi possiedono la stessa energia cinetica, 40 meV (meV sta per milli-elettronvolt, un'unità di energia molto piccola). Anche l'energia *media* degli atomi, quindi, è pari a 40 meV. Adesso pensate a una situazione differente: un altro gas, anch'esso formato da cinque atomi, ma nel quale due atomi hanno un'energia cinetica di 5 meV ciascuno, un atomo ne ha 10 meV, un altro ne ha 50, e l'atomo rimanente ne ha 130. L'energia cinetica del sistema, quindi, è pari a $(5 + 5 + 10 + 50 + 130)/5 = 200/5 = 40$ meV, cioè la stessa energia cinetica dell'esempio precedente. In un caso gli atomi hanno tutti la stessa energia, mentre nell'altro le energie dei singoli atomi sono molto diverse. La differenza è nel modo in cui è distribuita l'energia tra gli atomi. Se guardiamo alla vita di tutti i giorni, un esempio di differenza tra la media e la distribuzione degli elementi di un insieme è quello del reddito familiare. Negli Stati Uniti, il reddito familiare medio nel 2007 era di 50 223 dollari. Sappiamo però che ci sono famiglie che tirano avanti con molto meno; per altre, invece, 50 000 dollari sono solo spiccioli. La storia interessante non si nasconde nella media, ma nella distribuzione.

Adesso siamo pronti a misurare il grado di convertibilità dell'energia. A tale scopo, ciò che conta è come si distribuisce l'energia tra tutti gli atomi di un sistema. Tutti gli atomi di un sasso si trovano più o meno alla stessa altezza rispetto al suolo, e quindi possiedono la stessa energia gravitazionale. In questo caso, la distribuzione dell'energia gravitazionale è abbastanza semplice e può essere descritta accuratamente dall'altezza del sasso rispetto al suolo. La distribuzione dell'energia termica tra tutti gli atomi, invece, è molto più difficile da descrivere. Ogni atomo possiede un'energia diversa e vibra in maniera casuale con un ritmo tutto suo. Tutto quello che sappiamo dell'energia termica del sasso è la sua media, espressa dalla temperatura, ma sull'energia di ogni singolo atomo sappiamo poco o nulla.

Lo strano caso dell'informazione mancante

Quando parlano dello stato di un sistema, i fisici distinguono tra macrostati e microstati. Il macrostato di un sasso può essere descritto da tutto quello che sappiamo sul sasso in questione: la sua altezza rispetto al suolo, la velocità, la temperatura e così via. Il microstato è lo stato esatto di tutte le parti che compongono il sasso, ovvero la distribuzione delle velocità e delle posizioni di tutti i suoi atomi: si tratta di informazioni che *non* possediamo. Come potete immaginare, esiste un numero enorme di microstati compatibili con un macrostato qualsiasi. Gli atomi di un sasso possono oscillare in tanti modi diversi, ma in media il sasso avrà sempre la stessa temperatura, analogamente all'esempio precedente dei cinque atomi. La conoscenza dei parametri macroscopici, come la temperatura, ci dice poco sul particolare microstato del sistema.

Tutto questo discorso sui microstati ci permette di focalizzarci su una quantità misteriosa ma potente: l'entropia. Secondo una definizione, l'entropia è la quantità di informazione sconosciuta di un sistema, o in altre parole, la quantità di informazione di cui abbiamo bisogno per descrivere completamente il microstato. Torniamo all'esempio del rapinatore. Quando ero ancora in possesso dei miei dieci dollari, il microstato era molto facile da descrivere: la banconota da dieci dollari era nella mia tasca. Dopo che quel delinquente mi ebbe rapinato ed ebbe speso i miei soldi, il denaro si disperse, finendo in molte mani. Il macrostato non era cambiato (la quantità di denaro era sempre uguale a dieci dollari), ma il microstato diventava sempre più ignoto (anche al rapinatore). Man mano che il rapinatore dava una parte del mio denaro ad altre persone, queste, a loro volta, lo spendevano (e così via). L'entropia del mio denaro, per così dire, stava crescendo.

Ecco un altro esempio: immaginate la stanza di un adolescente. Il suo macrostato può essere enunciato nel modo seguente: la stanza contiene 67 capi di vestiario, 23 libri, una scrivania, una sedia, una lampada, un computer portatile e una serie di schifezze assortite. Per descriverne il microstato dobbiamo sapere dove si trovano tutti gli elementi elencati. Esistono poche configurazioni (microstati) compatibili con una stanza ordinata: i vestiti nel guardaroba, raggruppati per camicie a maniche lunghe, camicie a maniche corte, pantaloni, jeans e così via; i libri sugli scaffali, ordinati per ordine alfabetico dell'autore; e via dicendo. I modi per avere una stanza in disordine, invece, sono quasi illimitati: i jeans sopra al computer, i libri di meccanica statistica sparsi sul pavimento, le camicie sparpagliate sul letto. L'entropia di una stanza ordinata è molto più bassa (ci sono meno stanze ordinate possibili) di quella di una stanza in disordine. Adesso potete porvi la stessa domanda che mi pongo io ogni giorno: perché la mia stanza è sempre nel caos?

È questa la domanda (enunciata in forma leggermente diversa) che tenne occupati i fisici del XIX secolo: la loro risposta fu il secondo principio della termodinamica. La domanda che si posero realmente è la stessa cui stiamo cercando di dare una risposta dall'inizio del capitolo: perché alcuni tipi di energia sono più utili di altri? Più precisamente, perché alcuni tipi di energia possono essere convertiti mentre altri appaiono difficili da convertire e quindi risultano inutili? L'energia utile, inoltre, finisce sempre per trasformarsi in energia inutile. Per capire le ragioni di questi fatti incresciosi possiamo ricorrere all'esempio della stanza ordinata e della stanza disordinata. La maggior parte di noi posa gli oggetti in maniera casuale, in posti con i quali non hanno niente a che fare. Tenere in ordine una stanza richiede un sacco di lavoro, senza il quale la stanza si ritrova inevitabilmente in disordine. Vi chiederete come mai la distribuzione casuale degli oggetti non porti a una stanza ordinata e perché, invece, vinca sempre il disordine. Perché mai, riponendo i libri sullo scaffale in maniera casuale, questi non si ritrovano in ordine alfabetico? È qui che entrano in gioco i nostri microstati: se disseminate le cose a caso, è molto più probabile che finiate per ritrovarvi in una stanza disordinata che in una ordinata perché ci sono molti modi (microstati) corrispondenti a una situazione disordinata e solo pochi corrispondenti a una ordinata. In un certo senso, posando le cose dove capita scegliete un microstato a caso tra tutti i microstati possibili, e dal momento che i microstati disordinati sono più numerosi di quelli ordinati, ci sono buone probabilità che finiate per sceglierne uno parecchio disordinato.

Tornando all'energia, i microstati compatibili con una certa quantità di energia gravitazionale sono pochi: non c'è da stupirsi, poiché l'unico parametro rilevante è l'altezza di ogni atomo rispetto al suolo. L'energia gravitazionale è un'energia a bassa entropia; è l'equivalente di una stanza ordinata. Nel caso del calore la situazione è decisamente diversa. Il calore è come una stanza disordinata: a una data temperatura l'energia può ripartirsi tra gli atomi in tantissimi modi diversi. Il calore è energia ad alta entropia.

Durante la trasformazione dell'energia è difficile tenere traccia della singola energia di tutti gli atomi coinvolti. Un po' di energia finirà in un posto, un altro po' finirà da qualche altra parte sotto forma di moto atomico casuale, analogamente a ciò che accade con i calzini nella vostra stanza. L'attrito e gli impatti sono perfetti per distribuire l'energia in modo casuale. Quando un sasso colpisce il suolo, l'energia viene «persa» a vantaggio del moto termico degli atomi. Una situazione ordinata diventa disordinata. Una quantità di energia totalmente organizzata, concentrata e ordinata è tipica di una situazione decisamente artificiale e poco probabile. Se diamo a un sistema la possibilità di fare tutto ciò che «vuole», si comporterà come un adolescente indisciplinato. L'energia si disperde, diventa disordinata: in parole povere, inutilizzabile.

La tendenza dell'energia a disperdersi sempre più – e quindi a diventare inutilizzabile – è l'essenza del secondo principio della termodinamica: in qualsiasi trasformazione all'interno di un sistema isolato, l'entropia aumenta sempre. La stanza diventa più disordinata, l'energia si disperde e i miei soldi passano di mano.

Il secondo principio

Il secondo principio della termodinamica è una delle leggi fisiche più fondamentali, universali e fraintese (questo perché la gente non legge le frasi scritte in piccolo!). Fatemi riformulare il secondo principio in maniera più precisa: non esiste un processo il cui *unico* risultato è la trasformazione di energia ad alta entropia (distribuita a caso) in energia a bassa entropia (distribuita in maniera semplice o concentrata). Inoltre, ogni volta che trasformiamo un tipo di energia in un altro, ci ritroviamo sempre con un aumento complessivo dell'energia ad alta entropia. Nelle trasformazioni dell'energia, l'entropia *complessiva* cresce sempre.

Negli enunciati del secondo principio che avete appena letto ho scritto alcune parole in corsivo: *unico* e *complessivo*. Sono parole apparentemente innocue, ma sono estremamente importanti per capire il secondo principio e il suo legame con la vita. Ignorando quelle due parole, i creazionisti sono riusciti ad affermare che la vita e l'evoluzione violano il secondo principio della termodinamica. Niente affatto!

Vediamo cosa vogliono dire queste due parole, cominciando da *unico*. Il secondo principio non dice che un processo in cui l'energia ad alta entropia (distribuita) si trasforma in energia a bassa entropia (concentrata) è impossibile. Se lo fosse, stasera non potreste mangiare un bel gelato: un frigorifero, infatti, è una macchina che riduce localmente l'entropia (raffreddando le cose). Il raffreddamento del gelato, però, non è l'*unico* risultato della refrigerazione. Il frigorifero ingoia elettricità (una fonte di energia a bassa entropia) e la trasforma quasi integralmente in calore (energia ad alta entropia) che viene liberato nella cucina. Ecco perché non si può raffreddare la cucina tenendo aperta la porta del frigorifero.

Complessivamente, il frigorifero provoca un aumento notevole dell'entropia anche se, localmente, la riduce. Si può ridurre localmente l'entropia, ma per riuscirci ci vuole una gran quantità di lavoro e un consumo elevato di energia a bassa entropia (è come quando riordinate la vostra stanza - non è impossibile, ma finite per sudare e imprecare - o quando aumentate l'entropia intorno a voi bruciando l'energia a bassa entropia fornita dal cibo e la trasformate in rifiuti e calore ad alta entropia). Lo stesso vale per gli organismi viventi: la vita sfrutta una fonte di energia a bassa entropia (il cibo o la luce del Sole) e riduce l'entropia localmente (creando ordine attraverso la crescita), ma a un prezzo: la creazione di una gran quantità di «energia di scarto» ad alta entropia (calore e rifiuti chimici). La tesi creazionista per cui il secondo principio non è compatibile con la comparsa della vita o con l'evoluzione fa acqua da tutte le parti.

L'entropia e il secondo principio della termodinamica sono alcuni tra i concetti più importanti della fisica, e anche tra i più fraintesi. Il problema è dovuto in parte al fatto che esistono diverse definizioni di entropia e che nessuna di queste è di facile comprensione. Spesso ci si limita ad affermare che l'entropia è equivalente al disordine. Non è una descrizione adeguata, a meno che non sia ben chiaro che cosa si intende per disordine. Anche in questo caso i creazionisti hanno sfruttato la confusione, affermando che l'aumento dell'entropia è incompatibile con la vita. Il loro ragionamento è il seguente: dato che l'entropia è disordine e che la vita è ordine, il secondo principio dimostra che la vita non può essere comparsa spontaneamente.

Equiparare l'entropia al disordine può essere utile ma non corrisponde affatto a una definizione rigorosa. È un problema che gli scienziati incontrano spesso: trasponendo una definizione (per lo più matematica) nel linguaggio di tutti i giorni, i dettagli si perdono nella traduzione. L'entropia non è uguale al disordine al quale pensiamo ogni giorno (l'esempio della stanza ordinata e disordinata era solo un'analogia per spiegare il concetto di microstato). L'entropia, piuttosto, misura il grado di distribuzione dell'energia. Può accadere che un sistema apparentemente ordinato possieda un'energia più dispersa di quella di un sistema «disordinato». Anche se in apparenza più ordinato, un sistema del genere avrebbe un'entropia maggiore.

Per spiegare la differenza tra l'entropia e il concetto di disordine usato nella vita di tutti i giorni possiamo fare ricorso a un esempio incredibilmente semplice, quello di una collezione di sfere rigide (pensate a un insieme di biglie). Aggiungendo biglie in un contenitore, si raggiunge una densità critica (numero di biglie per unità di volume) in cui lo stato di massima entropia (quello che ci aspetteremmo come il più disordinato) è quello in cui tutte le biglie sono impilate le une sulle altre secondo uno schema ordinato. Com'è possibile? Si può riempire di biglie il recipiente in due modi radicalmente diversi: possiamo limitarci a lasciar cadere le biglie in maniera casuale, oppure possiamo impilarle secondo uno schema preciso. La prima scelta porta a una situazione nella quale le biglie si toccano, ma occupano posizioni casuali. In questo caso i fisici parlano di *random stacking*, «impilamento casuale». Quando le biglie sono impilate a caso, alcune di esse saranno completamente incastrate e non potranno muoversi. L'impilamento casuale riduce la libertà di movimento, restringendo la distribuzione di energia e riducendo l'entropia. Le biglie impilate con attenzione, invece, dispongono in media di uno spazio di manovra più grande, e quindi hanno una maggiore entropia. Quello delle biglie è un ottimo esempio di sistema semplice in cui un'entropia maggiore vuol dire più ordine. La semplice equivalenza tra entropia e disordine può essere fuorviante. Nelle cellule biologiche esistono molte strutture ordinate che si formano spontaneamente in corrispondenza di un aumento di entropia: tra queste ricordiamo le proteine, le strutture della membrana cellulare e le fibre. In tutti questi casi, l'entropia cresce esportando il disordine alle molecole d'acqua circostanti. Ne parleremo in dettaglio nel quarto capitolo.

Una volta di più, scopriamo che il secondo principio della termodinamica non preclude l'emergenza e la presenza costante di forme di vita. Si può ridurre localmente l'entropia a patto di aumentarla globalmente (è il caso del frigorifero); a volte, inoltre, un aumento dell'entropia (come nel caso delle biglie rigide) porta a un aumento dell'ordine. La vita sfrutta a proprio vantaggio queste due lacune (apparenti) del secondo principio.

L'energia libera

La vita riduce l'entropia localmente e la fa aumentare su scala globale. Il concetto di entropia descrive la situazione abbastanza bene, ma ha un inconveniente. Per conciliare i processi vitali con il secondo principio della termodinamica dobbiamo analizzare l'entropia di un organismo *e* l'entropia dell'ambiente circostante (è quest'ultimo che garantisce il rispetto del secondo principio). Tuttavia è possibile che le proprietà dell'ambiente non siano note con precisione sufficiente, mentre tutto quello che ci interessa, in realtà, è sapere se il calore (e l'entropia) può diffondersi nell'ambiente oppure no. A tale scopo ci basta conoscere la temperatura dell'ambiente circostante. Questo ha spinto gli scienziati a definire un nuovo tipo di analisi dei sistemi termodinamici immersi in ambienti a temperatura costante (ad esempio, un organismo vivente o una cellula).

Come si fa a mantenere costante la temperatura di un sistema? Se siete un chimico e il vostro sistema è una provetta, potete immergerla in un bagno abbastanza grande mantenuto a temperatura costante (ad esempio un secchio di ghiaccio e acqua a 0 gradi Celsius). Se il sistema comincia a scaldarsi a causa di una reazione esotermica (che libera calore), il calore fluirà rapidamente nel bagno circostante finché la temperatura del sistema raggiungerà quella del bagno. Se il sistema si raffredda (reazione endotermica), sottrarrà calore al bagno circostante. Se quest'ultimo è abbastanza grande, la sua temperatura non sarà influenzata dal flusso di calore proveniente dal sistema. Il bagno, quindi, funge da serbatoio di energia e da sistema di controllo della temperatura.

Anche gli organismi viventi sono equivalenti a bagni termici. Le nostre cellule sono immerse in un grande bagno a una temperatura di 37 gradi Celsius: il nostro corpo. Tutte le reazioni chimiche all'interno delle nostre cellule avvengono a questa temperatura. Se vogliamo applicare il secondo principio a questa situazione le cose si complicano. Il secondo principio afferma che l'entropia *complessiva* aumenta. Se considero una reazione che avviene in una cellula dei miei reni, ad esempio, dovrei sapere non solo in che modo cambia l'entropia delle molecole che partecipano alla reazione, ma anche come cambia l'entropia del tessuto circostante. Dovrei analizzare la variazione di entropia di un'infinità di cellule complicate solo per determinare l'esito di una reazione minuscola.

Per fortuna c'è una strada più facile. Se siamo sicuri che la temperatura è mantenuta costante dal bagno, lo scambio di energia e di entropia con il bagno circostante può essere rappresentato semplicemente dalla temperatura. A tale scopo ci serviamo del concetto di *energia libera*. L'energia libera F è l'energia totale E meno il prodotto tra la temperatura T e l'entropia S del sistema (cioè $F = E - TS$). Poiché l'entropia rappresenta la quantità di energia dispersa, e quindi inutilizzabile, l'energia libera rappresenta la parte di energia che è ancora «concentrata» e utilizzabile (dato che stiamo sottraendo la parte inutilizzabile TS).

Per analizzare un sistema racchiuso nel bagno a temperatura costante del nostro corpo dobbiamo sapere come cambia l'energia libera del sistema. Nel linguaggio dell'energia libera, il secondo principio suona così: a temperatura costante, un sistema tende a ridurre la propria energia libera finché, raggiunto l'equilibrio, quest'ultima raggiunge un minimo. Il secondo principio ci dice che l'energia utile si degrada, e che alla fine ci ritroveremo solo con energia dispersa e inutilizzabile.

Trattandosi di una combinazione di energia ed entropia, il concetto di energia libera spiega molte delle situazioni paradossali che abbiamo esaminato poco fa. Nel caso dell'impilamento casuale, ad esempio, non c'è molta differenza tra l'energia delle biglie impilate a caso e quella delle biglie ordinate, ma nel caso dell'impilamento ordinato l'entropia è maggiore. Pertanto l'energia libera, che corrisponde all'energia *meno* il prodotto dell'entropia e della temperatura, è *inferiore* nel caso delle biglie ordinate, e il sistema, che tende a minimizzare la propria energia libera, raggiungerà l'equilibrio in uno stato ordinato.

Proviamo a immaginare qualche caso in cui sia l'energia libera sia l'entropia del sistema diminuiscono. Che cosa c'è di speciale in una situazione simile? Quando diminuiamo l'entropia, l'energia libera tende ad *aumentare*, perché sottraiamo il termine entropico dall'energia totale. Ad esempio, se l'energia totale di una molecola è di 5 eV e il prodotto dell'entropia per la temperatura è di 2 eV, l'energia libera sarà $F = 5\ \text{eV} - 2\ \text{eV} = 3\ \text{eV}$. Ora, se il termine entropico scende a 1 eV (ad esempio raffreddando il sistema), l'energia libera *aumenterà* fino a $5\ \text{eV} - 1\ \text{eV} = 4\ \text{eV}$.

È possibile far diminuire simultaneamente l'energia libera e l'entropia? Se la temperatura resta costante, è possibile solo se diminuisce anche l'energia totale del sistema, E, e se diminuisce più del termine entropico. Ad esempio, se l'energia totale passa da 5 eV a 3 eV mentre il termine entropico diminuisce come prima da 2 eV a 1 eV, la nuova energia libera varrà $3\ \text{eV} - 1\ \text{eV} = 2\ \text{eV}$. il valore è inferiore ai 3 eV originali nonostante la diminuzione dell'entropia.

Perché questo esempio non viola il secondo principio? L'entropia non dovrebbe aumentare? Quando l'energia totale del sistema è passata da 5 eV a 3 eV, l'energia «mancante» è dovuta andare da qualche parte (ricordatevi della conservazione dell'energia). L'energia è passata nell'ambiente circostante, riscaldandolo e aumentandone l'entropia. Anche in questo caso, come prima, l'entropia *complessiva* (sistema + ambiente) è aumentata, sebbene l'entropia del nostro piccolo sistema, considerata individualmente, sia diminuita. Come potete vedere, il linguaggio dell'energia libera aiuta a immaginare uno scenario del genere: finché l'energia libera di un sistema diminuisce, il secondo principio è rispettato.

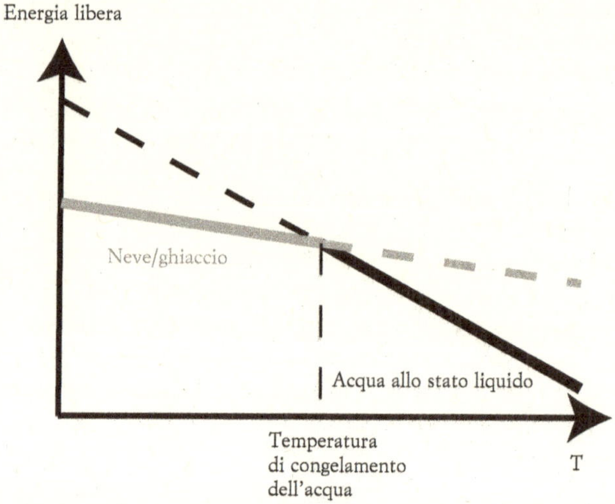

Figura 3.1
L'energia libera dell'acqua allo stato liquido (in nero) e del ghiaccio (o della neve, in grigio, in funzione della temperatura. L'acqua allo stato liquido ha un'entropia maggiore, e quindi è rappresentata da una linea più inclinata. Alle basse temperature, l'energia libera del ghiaccio è minore di quella dell'acqua, e l'acqua gela. Alle alte temperature, l'acqua ha un'energia libera inferiore (a causa dell'entropia maggiore) e il ghiaccio si scioglie.

La natura ci fornisce qualche esempio di diminuzione spontanea dell'entropia? In continuazione! Prendete la formazione di un fiocco di neve. Rispetto a una goccia d'acqua allo stato liquido, un fiocco di neve ha un'entropia molto più bassa (è anche molto più ordinato). Eppure, se ci sono le condizioni giuste, i fiocchi di neve si formano spontaneamente. Succede perché l'energia (*E*, nella nostra formula) di un fiocco di neve è molto più bassa di quella di una goccia d'acqua. Quando la temperatura scende sotto il punto di congelamento dell'acqua, la riduzione di entropia è dominata dalla riduzione di energia, e quando l'acqua, congelandosi, dà origine a quei magnifici cristalli ordinati, l'energia libera diminuisce. Alle basse temperature, quindi, un fiocco di neve ha un'energia libera inferiore a quella di una goccia d'acqua. Alle alte temperature, invece, il termine entropico torna a dominare quello dell'energia (essendo moltiplicato per una temperatura più alta), e l'acqua torna allo stato liquido. Alle alte temperature, l'acqua allo stato liquido ha un'energia libera inferiore a quella dell'acqua ghiacciata. Lo potete vedere nella figura 3.1.

Possiamo anche descrivere la gara tra l'acqua liquida e quella ghiacciata ricorrendo al linguaggio della tempesta molecolare. A bassa temperatura, le forze tra gli atomi sono più forti delle vibrazioni indotte dalla tempesta molecolare e portano gli atomi a unirsi in strutture ordinate; ad alta temperatura, le forze tra gli atomi non sono più in grado di opporsi a una tempesta molecolare sempre più violenta, e il fiocco di neve si scioglie. Il concetto di energia libera esprime l'idea di un braccio di ferro tra le forze deterministiche (i legami chimici) e la tempesta molecolare – in altri termini, tra la necessità e il caso – in un'unica formula elegante: $F = E - TS$.

La tempesta molecolare

Il secondo principio afferma che l'energia libera è destinata a degradarsi e a raggiungere un valore minimo. Se la tendenza vale per tutti i processi naturali, allora il Big Bang deve aver dato origine a un universo ricco di energia libera. Si tratta senza dubbio del più bel dono che l'universo potesse fare: senza una quantità così enorme di energia libera l'universo sarebbe un luogo freddo, uniforme e molto noioso. Come fa l'universo a condividere questa ricchezza? Il Big Bang fu un evento dominato dalla presenza di energia pura, con pochissima entropia (un punto non può avere molta entropia). Poco dopo il Big Bang, l'energia si condensò in particelle energetiche che sfrecciavano in ogni direzione alla velocità della luce. Le particelle si scontrarono, annichilandosi o emergendo dalla sfera di fuoco in espansione e creando il caos là dove prima c'era solo ordine. All'interno della sfera di fuoco, l'universo neonato cominciò a creare entropia (e a degradare una parte della propria energia libera). La degradazione dell'energia libera fece emergere nuove strutture: dall'energia priva di proprietà nacquero quark, elettroni, muoni, neutrini, fotoni e tutti i loro minuscoli confratelli, secondo l'equivalenza tra energia e massa formulata da Einstein.

Dopo 300 000 anni, l'universo si era raffreddato abbastanza da consentire la formazione dei primi atomi. I quark si legarono in triplette chiamate protoni e neutroni; protoni e neutroni si unirono e formarono i nuclei che catturarono gli elettroni. Una volta di più l'entropia dell'universo aumentò, a causa del rilascio dell'energia di legame atomica (sotto forma di calore), e nel corso del processo si formò qualcosa di nuovo.

L'universo continuò a raffreddarsi, diventando sempre meno denso. Vuoto, freddo e ormai incapace di formare nuclei più grandi dell'idrogeno e dell'elio, l'universo si riempì per più del 99,9 per cento solo di questi due elementi. Gli astronomi, scherzando, dicono che in realtà la tavola periodica non dovrebbe contenere altro: tutti gli altri elementi sono così rari che potremmo anche dimenticarcene (certo, se fosse veramente così non ci sarebbero gli astronomi).

Riempire l'universo di idrogeno e di elio fu come riempirlo di combustibile. Quando i nuclei leggeri si uniscono per formare nuclei più pesanti nel processo detto di fusione nucleare, viene liberata una grande quantità di energia (è ciò che accade in una bomba all'idrogeno). Per formare un nucleo più pesante, due nuclei leggeri devono collidere ad alta velocità. Alta velocità vuol dire alta temperatura; le difficoltà che si incontrano nella realizzazione di un reattore nucleare a fusione dimostrano come le temperature e le densità richieste dal processo di fusione siano davvero difficili da ottenere.

È a questo punto che la gravità diede una mano alla natura. In alcune zone dell'universo primordiale la densità era (per puro caso) leggermente più alta di quella delle zone circostanti. La gravità delle zone più dense attirò altri atomi, e l'aumento della massa portò all'attrazione di altri atomi ancora. Quella che in origine era una distribuzione di atomi quasi uniforme divenne sempre più disomogenea. Gli ammassi di atomi formarono nebulose gigantesche separate da spazi vuoti giganteschi. Le nebulose cominciarono a collassare sotto il loro stesso peso, e collassando si riscaldarono sempre di più. A un certo punto la densità delle regioni interne delle nebulose divenne così grande, e le collisioni tra i nuclei così veloci, che la fusione nucleare cominciò a creare nuclei più pesanti. Questa trasformazione dell'idrogeno e dell'elio in elementi più pesanti fu l'atto di nascita delle stelle.

Le stelle sono le fornaci che «bruciano» il combustibile in eccesso del nostro universo. I processi di fusione nucleare che si svolgono nel cuore delle stelle creano nuclei sempre più pesanti, fino al ferro (gli elementi più pesanti del ferro si formano nelle supernove, che sono grandi esplosioni stellari). La fusione rilascia energia sotto forma di radiazione. L'atmosfera terrestre è immersa nella radiazione elettromagnetica – la luce – emessa dal Sole. Gli atomi e le molecole dell'atmosfera assorbono l'energia luminosa e la convertono in energia cinetica, spingendo le molecole a vibrare, ruotare e muoversi più velocemente. Quando una molecola veloce collide con una più lenta, meno energetica, le cede una parte della propria energia. Ben presto l'energia donata dal Sole si ripartisce tra un gran numero di molecole, riscaldando la nostra atmosfera. La tempesta molecolare e l'abbondanza di energia libera sul nostro pianeta ci giungono dall'universo grazie al Sole che le fa arrivare fino a noi.

Sistemi aperti

Questa breve storia dell'universo mostra come la degradazione dell'energia libera non sia sempre un fatto negativo. Con la dispersione dell'energia libera e l'aumento dell'entropia dell'universo nascono nuove strutture, dai quark ai nuclei, agli atomi e infine… alla vita. L'universo continua a condividere la sua energia libera con entusiasmo. Il flusso ininterrotto di energia è un dato di fatto, un elemento concreto che fa sì che i sistemi viventi non si avvicinino all'equilibrio termodinamico. In un sistema in equilibrio, tutta l'energia libera disponibile si è degradata e non c'è più energia utilizzabile. Equilibrio significa morte. Gli esseri viventi devono stare alla larga dall'equilibrio. Finché siamo vivi, l'energia continua a fluire in noi. I sistemi termodinamici che scambiano materia ed energia con l'ambiente circostante sono detti *sistemi aperti*.

Riconoscere che gli organismi viventi sono sistemi aperti è un passo fondamentale verso la comprensione della vita, ma non basta. Anche un piccolo volume di gas all'interno di un volume più grande è un sistema aperto: vi entrano in continuazione nuove molecole e altre ne escono. Lasciato a se stesso, il volume tenderà verso uno stato in cui, in media, il numero di molecole entranti in un dato momento è uguale al numero delle molecole uscenti. Le molecole, inoltre, non subiscono trasformazioni: quelle che entrano sono uguali a quelle che escono. Perciò non si ha degradazione dell'energia libera. Pur essendo aperto, il volume è in equilibrio.

I sistemi aperti di cui parliamo noi sono diversi: ciò che vi entra non è identico a ciò che ne esce. Gli esseri viventi ingoiano energia a bassa entropia, la degradano e la restituiscono all'ambiente sotto forma di energia ad alta entropia. In questo caso si parla di *sistemi dissipativi*, perché dissipano senza sosta l'energia libera in energia ad alta entropia.

Gli organismi viventi, quindi, sono sistemi *aperti dissipativi*. E c'è di più. La natura è ricca di sistemi aperti dissipativi che non definiremmo mai vivi. Gli uragani ne sono un esempio. Un uragano prende una sorgente di energia a bassa entropia (la grande differenza di temperatura tra l'oceano e gli strati superiori dell'atmosfera) e ne dissipa il contenuto in uno spettacolo di impressionante potenza. L'energia viene dissipata trasferendo per convezione (movimento di masse d'aria dovuto a differenze di temperatura) il calore dell'oceano agli strati superiori dell'atmosfera, più freddi. In breve tempo le forze dovute alla rotazione terrestre organizzano il moto di quelle immense masse d'aria in una gigantesca tempesta rotante. Finché l'oceano fornisce aria calda l'uragano continua a dissiparne l'energia termica spazzando le acque con la sua furia. Ciò che colpisce maggiormente di un uragano è la sua struttura, un vortice di nuvole in rotazione attorno all'occhio centrale. Molti sistemi aperti dissipativi mostrano l'emergenza spontanea di strutture, in apparente violazione del secondo principio. Sappiamo però che non c'è alcuna contraddizione. L'uragano provoca un aumento dell'entropia *complessiva* ben più grande della sua diminuzione locale.

Lo studio dei sistemi lontani dall'equilibrio e delle «strutture dissipative» che vi si formano spontaneamente ha spinto molti scienziati a ipotizzare che i sistemi viventi siano organizzati in maniera simile. L'analogia, però, è ingannevole. Un esame attento a livello microscopico mostra che la vita è una danza rigidamente controllata di molecole complesse, frutto dell'evoluzione. Non è un sistema spontaneo che dissipa energia in maniera incontrollata, come un uragano: la vita è un processo estremamente efficiente. L'efficienza massima si ottiene quando non ci si allontana troppo dall'equilibrio: i grandi spostamenti, infatti, generano attrito, e l'attrito porta a una rapida degradazione dell'energia a bassa entropia. La vita sceglie la via di mezzo: allontanandoci dall'equilibrio rimaniamo vivi. Avvicinandoci, aumentiamo l'efficienza.

Dunque la vita è un sistema complesso, aperto, dissipativo, rigidamente controllato e prossimo all'equilibrio. Un sistema del genere può funzionare solo se le sue componenti sono «progettate» (dall'evoluzione) per spingere al limite la termodinamica. La vita non esiste a dispetto del secondo principio della termodinamica, anzi: la vita si è evoluta per poterlo sfruttare al meglio là dove è possibile. Ma come ci riesce? I meccanismi della vita operano su scala nanometrica, la scala piccolissima delle molecole. Che cosa possiede di speciale questa scala per far sì che il caos diventi struttura e che dal rumore emerga un moto e una direzione?

4. Su scala piccolissima

Non c'è bellezza eccellente che non abbia qualche stranezza nelle proporzioni.

Francesco Bacone

Un sistema biologico può essere incredibilmente piccolo. Le cellule sono per lo più piccolissime ma molto attive; producono diverse sostanze; si muovono; si agitano; fanno ogni sorta di cose meravigliose, e tutto su scala piccolissima.

Richard Feynman, *C'è un sacco di spazio giù in fondo*, conferenza tenuta all'American Physical Society, 1959

Mi colpì il fatto che i sistemi biologici si basavano su macchine molecolari e che stavamo imparando a progettare e a costruire quel genere di cose.

K. Eric Drexler

Nel marzo del 2011 partecipai al convegno annuale della Biophysical Society per scoprire che cosa avevano realizzato i veterani del settore e per capire dove indirizzare le mie attività di ricerca. La biofisica studia i fondamenti fisici dei sistemi viventi, servendosi dei metodi propri della fisica per studiare la vita. Quando nacque, nel XIX secolo, ad opera di ricercatori come Helmholtz, la biofisica si occupava di quelle parti degli organismi viventi che si potevano maneggiare e osservare facilmente. Era una scienza macroscopica. Oggi, se partecipate al più grande convegno mondiale di biofisica (6500 iscritti, più di 700 comunicazioni al giorno per quattro giorni), noterete che si parla esclusivamente di strutture che esistono solo alle nanoscale. Oggi, biofisica equivale a nanofisica.

Il mondo biomolecolare abbonda di strutture di rara bellezza ed è permeato da un misterioso impulso al cambiamento e al movimento. In molte presentazioni del convegno si parlò di *saggi di motilità*, un termine bizzarro per indicare una procedura in cui si fanno aderire alcune molecole proteiche, le miosine, a una superficie e poi si disseminano proteine fibrose, le actine, in cima alle miosine. Tutte queste proteine sono così piccole da non poter essere osservabili con facilità con un microscopio ottico. Per renderle visibili i ricercatori vi attaccano i fluorofori, specie di torce molecolari che trasformano i filamenti di actina in lucciole molecolari. Se immergete i filamenti di actina e miosina in una soluzione tampone liquida non accadrà granché, ma non appena aggiungete una molecola specializzata nello stoccaggio di energia, il cosiddetto ATP, l'actina «prende vita» su tutta la superficie. I filamenti di actina cominciano a muoversi lungo traiettorie quasi rettilinee, come minuscoli vermi nanometrici. Ogni tanto vanno a sbattere contro un ostacolo invisibile e curvano in una nuova direzione. Finché dura l'ATP, i filamenti continuano a muoversi. Che cosa li rende mobili? Secondo i ricercatori, la risposta è da cercare nelle molecole di miosina, che funzionano come motori molecolari, facendo avanzare l'actina con le loro due mani «molecolari» e passando ogni filamento di actina da una molecola di miosina all'altra, come una rockstar che si getta sulla folla e si fa trasportare dai fans.

In altre presentazioni i ricercatori spiegavano che per modificare la propria forma le cellule polimerizzano filamenti composti di actina o di più robusti microtubuli. I filamenti sono composti da unità più piccole che si formano spontaneamente assemblandosi da sole (polimerizzazione) o venendo assemblate e disassemblate da macchine molecolari. Crescendo, i filamenti esercitano una spinta sulla superficie della cellula e danno origine a protuberanze. È così che si muovono le cellule. Un altro gruppo di presentazioni aveva come argomento le strutture complicate della membrana cellulare, il guscio sottile che circonda ogni cellula separandone il contenuto dall'ambiente esterno. La membrana è crivellata di pori specializzati che lasciano entrare all'interno della cellula solo le molecole desiderate e respingono tutte le altre. Sulla membrana si muovono fluttuando le «antenne TV» della cellula, i recettori in attesa di un segnale chimico proveniente dal mondo esterno. Quando arriva, il segnale è trasmesso attraverso la membrana e innesca una catena di attività che possono condurre al moto della cellula, alla sua divisione, alla secrezione di una sostanza o al suicidio cellulare. Ecco com'è fatto il mondo nanometrico delle nostre cellule.

La vita *deve* cominciare alle nanoscale. È lì che inizia a emergere una complessità che va oltre la semplicità dell'atomo, ed è lì che l'energia si trasforma rapidamente da una forma all'altra. È alle nanoscale che avviene l'incontro tra il caso e la necessità. Al di sotto delle nanoscale troviamo solo il caos; al di sopra, solo rigida necessità.

Nano

Come si fa a dire a un branco di sedicenni quanto è piccolo un nanometro? Avevo di fronte a me 80 liceali del Macomb County Math and Science Center, e stavo cercando di spiegare in che cosa consistono le mie ricerche. Dovevo far sì che riuscissero a immaginare l'inimmaginabile. «Il rapporto tra un nanometro e le dimensioni di un essere umano è equivalente al rapporto tra un uomo e dieci volte la distanza tra la Terra e la Luna», cominciai; ma mi resi subito conto che la distanza tra la Terra e la Luna è qualcosa che ben pochi di noi hanno toccato con mano. La mia fronte cominciò a imperlarsi di sudore. Riprovai: «Un nanometro è così piccolo che per arrivare alle sue dimensioni dovreste sezionare un capello umano 100 000 volte». Meglio. Ma come tradurre la distanza in tempo? «Se vi rimpicciolissi fino all'altezza di un nanometro, in un'ora potreste percorrere più o meno 2500 nanometri; a questa velocità impieghereste *82 anni* (!) per percorrere una lunghezza pari alle dimensioni di un essere umano, dalla testa ai piedi». Stupore. I ragazzi cominciavano a capire che un nanometro non è solo piccolo, è così piccolo che il nano-mondo è totalmente estraneo a tutto quello che potremo mai immaginare di sperimentare. Eppure riusciamo a misurarlo.

Cinquant'anni prima della mia lezioncina ai futuri scienziati, Richard Feynman, il celebre fisico e premio Nobel, tenne una straordinaria lezione ai suoi colleghi riuniti per la conferenza della American Physical Society del 1959. La lezione, in puro stile Feynman, si intitolava semplicemente «C'è un sacco di spazio giù in fondo». Il «fondo» era la scala microscopica, dai micrometri (mille nanometri) fino ad atomi il cui diametro può essere di pochi decimi di nanometro. La tesi di Feynman era che non esistono leggi della fisica che possano impedirci di costruire macchine grandi solo qualche nanometro. È solo una questione di ingegneria.

Ci volle un po' per trasformare in realtà la visione di Feynman, ma verso la fine degli anni ottanta la nanotecnologia cominciò a spiccare il volo. L'invenzione di dispositivi capaci di visualizzare, misurare e maneggiare in vari modi oggetti di dimensioni pari a qualche nanometro permise di comprimere i dati in minuscole protuberanze nanometriche o di realizzare nanostrutture sempre più complesse. Tra gli anni novanta e i primi anni del nuovo millennio i nuovi sviluppi scatenarono una ridda frenetica di previsioni, alcune delle quali esagerate (la nanotecnologia risolverà tutti i nostri problemi energetici, medici e ambientali), altre apocalittiche (melma grigia di nanorobot che divorano tutto quello che incontrano, come nel remake del film *Ultimatum alla Terra* o nel libro di Michael Crichton *Preda*).

Oggi la smania per la nanotecnologia si è affievolita, almeno nei media. Le promesse iniziali di nanorobot (o nanobot) capaci di rimuovere le placche di grassi insaturi che ostruiscono le nostre arterie non si sono realizzate con la velocità auspicata. La nanotecnologia non è priva di pericoli (fibre di dimensioni nanometriche possono causare il cancro: pensate all'amianto), ma l'immagine della melma grigia sembra decisamente eccessiva. I media sono passati a occuparsi d'altro. Tra gli addetti ai lavori, però, la nanotecnologia e la nanoscienza godono di ottima salute. Le ricerche sulla nanotecnologia – dalle nanobatterie alla nanomedicina – occupano un gran numero di fisici, ingegneri, chimici e ricercatori biomedici.

Personalmente, preferisco parlare di nanoscienza anziché di nanotecnologia. La nanotecnologia è il passo successivo, quello che si compie dopo aver chiarito tutti i risvolti scientifici. Di cosa si occupa la nanoscienza? In parole povere, di produrre, misurare e capire i sistemi in cui almeno una dimensione spaziale è dell'ordine del nanometro. È una definizione un po' vaga, che non ha mancato di creare qualche problema, poiché all'improvviso molti settori di ricerca tradizionali, come quelli sulle tecnologie dei film sottili e alcuni rami della chimica, sono stati catalogati come nanotecnologici solo perché si occupavano di oggetti più piccoli di un micron. È così che è nata la battuta per cui la nanotecnologia sarebbe semplicemente un espediente per ottenere finanziamenti. L'accusa non è del tutto falsa, almeno per ciò che riguarda i primi tempi, ma è anche vero che alle nanoscale c'è davvero qualcosa di speciale: quando si riduce un sistema alle dimensioni «magiche» del nanomondo, si osservano proprietà nuove e decisamente inaspettate.

Si dice spesso che le parole pronunciate da Feynman alla conferenza della American Physical Society del 1959 abbiamo dato il via alla rivoluzione della nanoscienza. La verità, tuttavia, è un po' più complicata. All'epoca del celebre intervento, il pubblico non prese l'argomento molto sul serio. Uno dei presenti ricorda: «La reazione generale fu divertita. Gran parte del pubblico pensò che Feynman stesse cercando di essere spiritoso ... la verità è che prese tutti assolutamente di sorpresa».[1] Il discorso di Feynman fu riscoperto 25 anni dopo, quando molte delle sue previsioni si erano ormai avverate. A quel punto la tecnologia si era messa al passo con molte delle idee visionarie di Feynman, che finirono così per essere prese sul serio.

Feynman si era ispirato ai sistemi viventi, così come hanno fatto molti visionari nanotecnologi dei nostri giorni. Lo affascinava il modo in cui le cellule biologiche registravano l'informazione «su scala piccolissima», utilizzandola in seguito per «produrre sostanze», «spostarsi» e «fare ogni sorta di cose me-

[1] Christopher Tourney, *Reading Feynman into Nanotechnology: A Text for a New Science*, «Techné» 12, n. 3 (autunno 2008), pp. 133-68. Tourney attribuisce la citazione a Paul Schlichta, che in quel periodo lavorava al Jet Propulsion Laboratory del California Institute of Technology di Pasadena.

ravigliose».[2] In realtà, se i nanotecnologi odierni sognano di costruire nanomacchine, dovranno accettare di essere stati battuti sul tempo dalla natura la bellezza di tre miliardi di anni fa! Le cellule viventi pullulano di molecole che effettuano operazioni stupefacenti alle nanoscale con una precisione che ha del portentoso.

Feynman aveva previsto che la miniaturizzazione alle nanoscale ci avrebbe permesso di memorizzare libri interi sulla capocchia di uno spillo, costruire motori piccolissimi, spostare singoli atomi o costruire calcolatori tascabili potentissimi. Tutte queste cose sono divenute realtà. Altre sue previsioni non sono ancora realizzabili: una di queste è la creazione di un chirurgo nanoscopico, quello che oggi viene chiamato «nanobot». Si tratta di un dispositivo minuscolo, da ingoiare come una pillola o da iniettare in un vaso sanguigno. Il nanobot potrebbe effettuare operazioni di nanochirurgia, come la rimozione delle placche dalle arterie o la ricerca e la distruzione delle cellule tumorali. C'è un campo, però, nel quale i ricercatori hanno fatto progressi notevoli, ed è la nanomedicina, o *targeted drug delivery* (letteralmente «consegna mirata dei farmaci»). Sono state realizzate nanostrutture capaci di identificare cellule-bersaglio specifiche (ad esempio le cellule tumorali) per poi colpirle con la sostanza trasportata (farmaci letali nel caso di una cellula tumorale, o frammenti di DNA per correggere malformazioni genetiche). Un'altra delle previsioni di Feynman, che per l'occasione si era ispirato a un racconto di fantascienza di Robert Heinlen, riguardava la possibilità di realizzare una macchina capace di costruire una versione miniaturizzata di se stessa. Quest'ultima, a sua volta, sarebbe stata in grado di costruire una copia ancora più piccola. Le macchine avrebbero dovuto costruire copie sempre più piccole di se stesse, fino all'ultima, grande pochi nanometri, come una famiglia di bambole russe.

Idee analoghe spinsero K. Eric Drexler (n. 1955), un ingegnere del MIT, a scrivere un libro ormai famoso sulla fattibilità

[2] Richard Feynman, *C'è un sacco di spazio giù in fondo*, «Caltech Engineering and Science» 23 (febbraio 1960), pp. 22-36; disponibile anche on line, www.zyvex.com/nanotech/feynman.html

delle macchine molecolari. Quando scoprì il discorso di Feynman, alla fine degli anni settanta, Drexler aveva già riflettuto sulla possibilità di realizzare macchine a partire da semplici molecole, e la lettura gli diede un nuovo stimolo. Nel 1986 Drexler pubblicò quello che divenne il fondamento della nanotecnologia moderna: *Engines of Creation: The Coming Era of Nanotechnology*. Gran parte delle idee di Drexler appartengono ancora al regno della fantascienza, anche se in alcune aree i progressi sono stati notevoli. Ad esempio, lo spostamento di singoli atomi e molecole e la realizzazione di figure geometriche (cerchi, triangoli) formate da atomi disposti su una superficie sono operazioni che, pur se non ancora di routine, sono certamente alla portata di chi possiede gli strumenti giusti.

Gli strumenti giusti furono inventati più o meno nello stesso periodo in cui Drexler scriveva i suoi libri. Il più iconico di tutti, il microscopio a scansione di sonda, ebbe un forte impatto non solo sulla neonata scienza delle nanoscale, ma anche sulla mia vita.

Toccare gli atomi

Quando discutete la tesi di dottorato all'Università di Oxford vi conviene sapere il fatto vostro. Gli esaminatori arrivano da altre università, meglio se straniere. Non vi conoscono, ma sono lì per assicurarsi che non siete uno scansafatiche. Quando il mio amico Steve conseguì il dottorato a Oxford per il suo lavoro sui microscopi a forza atomica (AFM), i suoi esaminatori erano due tra i massimi esperti di AFM al mondo: Christoph Gerber, che nel 1986 aveva inventato e costruito il primo AFM al mondo insieme al premio Nobel Gerd Binnig, e Ernst Mayr, responsabile di uno dei più grandi e brillanti gruppi di AFM al mondo. Gerber, che lavora per IBM, è un genio della tecnica. Quando venne a Oxford, nel 2000, per far parte della commissione davanti alla quale Steve avrebbe discusso la sua tesi di dottorato, ci parlò di un nuovo derivato degli AFM: un naso artificiale, realizzato ricoprendo minuscoli rilievi (barrette di silicio lunghe un micrometro) con diverse sostanze capaci di assorbire le sostanze chimiche trasportate dall'aria. Utilizzando una matrice di rilievi ricoperti in maniera diversa così da essere sensibili a sostanze diverse, il naso meccanico può essere addestrato al riconoscimento di molti odori distinti. Gerber, un intenditore di whisky scozzesi, si entusiasmò scoprendo che il suo naso meccanico non aveva alcun problema a distinguere un Craigellachie da un Laphroaig, ma rimase ancora più sorpreso quando il naso gli disse che uno dei suoi whisky preferiti aveva un sentore di ciliegia. Chiamò la distilleria, in Scozia, e scoprì che in effetti il whisky era stato invecchiato in botti di legno di ciliegio.

L'AFM è il rappresentante più comune di un gruppo di strumenti detti «microscopi a scansione di sonda» (SPM, dall'inglese *scanning probe microscopes*). Gli SPM hanno rivoluzionato la misura e la manipolazione della materia alle nanoscale più di qualsiasi altro strumento inventato dai tempi del discorso di Feynman. Il primo SPM fu il microscopio a scansione a effetto tunnel, inventato nel 1982 da Gerd Binnig, Christoph Gerber e Heinrich Rohrer dei laboratori IBM di Zurigo. La sua capacità di visualizzare i singoli atomi e di misurarne le proprietà elettroniche era così stupefacente che nel 1986 Binnig e Rohrer ricevettero il premio Nobel per questa invenzione.

Il principio di funzionamento degli SPM è incredibilmente semplice. Invece di rivelare la luce proveniente da un oggetto, come i microscopi tradizionali, gli SPM «sentono» la superficie mediante una sonda appuntita. Il modo in cui l'SPM sente la superficie dipende dalla natura della sonda: nel caso di un STM, il microscopio sente una «corrente di tunneling» tra la sonda (un ago metallico appuntito) e una superficie conduttiva. Il tunneling, o effetto tunnel, è un effetto puramente quantistico: è la capacità di un elettrone di attraversare una barriera energetica che secondo le regole della fisica classica non dovrebbe essere in grado di superare. In un STM, la barriera energetica è costituita dallo spazio tra la sonda e la superficie che si vuole visualizzare. La corrente di tunneling misurata dall'STM dipende dall'ampiezza della barriera (la distanza tra la sonda e la superficie) e dalla quantità di elettroni presenti nel campione. La misura della corrente di tunneling che scorre attraverso la superficie di un campione fornisce una mappa delle variazioni di altezza della superficie o delle variazioni della densità elettronica (o di entrambe). L'effetto tunnel è così sensibile all'ampiezza della barriera che ogni volta che si allontana la sonda dalla superficie di appena un decimo di nanometro, la corrente di tunneling diminuisce di un fattore 10! Una sensibilità così elevata consente all'STM di visualizzare i singoli atomi.

Le immagini ottenute con un STM sono una convoluzione della variazione dell'altezza della superficie e della variazione della densità elettronica (che non è costante intorno all'atomo). In realtà c'è dell'altro. Anche le forze tra gli atomi della punta e quelli della superficie hanno un ruolo importante, e la cosa divenne evidente quando, subito dopo l'invenzione dell'STM, i ricercatori di tutto il mondo si lanciarono nella realizzazione dei propri microscopi per analizzare un'infinità di superfici diverse. Su alcune di queste, le immagini ottenute erano incompatibili con le previsioni teoriche, che si basavano esclusivamente sull'ampiezza della barriera di tunneling e sulle densità elettroniche. Un gruppo di ricercatori, ad esempio, notò che su alcune superfici le forze in gioco erano così intense da compromettere la procedura di calibrazione della distanza. Il problema fu risolto con l'invenzione di un nuovo microscopio a scansione di sonda, l'AFM, che da allora è diventato il più diffuso al mondo.

(Gentil)uomini di Oxford

A ispirare la creazione dell'AFM fu John Pethica, dell'Università di Oxford, che 15 anni dopo, in occasione del mio incarico postdottorale, è diventato il mio responsabile. Gerber lo chiamava «il padrino dell'AFM» (il che fa di me, per genealogia scientifica, il nipote del padrino dell'AFM, anche se forse non è il caso di vantarsene troppo). A Oxford, sotto la guida benevola, ispiratrice e deliberatamente aliena da ingerenze di John Pethica, io e i miei amici Steve Jeffery, Ralph Grimble, Ahmet Oral, Özgur Özer e Chandra Ramanujan diventammo scienziati capaci di innovare. Costruimmo e utilizzammo diversi

STM e AFM (riuscendo persino a combinare le due tecniche), misurando la nanomeccanica degli atomi sulle superfici dei cristalli e delle molecole nei liquidi. Fu un bel periodo.

John è una persona alla mano, ma è uno scienziato esigente. Quando mi recai a Oxford per il colloquio di assunzione, trovai all'hotel una lettera con le indicazioni che avrei dovuto seguire. Sulla busta John aveva scritto «Dr. Peter Hoffmann, Esq.». Non sapevo di essere un «Esquire», un «gentiluomo», ma l'episodio dimostrava quanto John rispettasse chiunque, persino un misero postdoc in cerca di lavoro. Pochi mesi dopo, agli inizi dell'estate, mi trasferii lì insieme a mia moglie. John era solito sparire per periodi piuttosto lunghi, per riapparire con un sacco di nuove idee. Al suo ritorno da uno di quei misteriosi viaggi estivi ebbi con lui una conversazione che ben presto scoprii essere tipica del personaggio. Discutere con John significava entrare sempre in contatto con nuove idee, nuovi collegamenti e pubblicazioni appena uscite. Spesso, ascoltandolo, non potevo far altro che limitarmi ad annuire e a dire «ah, sì, mmmm», per poi precipitarmi nel mio studio a cercare gli articoli di cui parlava.

John ha un interesse particolare per la transizione dal mondo rumoroso, ma reversibile, dell'atomo a quello più ordinato, ma tipicamente irreversibile, degli oggetti macroscopici, e io ho ereditato la sua passione. In un esperimento misurammo la perdita di energia subita dalla punta oscillante di un AFM nell'interazione con gli atomi di una superficie soggetti a oscillazioni casuali: battezzammo il processo *dissipazione di energia su scala atomica*. Quando gli atomi in gioco erano pochi, il loro moto sembrava strutturalmente reversibile: ogni volta che abbassavamo la punta, misuravamo la stessa curva di forza. Spingendo più forte, però, si superava la soglia di riconfigurazione permanente degli atomi. Quando gli atomi coinvolti erano troppi, il numero di configurazioni possibili era così alto che il sistema non riusciva più a ritrovare quella di partenza. A quel punto il nostro esperimento era passato dal mondo microscopico a quello macroscopico.

L'interazione degli atomi e la miriade di configurazioni atomiche possibili in sistemi di dimensioni moderatamente grandi, come vedremo, è molto importante anche nella biologia molecolare, così come la transizione dal rumore all'ordine. I sistemi con dimensioni tipiche delle nanoscale, come le molecole nelle cellule degli esseri viventi, sono soggetti a influenze e a leggi ben diverse da quelle cui siamo abituati nel nostro mondo macroscopico.

L'incredibile stranezza delle piccole cose

Quando Feynman perorò la causa della tecnologia su scala atomica non mancò di sottolineare le particolari difficoltà insite nella realizzazione di macchine composte da una manciata appena di atomi. Da quando la nanoscienza è diventata una disciplina scientifica a tutti gli effetti, la novità più interessante è stata la scoperta che gli oggetti piccolissimi seguono regole fisiche differenti. Talvolta è un problema, altre volte un'opportunità, ma in ogni caso è qualcosa che affascina ancora oggi i nanotecnologi.

Quando si riduce un sistema a una scala nanoscopica gli effetti che alle macroscale sono trascurabili o addirittura nulli diventano improvvisamente importanti. Nella sua celebre lezione, Feynman ne citò un paio: i problemi di lubrificazione – Feynman ipotizzava che la viscosità efficace di qualsiasi lubrificante fosse molto più alta su piccola scala – e il fatto che su piccola scala è molto più facile che gli oggetti aderiscano tra di loro. Questi problemi nascono da due effetti di natura generale, tipici delle nanoscale: la granulosità della materia e il problema delle interfacce.

La materia è granulosa; è fatta di atomi, molecole e aggregati ancora più grandi, come i cristalli. Su larga scala la granularità della materia è mediamente trascurabile. Grazie alle leggi della meccanica statistica e della *fisica del continuo* (quella in cui si trascura il fatto che la materia è composta di particelle e la si tratta quindi come una sostanza priva di soluzione di continuità) possiamo determinare quantità medie come il modulo di Young (che misura l'elasticità di una solido) o la viscosità (quanto un determinato liquido sia resistente al flusso). Se però le dimensioni di un sistema si riducono a una manciata (una decina, un centinaio) di molecole, tali quantità medie perdono di significato e la misura delle proprietà meccaniche o elettriche manifesta variazioni improvvise anziché graduali. Nel mio laboratorio si misura la granularità di liquidi semplici come l'acqua. Nel misurare le proprietà meccaniche dell'acqua non importa se ne prendo un secchio o pochi centimetri cubici da una siringa. Un centimetro cubico di acqua contiene 3 × 1022 molecole d'acqua (cioè un 3 seguito da 22 zeri). Aggiungere o sottrarre qualche milione o addirittura qualche miliardo di molecole da un numero così grande non cambierà le proprietà medie del liquido. Nel nostro laboratorio, tuttavia, siamo in grado di misurare le proprietà meccaniche di quantità di molecole d'acqua molto più piccole. Sappiamo schiacciare l'acqua tra la punta di un AFM e una superficie fino a ridurla a uno strato spesso una sola molecola (la punta del microscopio, tuttavia, ha un'area dell'ordine di 50 nanometri per 50 nanometri, e quindi lo strato monomolecolare sottostante conterrà circa 2500 molecole). Ora, se aggiungiamo o togliamo singoli strati di molecole, le proprietà meccaniche del liquido cambieranno drasticamente. Pertanto, quando passiamo da uno strato spesso 6 molecole a uno spesso 5, e poi da 5 a 4 e così via, la rigidità e la viscosità apparente degli strati alternano valori bassi a valori elevati.

Questi esperimenti mettono in evidenza anche il secondo problema delle nanoscale di cui parlava Feynman. Quando rimpiccioliamo un oggetto, il suo rapporto superficie-volume aumenta. Una pallina da golf ha un rapporto superficie-volume maggiore di quello di una palla da bowling. Alle nanoscale, il rapporto finisce per avere valori enormi. Man mano che i volumi diminuiscono, le superfici cominciano ad assumere un ruolo dominante, mentre le forze che contavano alle macroscale diventano irrilevanti alle nanoscale, e viceversa. Le macroscale sono governate dalle forze associate alla massa, come gravità e inerzia. Le forze di superficie, come la viscosità, sono per lo più trascurabili, a meno che non siano state progettate espressamente, come nel caso di una colla. In una partita di baseball, ad esempio, dominano l'inerzia (quando la mazza colpisce la palla) e la gravità (quando la palla scende). Di solito, però, la palla non si incolla alla mazza. In una partita di nanobaseball, invece, l'inerzia sarebbe trascurabile, perché la palla avrebbe un peso praticamente nullo. Stessa cosa per la gravità. L'area relativamente grande della superficie di una nanopalla rispetto al suo minuscolo volume, però, renderebbe difficile il suo distacco dalla nanomazza. Ecco un esempio di una proprietà tipica dei sistemi nanoscopici: il loro comportamento varia radicalmente in funzione delle dimensioni.

Ovviamente non tutto si incolla alle nanoscale, altrimenti saremmo nei guai. I componenti delle nostre cellule devono potere aderire e separarsi quando è necessario. Ciò è reso possibile grazie a un delicato equilibrio tra le forze intermolecolari e l'acqua salata circostante. Nel vuoto, in assenza di acqua, la maggior parte delle superfici tenderebbe invece a incollarsi continuamente.

Alcune delle proprietà tipiche delle nanoscale non erano state citate da Feynman: ad esempio gli effetti quantistici, l'importanza del rumore termico e dell'entropia, le dinamiche di cooperazione, gli ampi intervalli di scale temporali significative e la convergenza delle scale di energia. Una lista di proprietà strane che incute timore e che esamineremo nel seguito del capitolo attraverso una serie di esempi.

Gli effetti quantistici

Gran parte dei libri di nanotecnologia si concentra sugli strani effetti quantistici che si osservano su scala atomica. Ho accennato ad alcuni di questi quando ho parlato dell'effetto tunnel. Gran parte della nanotecnologia, in effetti, si basa sui nuovi effetti quantistici. Per la biologia molecolare, invece, la loro importanza è trascurabile. Quasi tutta la biologia molecolare può essere spiegata con la fisica classica (eccetto i legami tra gli atomi, per i quali è necessaria la meccanica quantistica). Molti degli effetti quantistici più interessanti all'opera nei nanosistemi sono completamente annullati dal moto termico. È per questo che le ricerche sul calcolo quantistico, sulla spintronica o su altri bizzarri dispositivi elettronici quantistici di nuova generazione avvengono quasi sempre a temperature troppo basse per qualsiasi essere vivente.

Il rumore termico

Il moto termico (che i fisici preferiscono chiamare rumore termico, di cui abbiamo già parlato nel capitolo precedente), è invece molto importante per la biologia e per gran parte della nanotecnologia a temperatura ambiente. Altrettanto importanti sono i problemi di dipendenza dalle dimensioni, di dinamica cooperativa, di scale temporali (che vanno tutti a braccetto), senza dimenticare la convergenza delle scale di energia. Per capire che cosa sono tutte queste cose e in che modo possano influenzare i sistemi su scala nanoscopica, poniamoci questa domanda fondamentale: come si fa a costruire qualcosa alle nanoscale?

Assembla te stesso!

Feynman era convinto che si sarebbero potute assemblare macchine e strutture nanoscopiche con qualche tipo di tecnologia miniaturizzante capace di trasformare un modello macroscopico in un sistema di piccole dimensioni mediante fasci di ioni o di elettroni (oggi questa tecnica è diventata realtà, grazie alla cosiddetta «litografia a fascio elettronico» e a fasci ionici focalizzati) o costruendo macchine in grado di produrre copie in miniatura di se stesse fino a raggiungere la scala nanoscopica (una tecnica che non è ancora stata inventata). Entrambi gli approcci possono essere definiti «top-down», dall'alto verso il basso: partendo da un modello (o da una macchina) di grandi dimensioni si raggiungono le nanoscale per miniaturizzazioni successive.

L'approccio top-down è tuttora utilizzato nella realizzazione di dispositivi elettronici come le memorie e i processori per computer. La vita, però, funziona in un altro modo: le piante, gli animali e tutti gli altri organismi viventi sono costruiti dal basso verso l'alto. Siamo stati tutti assemblati un atomo dopo l'altro, una molecola dopo l'altra.

Una credenza errata che si sente ripetere in continuazione è che il nostro DNA contiene tutta l'informazione necessaria alla creazione di un essere umano. È una sciocchezza! La quantità di informazione contenuta nel nostro DNA è sbalorditiva, ma non è affatto sufficiente a specificare la posizione di ogni molecola o di ogni cellula, e nemmeno la forma di un organo. Più che un piano dettagliato (come spesso viene definito), il DNA è una ricetta di cucina. Quando preparo una torta non devo specificare la destinazione di ogni singola molecola di amido o di zucchero: mi basta seguire le istruzioni e le molecole andranno dove devono andare. Gran parte delle informazioni necessarie per fare una torta o un essere umano sono contenute nelle leggi della fisica e della chimica. Le molecole «sanno» come organizzarsi da sé.

In natura, l'auto-assemblaggio delle molecole è presente ovunque e costituisce uno dei più importanti settori di ricerca della nanoscienza. Se riuscissimo a convincere le molecole a formare tutte le strutture che vogliamo – analogamente a ciò che si osserva negli organismi viventi – potremmo realizzare nuovi dispositivi a prezzi bassissimi, senza dover spendere milioni di dollari in sistemi di litografia a fascio elettronico o ionico. Non dovremmo fare altro che mettere tutto in una pentola e mescolare. Naturalmente, però, le cose non sono così semplici.

A uno dei miei dottorandi, Venkatesh Subba-Rao, piace raccontare un aneddoto: un giorno gli capitò di ascoltare il seminario di uno scienziato sulle strutture nei cristalli liquidi, e quando lui gli chiese per quale ragione si formassero tali strutture lo scienziato rispose: «Perché rendono minima l'energia libera!». Da allora, ogni volta che chiedo ai miei studenti perché nei loro esperimenti accade questa o quella cosa e loro non lo sanno, la risposta standard che ottengo è sempre quella. Nella maggior parte dei casi è anche giusta: tutto quello che accade in natura rende minima l'energia libera. Una risposta del genere, però, non ci dice granché. È l'equivalente scientifico della frase «perché Dio ha voluto così». Sarebbe più utile includere nella risposta i tipi di energia che compongono l'energia libera di un sistema. Ancora più utile sarebbe dire in che modo si spostano le molecole e in che modo si trasforma l'energia man mano che il sistema rende minima la propria energia libera. Vi ricordate? L'energia libera è la differenza tra l'energia *totale* del sistema e l'energia termica *inutilizzabile*: in altre parole, è la parte di energia *utilizzabile*. L'energia inutilizzabile è il prodotto della temperatura per l'entropia. Per minimizzare l'energia libera possiamo ridurre l'energia totale, aumentare la quantità di energia inutilizzabile o entrambe le cose. Nell'auto-assemblaggio possono verificarsi tutte queste cose insieme.

Uno degli esempi più familiari e sbalorditivi di auto-assemblaggio sono i fiocchi di neve, di cui abbiamo già parlato in precedenza. I fiocchi sono cristalli di acqua ghiacciata. Provate a chiedere ai miei studenti perché si formano i cristalli di neve: vi risponderanno che è per minimizzare l'energia libera. E in effetti, come abbiamo visto nel terzo capitolo, esiste una temperatura critica al di sotto della quale la diminuzione dell'energia libera porta alla formazione di fiocchi di neve; al di sopra di quella temperatura, invece, l'energia libera è minima quando l'acqua rimane allo stato liquido. Tuttavia vorremmo avere qualche informazione in più. I fiocchi di neve sono strutture così belle e complesse che spiegarle solamente in termini di una riduzione dell'energia libera sembra una soluzione di comodo. La riduzione dell'energia libera è il risultato, ma come ci si arriva? Come si forma la struttura?

La creazione dei fiocchi di neve è un esempio perfetto della combinazione di caso e necessità, entropia ed energia. La simmetria esagonale dei fiocchi è una rappresentazione macroscopica della sottostante simmetria molecolare dell'acqua ghiacciata. Le molecole d'acqua preferiscono disporsi secondo un ordine esagonale (a sei lati), come in un puzzle tridimensionale. La crescita del cristallo è influenzata dai valori esterni di umidità, temperatura e pressione. Dato che tutti e sei i lati del cristallo in formazione sono sempre soggetti alle stesse condizioni, la loro crescita segue approssimativamente lo stesso andamento, dando origine alla meravigliosa simmetria del fiocco.

La crescita di un fiocco di neve dimostra come la complessità e la bellezza possano nascere da gelidi (chiedo scusa per il gioco di parole) princìpi fisici. Il congelamento è accompagnato da un rilascio di calore: affinché l'acqua possa gelare, il calore deve essere smaltito (aumentando così l'entropia dell'ambiente circostante). I cristalli di ghiaccio, quindi, crescono più rapidamente là dove è più facile smaltire il calore, vale a dire sulle estremità appuntite di un corpo. Il fatto che le punte siano già il risultato di un processo di crescita rapida, però, dà origine a un feedback positivo: le zone del cristallo che crescono più rapidamente diventano appuntite, facilitando la trasmissione del calore. Questo, a sua volta, li fa crescere più rapidamente, e così via. Il risultato è quello che i fisici chiamano instabilità, e conduce alla formazione di strutture lunghe e appuntite. Ma c'è anche una forza che si oppone a tale processo: anche la temperatura locale dipende da quanto è acuminato il cristallo: le parti più appuntite (quelle con la curvatura più elevata) fondono a temperature più basse, riducendo così la differenza di temperatura con l'ambiente circostante. La riduzione di temperatura, a sua volta, rallenta la trasmissione del calore, opponendosi all'effetto della maggior esposizione delle punte. Se una punta diventa troppo aguzza la crescita rallenta: il feedback negativo compensa quello positivo. Quando ciò accade il cristallo si ramifica. La combinazione delle due tendenze – la formazione di punte e la ramificazione – porta alla crescita dendritica dei fiocchi di neve.

Un altro aspetto importante della crescita dei cristalli di neve è il *trasporto di massa*, cioè il fatto che nuove molecole possano unirsi al cristallo in formazione. Si tratta per lo più di un effetto dovuto alla diffusione, il moto casuale delle molecole nelle nubi di vapore acqueo. Il limite alla velocità di crescita di un cristallo è dettato dalla velocità con la quale questo moto viene raggiunto dalle molecole. La crescita del cristallo è *limitata dalla diffusione*. Anche in questo caso, le parti del cristallo che spiccano dal resto della formazione sono raggiunte più facilmente dalle molecole che si diffondono casualmente (pensate ai parafulmini, raggiungibili con facilità dal moto casuale di un fulmine), con un aumento conseguente dell'instabilità.

Come è complicato un singolo fiocco di neve! Con questo esempio ho solo voluto mostrare come l'interazione tra energia, entropia e altri meccanismi, come la diffusione e il trasporto di calore, applicata a una geometria sottostante, possa dare origine alla complessità e alla varietà, ma anche a una certa robustezza strutturale. I fiocchi di neve non sono vivi, ma servono a dimostrare che la formazione di strutture complesse come quelle che incontriamo nel mondo vivente possono nascere dalla dinamica delle leggi fisiche; sono esempi di strutture non viventi che presentano al tempo stesso caratteristiche ripetitive (tutti i fiocchi di neve sono esagonali, appuntiti e ramificati) con una varietà quasi sconfinata di forme all'interno di una struttura comune.

I nanotecnologi usano princìpi analoghi per creare nanostrutture sempre più complicate. L'obiettivo finale è la progettazione di macchine o circuiti nanoscopici capaci di crescere autonomamente, una molecola dopo l'altra. Il caso più semplice di auto-assemblaggio è quello del deposito di particelle sferiche su una superficie. Se le particelle si attraggono a vicenda e riescono in qualche modo a spostarsi finché non trovano il posto più adatto per fermarsi (che di solito è quello in cui hanno uno o più vicini), finiscono inevitabilmente per formare strati altamente impacchettati. Uno strato altamente impacchettato ricorda una pila di arance. Prendete un po' di arance (di dimensioni uguali), mettetele le une vicine alle altre in modo che si tocchino e vi ritroverete con uno strato altamente impacchettato esagonale. Si tratta della struttura più diffusa in natura (la struttura a nido d'api ne è un ottimo esempio), perché massimizza i contatti tra i vicini sprecando il minor spazio possibile.

Ben presto, però, l'impacchettamento esagonale diventa noioso. Se vogliamo realizzare strutture più complesse dobbiamo cominciare con mattoni più complicati e ricorrere a modi innovativi di assemblaggio. Esistono molti modi per convincere un insieme di mattoni molecolari ad assemblarsi in strutture complesse. Potete usare molecole dalla forma strana che aderiscono solo a certe molecole in certi punti di contatto (i chimici parlano di legame direzionale), applicare condizioni di non-equilibrio che in qualche modo obblighino la struttura a svilupparsi in una struttura ben precisa (ad esempio applicando campi elettrici, pressione o flussi di un liquido), oppure potete lasciare che sia l'entropia a darvi una mano.

Cooperiamo!

La maionese non fa bene, ma non c'è dubbio che su una fetta di pane è proprio buona. Pur contenendo acqua e olio, è incredibilmente stabile e uniforme; eppure sappiamo che acqua e olio non si mescolano. Se avete mai avuto l'occasione di fare la maionese (io ci ho provato una volta, ma era immangiabile), sapete che il segreto sta nella presenza dei tuorli d'uovo. Ma come fanno le uova a stabilizzare una miscela di acqua e olio che di per sé sarebbe instabile?

I tuorli d'uovo sono composti per la maggior parte di acqua, con l'aggiunta di alcune proteine e una quantità non trascurabile di grassi. Le molecole lipidiche contengono due elementi importanti: una *testa* salina (idrofila, cioè solubile in acqua) e una *coda*, formata da un acido grasso (idrofobo, cioè insolubile in acqua). Ognuna di queste molecole è come una coppia di gemelli siamesi, con le due parti caratterizzate da affinità ben distinte. In una miscela di acqua e olio i lipidi possono dare soddisfazione a entrambe le componenti della propria doppia personalità. La testa idrofila e la coda idrofoba possono immergersi, rispettivamente, nell'acqua e nell'olio. I lipidi sono cioè un esempio di molecole *anfifiliche* (solubili in acqua *e* in olio). Altri esempi includono i detergenti, i saponi e altri surfattanti. Grazie alla loro duplice natura, i surfattanti rendono solubili in acqua le sostanze oleose e grasse, permettendoci di lavare i piatti sporchi.

Fin qui sembra che vada tutto bene, ma c'è un problema. Le molecole di olio e di acqua sono strattonate incessantemente dalla tempesta molecolare. Lo sventurato lipide o la molecola di detergente non possono godere a lungo dei loro doppi affetti: ben presto l'acqua e l'olio vengono spinti a rimescolarsi. Come fanno le molecole a risolvere il problema? Trovano forza nei numeri. Quando sono abbastanza numerose possono formare strutture stabili, le *micelle*, ovvero gusci sferici protettivi che circondano completamente le goccioline d'olio, separandole permanentemente dall'acqua circostante. Le micelle sono composte da tantissime molecole lipidiche; la loro struttura consente ai lipidi di conciliare il conflitto tra l'affinità idrofila e quella idrofoba separando al tempo stesso i due avversari, l'olio e l'acqua. La riduzione dell'energia libera associata a questa configurazione è così grande che il moto termico della tempesta molecolare non riesce a rompere le micelle. L'emulsione di acqua e olio diventa stabile ed è per questo che la maionese non impazzisce.

Le micelle possono formarsi anche in assenza di olio. Se immergiamo in acqua una singola molecola anfifilica, questa non avrà scelta e dovrà esporre all'acqua la sua coda idrofoba. Se le molecole sono in numero sufficiente, però, possono unirsi a formare micelle, cioè sfere con uno strato esterno di teste idrofile e un nucleo centrale di code idrofobe. Con questa configurazione le code idrofobe rimangono nascoste e l'energia libera subisce una notevole riduzione. La formazione di queste micelle è un classico esempio di dinamica cooperativa e la cooperazione ha un ruolo centrale nella formazione delle strutture dei sistemi viventi. In parole povere, cooperazione significa che una struttura può formarsi solo se un certo numero di molecole «cooperano» per formarla. Nel caso delle micelle, vuol dire che la formazione di una struttura di quel genere può avvenire solo se il numero di molecole lipidiche supera una certa soglia. Per formare una sfera chiusa contenente un nucleo centrale di code idrofobe a stretto contatto tra loro serve un certo numero di molecole: se sono troppo poche non si riesce a formare una sfera chiusa, ma se sono troppe la sfera diventa troppo grande e il suo centro rimane vuoto, e questo costa energia. Ogni micella, quindi, è formata da un numero ottimale di molecole lipidiche.

Proviamo a immaginare come potrebbe avvenire ipoteticamente la formazione graduale di una micella sferica. Si comincia da due molecole anfifiliche che si incontrano e puntano le code idrofobe una verso l'altra. Alle due molecole se ne unisce una terza, e poi un'altra ancora, e così via, finché tutte le molecole formano una sfera chiusa. In realtà no, le cose non vanno affatto così. Le misure effettuate dimostrano che al di sotto di una certa concentrazione di molecole in soluzione, le micelle non possono formarsi. Ogni molecola resta sola e abbandonata. Man mano che si aggiungono lipidi, però, la concentrazione sale e a un certo punto cominciano a formarsi micelle complete. Ma come? In effetti le micelle non si formano in maniera graduale; ciò cha accade è che a una certa concentrazione critica la probabilità che il numero giusto di molecole si incontri spontaneamente diventa abbastanza alta da portare immediatamente alla formazione di micelle complete e stabili, senza passare da una fase di micelle parziali. La formazione delle micelle è una faccenda del tipo «tutto o niente». O i lipidi si incontrano in quantità sufficiente nello stesso posto e cooperano per formare una micella o la micella non si forma affatto. È come una partita ufficiale di calcio: se non avete 22 giocatori in campo (almeno all'inizio), la partita non ha luogo.

Una delle conseguenze di questa dinamica del tutto o niente è che al raggiungimento della concentrazione critica le proprietà della soluzione di lipidi cambiano drasticamente. Una di queste proprietà è la *pressione osmotica*, cioè la pressione esercitata su una parete dal moto casuale delle molecole disciolte (ricordatevi che la pressione non è altro che la somma di tutti gli impatti tra le molecole che si muovono casualmente e la parete del recipiente che le contiene). Nel suo celebre articolo sul moto browniano Einstein dimostrò che la pressione osmotica non dipende dalle dimensioni delle molecole o delle particelle in soluzione, ma solo dalla loro concentrazione e dalla loro temperatura. Pertanto, quando le micelle si formano all'improvviso, a partire da un gran numero di molecole singole, il numero totale delle particelle in soluzione diminuisce enormemente. Se prima avevamo molti lipidi solitari, ora, tutt'a un tratto, ci ritroviamo solo con qualche micella, ognuna delle quali conta come una particella singola. La riduzione del numero di particelle libere in soluzione porta a una brusca riduzione della pressione osmotica. Queste transizioni repentine, «tutto o niente», sono tipiche della cooperazione molecolare.

In biologia la cooperazione, cioè il fatto che alcune strutture si formino solo attraverso la cooperazione di un numero minimo di molecole, è onnipresente. Le molecole però non cooperano come le persone. Sono molecole, dopo tutto. Sono sballottate di qua e di là dalla tempesta molecolare; se i lipidi riescono a formare una micella la loro energia libera diminuirà enormemente, ma se la concentrazione è troppo bassa non riusciremo mai ad avere un numero sufficiente di molecole nello stesso posto. Quando la concentrazione raggiunge la soglia critica, però, il numero di molecole circolanti è abbastanza alto da farle incontrare in quantità sufficienti, e le micelle si formano spontaneamente.

In acqua, i lipidi possono formare strutture cooperative ancora più complicate: stiamo parlando di sfere a doppia parete dette «vescicole». La doppia parete cela al proprio interno le code idrofobe dei grassi, mentre le due superfici – quella interna e quella esterna – sono a contatto con le molecole d'acqua (fig. 4.1). Una vescicola, in pratica, separa un volume d'acqua da un altro. Se nella vescicola inseriamo delle sostanze chimiche creiamo una cella di reazione isolata di dimensioni nanoscopiche, all'interno della quale può accadere ogni sorta di cose interessanti: la vita, ad esempio. Le pareti delle cellule viventi sono composte proprio da lipidi; una cellula vivente è una sorta di gigantesca vescicola auto-assemblata, nel cui interno avvengono un sacco di reazioni chimiche decisamente complicate.

La forza entropica

Alle nanoscale la tempesta molecolare regna sovrana. Eppure, paradossalmente, le forze termiche caotiche portano alla creazione di strutture ordinate. Di fatto, se non ci fossero quelle forze, non accadrebbe proprio nulla. Affinché l'auto-assemblaggio funzioni, è necessario che i componenti della struttura vengano rimescolati fino a quando non trovano un posto dove riposarsi e minimizzare la propria energia libera. Come abbiamo visto nel terzo capitolo, talvolta le strutture si formano per rendere massimo il moto casuale, cioè l'entropia.

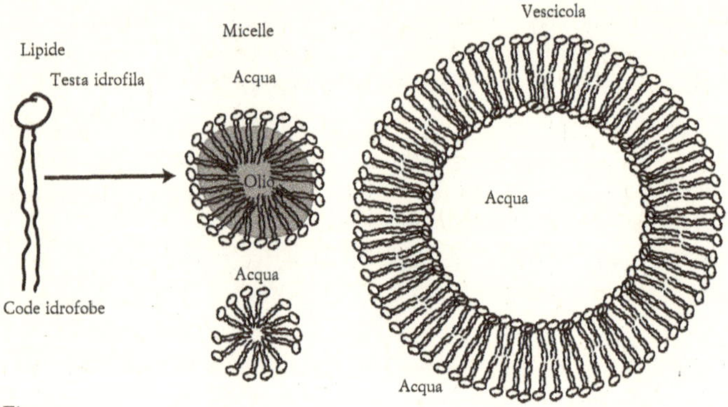

Figura 4.1
I lipidi sono molecole anfifiliche con una testa idrofila e due code idrofobe. In una miscela di olio e acqua, i lipidi possono circondare una gocciolina d'olio e formare una micella. La formazione di micelle può avvenire anche in assenza di olio, ma solo se un numero ben preciso di lipidi riesce a unirsi per formare un guscio sferico. Il fenomeno è un esempio di cooperazione. Di solito, però, i lipidi preferiscono formare vescicole, strutture composte da una doppia parete lipidica che separa un volume di acqua interno dall'acqua circostante. Queste strutture sono alla base delle membrane cellulari e sono utilizzate all'interno delle cellule per trasportare le sostanze chimiche.

Le cellule sono luoghi incredibilmente affollati, pieni zeppi di proteine di grandi dimensioni, molecole di RNA e DNA, zuccheri, lipidi, ioni e una quantità enorme di molecole d'acqua. È stato stimato che la distanza media tra le proteine nelle cellule è inferiore a 10 nanometri. Dato che le dimensioni tipiche di una proteina variano da 10 a 100 nanometri, è come dire che la cellula è un parcheggio strapieno dove le automobili sono separate da non più di una trentina di centimetri. Come se non bastasse, gli spazi tra le proteine sono pieni di acqua, ioni, zuccheri e varie altre molecole di piccole dimensioni. Adesso avete un'idea dell'affollamento caotico che regna in una cellula. Una situazione del genere non è priva di conseguenze, molte delle quali richiedono ancora una spiegazione: quando si fa un esperimento sulle proteine, infatti, si è soliti operare all'esterno della cellula, in una provetta, dove le proteine hanno un sacco di spazio a disposizione.

Una conseguenza sorprendente dell'affollamento è che i piccoletti (l'acqua e gli ioni) hanno la meglio sugli energumeni (le proteine, il DNA e le vescicole lipidiche). Immaginate due grandi molecole proteiche che si avvicinano una all'altra in un mare di molecole più piccole. A causa della loro dimensione, le molecole piccole possono avvicinarsi alle molecole grandi fino a un certo punto: se andassero oltre, finirebbero per esserne inglobate. Tutte le molecole più grandi, quindi, sono circondate da una zona di esclusione (detta anche «zona di deplezione»), nella quale le molecole più piccole non possono entrare e che quindi riduce lo spazio a disposizione di queste ultime. È una sorta di spazio personale molecolare: immaginate che le molecole più grandi siano un gruppo di adulti in una stanza, ognuno con il suo spazio personale, e che le molecole più piccole siano i bambini che corrono di qua e di là. Per i bambini è difficile muoversi liberamente, perché devono evitare di entrare nello spazio personale degli adulti. All'improvviso gli adulti cominciano ad abbracciarsi, formando delle coppie. Quelli che prima erano due spazi personali – uno per ogni persona – si trasformano in un solo spazio personale per coppia. All'improvviso i bambini hanno più spazio per correre e non esitano un secondo ad approfittare dell'ulteriore libertà (fig. 4.2).

Nel mondo molecolare può accadere la stessa cosa. Se due molecole di grandi dimensioni aderiscono una all'altra, le loro zone di esclusione si fondono, liberando spazio per i piccoletti. Più spazio significa più microstati disponibili, e quindi una maggiore entropia. Pertanto, l'aumento dell'*ordine* dovuto all'unione delle molecole più grandi è ampiamente compensato dall'aumento del *disordine* che deriva dalla maggiore libertà di movimento (con conseguente aumento dell'entropia) delle molecole più piccole circostanti. Il risultato finale è una forza che non deriva da una diminuzione di energia, ma da un aumento dell'entropia. Queste forze così strane, che possono esistere solo su scala molecolare, sono dette «forze entropiche».

Le cellule si servono delle forze entropiche per assemblare un gran numero di strutture molecolari, come il collagene, l'actina e i filamenti di microtubuli. Il collagene è l'ingrediente principale della matrice extracellulare, la ragnatela di materiale che avvolge le nostre cellule e le tiene unite. L'actina e i microtubuli sono le fibre che formano lo scheletro flessibile delle cellule.

Figura 4.2
Quando le molecole più grandi sono isolate, le loro zone di esclusione rendono difficile il movimento delle molecole più piccole circostanti. Quando le molecole più grandi si legano tra di loro, invece, le zone di esclusione si sovrappongono, aumentando lo spazio a disposizione (e l'entropia) delle molecole più piccole. Il risultato è la forza entropica che spinge le molecole più grandi a unirsi.

Come facciamo a sapere che fibre biologiche come il collagene sono assemblate dalle forze entropiche? Vi ricordate la risposta standard a qualsiasi domanda sul perché accade una certa cosa? Perché rende minima l'energia libera. Abbiamo imparato che l'energia libera è l'energia totale meno quella inutilizzabile. L'energia inutilizzabile è data dal prodotto della temperatura per l'entropia. L'entrata in gioco della temperatura ci permette di fare un test relativamente semplice per capire se l'assemblaggio è dominato da una riduzione dell'energia o da un aumento dell'entropia. Se l'assemblaggio procede più rapidamente quando aumentiamo la temperatura, significa che è dominato essenzialmente da una riduzione di energia. Se invece *rallenta* all'aumentare della temperatura, l'imputata è l'entropia.

Quasi tutte le reazioni chimiche accelerano all'aumentare della temperatura. Provate a sciogliere un po' di zucchero o di sale in acqua ghiacciata, e poi cercate di scioglierli in acqua calda e capirete che cosa voglio dire. Lo zucchero si scioglie molto più rapidamente nell'acqua calda che in quella fredda, e questo significa che lo scioglimento dello zucchero è dominato da una riduzione di energia. Nell'auto-assemblaggio del collagene, invece, l'aumento della temperatura *rallenta* la reazione. Durante la formazione del collagene, infatti, l'energia totale (E) *aumenta* man mano che le singole unità di collagene si uniscono a formare le fibre. I processi in cui l'energia del sistema aumenta dovrebbero essere sfavoriti. Al tempo stesso, però, aumenta anche l'entropia (S), compensando più che ampiamente lo svantaggio indotto dall'aumento di energia e portando a una riduzione complessiva dell'energia libera ($F = E - TS$), dato che il termine entropico (TS) va sottratto dall'energia.

La biologia offre molti esempi di processi di auto-assemblaggio governati dall'entropia: oltre a quello del collagene, dell'actina e dei microtubuli, ricordiamo anche quello dei virus e dei flagelli dei batteri. Tutti questi esempi dimostrano che si può creare ordine anche se si aumenta l'entropia. Come abbiamo già detto, accade spesso che l'entropia sia confusa con il disordine. Be', in effetti *è* un tipo di disordine, ma ciò che ci sfugge in una descrizione così semplicistica è il fatto che alla creazione di disordine in una parte del sistema può corrispondere la creazione di ordine in un'altra parte. Chiedetelo a un fiocco di neve.

Odi et amo

Il sapone, i detergenti e i lipidi sono tutti esempi di molecole lineari composte da una testa idrofila e una coda idrofoba. Ma che cos'è che rende idrofoba o idrofila una molecola?

Sappiamo che l'acqua e l'olio non si mescolano (a meno che non aggiungiate le uova). Perché? L'acqua è un liquido speciale, molto diverso da tutti gli altri liquidi dell'universo. Rispetto ai liquidi con una struttura molecolare simile, ad esempio, l'acqua deve essere riscaldata a temperature molto più alte per fondere o per bollire. Inoltre, possiede una caratteristica curiosa: la sua forma solida (il ghiaccio) è più leggera di quella liquida. È per questo che i cubetti di ghiaccio galleggiano nella vostra bibita anziché affondare. La maggior parte delle sostanze esibisce il comportamento contrario: il liquido è più leggero del solido. Tutte queste strane proprietà del nostro liquido preferito sono dovute essenzialmente ai legami idrogeno. Gli atomi di idrogeno delle molecole d'acqua si legano fortemente agli atomi di idrogeno delle molecole adiacenti, formando «ponti» tra le molecole. Nell'acqua allo stato liquido i legami idrogeno sono più forti di quanto ci si aspetterebbe, ed è per questo che l'acqua non evapora con la stessa facilità degli altri liquidi.

I legami idrogeno sono possibili perché in ogni molecola d'acqua – composta, lo ricordiamo, da un atomo di ossigeno e due di idrogeno – l'ossigeno «ruba» gli elettroni dell'idrogeno. Restano così due ioni idrogeno carichi positivamente, mentre l'atomo di ossigeno, con due elettroni in eccesso, è carico negativamente. Quando due molecole d'acqua vengono a contatto, l'idrogeno carico positivamente di una delle due molecole è attratto dall'ossigeno carico negativamente dell'altra molecola. Nell'acqua allo stato liquido i legami idrogeno si formano e si spezzano in continuazione, con frequenza molto alta. Le coppie che si formano sono a dir poco effimere, eppure sono decisive per la stabilità del liquido, poiché ne aumentano la temperatura di ebollizione. Nel ghiaccio, i legami idrogeno sono sostanzialmente permanenti, e sono *direzionali*: significa che nel ghiaccio le molecole d'acqua possono formare legami idrogeno solo se sono disposte in un certo modo. Tale disposizione lascia nella struttura del ghiaccio una serie di vuoti di dimensioni paragonabili a quelle di una molecola, rendendo la struttura meno densa dell'acqua, per cui il ghiaccio galleggia sull'acqua.

Anche altri tipi di molecole possono formare legami idrogeno con l'acqua, a patto che abbiano qualche regione carica negativamente. Tra queste troviamo molti acidi, zuccheri e alcoli (per fortuna: sarebbe un peccato se l'alcool e l'acqua non si mescolassero). Ci sono poi molecole che pur non formando legami idrogeno si trovano a proprio agio nell'acqua perché riescono a redistribuire le loro cariche in modo da circondarsi di molecole d'acqua. Gli ioni si comportano così, il che spiega perché il sale si scioglie nell'acqua. Gli oli non possiedono cariche: sono un branco di molecole neutre, motivo per cui l'acqua non può formare legami idrogeno con l'olio, che non ha nessuna carica da redistribuire. L'olio è un guastafeste molecolare, decisamente poco socievole. Se lo mettete nell'acqua, le molecole d'acqua formano una specie di gabbia intorno alle molecole d'olio che cercano di intrufolarsi, nel tentativo di aumentare il numero di legami idrogeno tra molecole dello stesso tipo. La gabbia induce ordine nelle molecole d'acqua, diminuendone l'entropia. La diminuzione dell'entropia porta a un aumento dell'energia libera, che non è una bella cosa. Il tentativo di mescolare l'olio con l'acqua ha quindi un prezzo (entropico) alto. Che cosa resta da fare a una molecola d'olio? Uscire dall'acqua e andare alla ricerca delle proprie simili. In breve tempo le molecole d'olio formano goccioline che finiscono per fondersi tra loro e uscire dall'acqua tutte insieme. L'olio e l'acqua non si mescolano.

La forza idrofobica, responsabile della separazione tra olio e acqua, è dunque un altro esempio di forza entropica. Nel separare l'olio dall'acqua, la forza idrofobica spinge con decisione le molecole d'olio ad avvicinarsi tra loro e unirsi. Quando si trovano nell'acqua, le molecole idrofobe si attraggono a vicenda e questo è un meccanismo importante ai fini dell'auto-assemblaggio. Un esempio gustoso? Il formaggio. Si può fare il formaggio aggiungendo al latte un po' di sale o un acido, oppure, con un approccio più moderno, una certa quantità di rennina. I vari metodi portano essenzialmente allo stesso risultato: ciò che cambia è la spiegazione fisica. Circa l'80 per cento del contenuto proteico del latte di vacca è composto da caseina, una proteina contenente fosforo. Le molecole di caseina sono idrofobiche, ma sono anche cariche negativamente. La loro natura idrofobica implica che se riescono ad avvicinarsi abbastanza le une alle altre, la forza idrofobica le porterà ad aderire. La carica negativa, tuttavia, tende a separarle. Ed ecco che entra in scena il formaggiaio. L'aggiunta di sale arricchisce il latte di ioni positivi e negativi. Gli ioni positivi si affollano intorno alle molecole di caseina e ne schermano la carica negativa. A questo punto le molecole di caseina possono avvicinarsi e cominciare a unirsi, dando origine al formaggio.

E l'acido? L'acido aumenta la concentrazione degli ioni idrogeno nel latte, cambiandone il pH. Gli ioni idrogeno, carichi positivamente, aderiscono alla caseina e la neutralizzano. Anche in questo caso le molecole di caseina possono cominciare a unirsi e si ottiene il formaggio.

L'aggiunta di sale o di acido, naturalmente, influenza il gusto del formaggio, rendendolo salato o acido. A volte si tratta di un effetto indesiderato ed è qui che entra in gioco la rennina. Si tratta di un enzima, una proteina che promuove una particolare reazione in cui viene rimossa la componente carica della caseina. Private della loro parte carica elettricamente, le molecole di caseina vengono rapidamente spinte a unirsi dalla forza idrofobica.

L'importanza della forza idrofobica non si limita alla cucina. Le forze idrofobiche sono fondamentali per plasmare quelle stesse molecole che ci permettono di vivere, come vedremo nella sezione seguente.

Origami molecolare

Un esempio di processo di auto-assemblaggio molecolare la cui riuscita è una questione di vita o di morte è l'acquisizione della conformazione spaziale attiva (il cosiddetto *folding*, letteralmente «ripiegamento») da parte delle grandi molecole biologiche, in particolare le proteine. Le proteine sono formate da una lunga catena di unità chimiche, gli aminoacidi, che si susseguono come perle in una collana (fig. 4.3). Sulla Terra, tutte le proteine presenti negli organismi viventi utilizzano solo venti aminoacidi distinti (in teoria se ne potrebbero usare molti di più, ma la natura ha deciso di servirsi solo di quei venti). La sequenza specifica degli aminoacidi che compongono ogni proteina è codificata nel DNA della cellula. Ogni aminoacido ha le sue particolari affinità, per via della forza idrofobica. È la loro tendenza ad attrarre o a respingere che determina la particolare conformazione spaziale di una proteina. Basta che una proteina si ripieghi su se stessa nel modo sbagliato e potete ritrovarvi malati di Alzheimer, di morbo della mucca pazza o di fibrosi cistica, tanto per fare qualche esempio di malattie in cui alcune proteine assumono forme non funzionali o addirittura

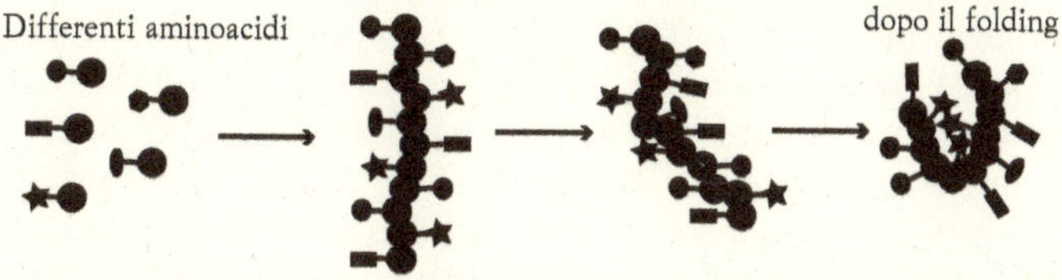

Figura 4.3
Gli aminoacidi sono molecole che possiedono la stessa struttura centrale ma catene laterali differenti. Le varie strutture centrali possono legarsi tra loro mediante legami peptidici e formare una catena proteica. La tempesta molecolare scuote la catena fino a ripiegarla in una struttura stabile in cui le catene laterali idrofobe (stelle) si trovano al centro mentre quelle idrofile si trovano all'esterno.

nocive a causa di una mutazione o di qualche altra ragione ancora sconosciuta.

Come fa una proteina a trovare la forma ottimale? Quando viene prodotta dagli ingranaggi molecolari della cellula, la proteina si presenta come una lunga collana lineare di aminoacidi. Alcune delle perle finiranno per legarsi tra di loro, ma inizialmente la collana si agiterà senza un obiettivo, sballottata dalla tempesta molecolare e dal bombardamento delle molecole d'acqua (fig. 4.3). Una molecola non «sa» come piegarsi su se stessa: per trovare la sua forma ideale deve procedere per tentativi casuali.

Anche una proteina di piccole dimensioni può piegarsi in una quantità di modi ben più grande del numero totale di atomi presenti nel nostro universo. L'energia della proteina dipende dal modo in cui si ripiega su se stessa la catena di aminoacidi e dai contatti che si formano tra questi. Se misurassimo le pieghe della catena (assegnando un angolo a ogni suo elemento) potremmo calcolare l'energia della proteina per ogni sua forma possibile. Alcune forme corrispondono a un'energia maggiore, altre a un'energia minore. La maggior parte degli aminoacidi si lega in modo tale da assumere la forma che corrisponde alla minima energia. Nella configurazione di minima energia, come si può vedere dalla figura 4.3, gli aminoacidi idrofobi sono al sicuro all'interno dell'avvolgimento proteico, mentre le componenti idrofile restano all'esterno.

Immaginate una mappa che rappresenta l'energia di tutte le forme possibili di una proteina. Le coordinate della mappa (Nord, Ovest, Sud e Est) rappresentano gli angoli degli anelli della catena; a ogni coordinata, l'altezza topografica rappresenta l'energia corrispondente. Il risultato è quello che i fisici chiamano «paesaggio energetico» della proteina. La figura 4.4 mostra le forme possibili di una piccola catena proteica insieme all'energia corrispondente per ogni forma, rappresentata dall'altezza relativamente al resto del paesaggio. La proteina raffigurata ha solo quattro elementi, mentre le proteine reali sono formate da migliaia di aminoacidi e sono associate a paesaggi energetici incredibilmente complicati. I diversi componenti della proteina sono scossi qua e là dalla tempesta molecolare, che modifica senza sosta la forma della struttura. I cambiamenti di forma sono rappresentati dalla traiettoria bianca che attraversa il paesaggio. Ogni punto della traiettoria corrisponde a una forma particolare della proteina (nella figura ne sono rappresentati alcuni esempi).

A volte la tempesta molecolare spinge la proteina ad assumere una forma scomoda, associata a un'energia elevata (che nel paesaggio corrisponde a una collina); ben presto, però, la proteina si rilassa, scendendo dalla collina verso una configurazione più comoda. Quando la forma si avvicina a quella ottimale, l'energia della proteina diminuisce, precipitando nell'imbuto energetico visibile nella figura. L'ulteriore riduzione dell'energia spinge la proteina sul fondo dell'imbuto, dove assume la configurazione di minima energia che corrisponde alla forma finale, quella ottimale.

La successione delle forme assunte dalla proteina man mano che la tempesta molecolare la sballotta di qua e di là può essere rappresentata come una traiettoria contorta che attraversa il paesaggio (astratto) energetico (la traiettoria bianca della figura 4.4). I fisici parlano di diffusione attraverso il paesaggio energetico (diffusione, in questo caso, significa moto casuale). Se non ci fosse la tempesta molecolare, la proteina resterebbe bloccata in una forma fissa e non troverebbe mai la configurazione ottimale per rendere minima la sua energia libera. La diffusione attraverso il paesaggio energetico è una ricerca che si

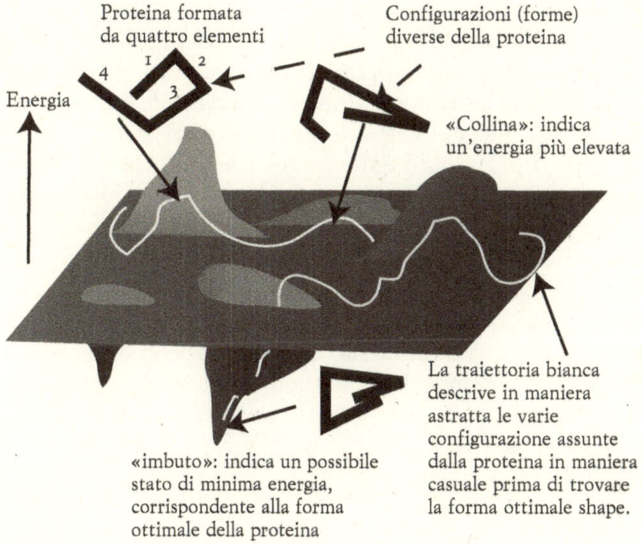

Figura 4.4
Il paesaggio energetico del ripiegamento di una proteina.

conclude quando la proteina trova la sua forma ottimale di minima energia. È la forma ottimale della proteina a determinarne la funzione. Senza la sua conformazione tridimensionale, la proteina non è niente. La particolare sequenza di aminoacidi che costituisce la proteina ha un senso solo se può determinarne la conformazione tridimensionale.

Per alcune proteine la ricerca della forma ottimale rischierebbe di durare troppo a lungo. Per loro, la vita ha inventato proteine più piccole, i cosiddetti «chaperon» che guidano la molecola più grande verso la forma giusta. Queste *chaperonine* funzionano come modello locale per preformare alcune parti della proteina e aiutarla così ad attraversare più rapidamente il paesaggio energetico.

Il ripiegamento proteico è forse l'esempio migliore di come le leggi fisiche, il caso e l'informazione – fornita dall'evoluzione – collaborino per creare la complessità della vita. La sequenza di aminoacidi di una proteina è determinata dal DNA della cellula. Le informazioni contenute nel codice genetico sono il frutto di miliardi di anni di evoluzione. Nel nostro DNA, però, le *uniche* istruzioni presenti riguardano la sequenza degli aminoacidi, non la forma tridimensionale finale della proteina, che è invece conseguenza del paesaggio energetico; questo, a sua volta, è determinato dalle forze fisiche (forze idrofobiche, forze elettrostatiche, energie di ripiegamento ecc.) che agiscono su ogni specifica sequenza di aminoacidi. La forma della proteina, infine, dipende anche dalle condizione esterne (pH, temperatura, concentrazione ionica). Pertanto una gran parte dell'informazione necessaria alla produzione di una proteina non è contenuta nel DNA ma nelle leggi fisiche che governano le interazioni tra le cariche, la termodinamica e la meccanica. Il *caso*, per concludere, è necessario per far sì che la catena di aminoacidi si muova nello spazio delle forme possibili per trovare la forma ottimale.

L'enigma di Schrödinger

Erwin Schrödinger si chiedeva come facessero le molecole della vita, soprattutto il DNA, a rimanere stabili sotto i colpi della tempesta molecolare. La sua ipotesi era che la stabilità derivasse da legami chimici forti. Non aveva tutti i torti – esistono legami chimici forti lungo la struttura centrale del DNA e delle proteine –, ma non aveva colto l'elemento più interessante: la struttura funzionale delle grandi molecole contenute nelle cellule non dipende da pochi legami forti, ma da un gran numero di legami relativamente deboli. Si tratta per lo più di legami idrogeno, ma anche di interazioni idrofobiche e dei cosiddetti «ponti disolfuro» (legami tra gli atomi di zolfo presenti in alcuni aminoacidi). Ma se le conformazioni ottimali di una proteina o di un filamento di DNA sono tenute insieme da legami deboli, com'è possibile che tali strutture siano così stabili?

Se tutti i legami delle molecole degli organismi viventi fossero troppo forti, non ci sarebbe movimento e non ci sarebbe cambiamento. Se fossero troppo deboli, non ci sarebbe stabilità. Il trucco sta nel trovare la via di mezzo tra la stabilità e la flessibilità. Se le cose sono troppo stabili non possono funzionare: provate a immaginare un'automobile con le ruote di piombo. Lo stesso accade se sono troppo flessibili e fragili. La soluzione trovata dalla vita consiste nel far fruttare la cooperazione di un gran numero di legami. Come abbiamo visto, molti legami deboli, cooperando, rendono una molecola molto forte, anche se il singolo legame può spezzarsi facilmente, facilitando le riconfigurazioni in caso di necessità.

Come fanno i legami a cooperare? Nell'esempio della micella abbiamo visto che le molecole agiscono cooperando per formare una struttura più grande. Se sostituiamo il termine *molecola* con *legame* la situazione è la stessa. Quando si forma una molecola di DNA, i due filamenti sono uniti da un gran numero di legami idrogeno. A temperatura ambiente un singolo legame idrogeno può spezzarsi facilmente. La vita media di un legame idrogeno in acqua a temperatura ambiente è dell'ordine del picosecondo (cioè di un millesimo di miliardesimo di secondo). Nel caso di molti legami idrogeno che lavorano insieme, però, la separazione spontanea di due filamenti di DNA richiederebbe la rottura *cooperativa* simultanea di un gran numero di legami, un evento che non accade spontaneamente. In una molecola di DNA si può avere la rottura temporanea di singoli legami, che si riformeranno rapidamente, obbligati dalla presenza dei legami vicini, che garantiscono la stabilità della molecola nel suo complesso. Nelle cellule viventi, quando una molecola di DNA non è utilizzata mantiene la sua struttura a doppia elica, ma quando occorre leggere l'informazione contenuta nel suo codice, la doppia elica deve essere aperta. L'operazione è effettuata da proteine specializzate, che agevolano su scala locale la rottura di un certo numero di legami idrogeno per poi aprire il DNA come una cerniera lampo, solo dove è necessario, e infine richiuderlo (per maggiori dettagli si veda il settimo capitolo).

Un altro contributo importante alla stabilità del DNA è quello degli enzimi di riparazione. Se, per qualche ragione, una parte della molecola di DNA si rompe, gli enzimi di riparazione riparano il guasto utilizzando una sezione adiacente rimasta intatta come «stampo» chimico per riparare la parte danneggiata. La stabilità del DNA, quindi, è il risultato della cooperazione dei legami, della complementarità dei due filamenti e dei meccanismi cellulari di riparazione.

La situazione delle proteine è analoga. La stabilità della forma di una proteina è garantita dalla cooperazione tra i legami idrofobi, idrogeno e disolfuro. La particolare sequenza di aminoacidi di una proteina è stata selezionata dall'evoluzione in modo tale che la proteina sia abbastanza flessibile da poter compiere il proprio lavoro (vedremo nei prossimi capitoli di che lavoro si tratta) mantenendo la propria forma complessiva. Se una proteina perde la propria forma, la cellula la scarta e ne ricicla rapidamente i costituenti.

L'insorgenza di scale temporali estese: come obbligare le molecole d'acqua a cooperare

Quando molte entità interagiscono tra di loro, la cooperazione è quasi inevitabile. L'ho scoperto di persona insieme ai miei studenti, studiando il comportamento di liquidi semplici – olio o acqua – ridotti a uno spessore di pochi nanometri. Mentre i solidi cristallini hanno un ordine a lungo raggio (gli atomi sono disposti secondo uno schema ordinato che si ripete su grandi distanze in tutto il cristallo), i liquidi possiedono un ordine a corto raggio. Se poteste mettervi al posto di una molecola d'acqua in un bacino pieno d'acqua allo stato liquido, vedreste le molecole immediatamente adiacenti a una distanza media di 0,25 nanometri (nm). Queste molecole non sarebbero immobili, ma mediamente sareste circondati da una nube di molecole d'acqua distanti 0,25 nm. Andando oltre, i vicini dello strato successivo percepirebbero la presenza dei vostri vicini, e voi vedreste un eccesso di molecole a una distanza media di 2 × 0,25 nm = 0,5 nm. Il moto incessante di tutte le molecole, però, darebbe a quelle più distanti di 0,5 nm una distribuzione un po' meno localizzata di quelle distanti 0,25 nm. Proseguendo ulteriormente, troveremmo un eccesso ancora meno localizzato a 0,75 nm, e così via, fino a una distanza di cinque o sei diametri molecolari, dove il moto termico avrà cancellato qualsiasi parvenza di ordine e le molecole d'acqua finiranno col trovarsi con qualsiasi probabilità a qualsiasi distanza.

Nel mio laboratorio studiamo l'ordine a corto raggio dei liquidi utilizzando un metodo alternativo. Quando i liquidi incontrano una superficie solida si dispongono per strati molecolari. Il primo strato, quello più vicino alla superficie solida, è ben definito. La probabilità di trovare una molecola d'acqua a 0,25 nm dalla superficie è elevata. Il secondo strato è un po' più diffuso, e man mano che ci allontaniamo dalla superficie gli strati diventano sempre più indefiniti, finché, più o meno dopo cinque o sei strati, l'ordine scompare, come si è detto poco fa. Si può misurare la stratificazione con un AFM. Nel nostro laboratorio immergiamo la microleva e la punta della sonda dell'AFM nell'acqua, poi muoviamo lentamente la punta verso la superficie. Per misurare la risposta dell'acqua che si frappone tra il microscopio e la superficie, facciamo oscillare la punta con una certa ampiezza (dove per ampiezza si intende l'estensione spaziale del moto oscillatorio), di meno di 0,1 nm, pari al diametro di un singolo atomo di idrogeno. Monitorando le lievi variazioni dell'ampiezza di oscillazione della punta man mano che questa penetra negli strati d'acqua, possiamo misurare il grado di «elasticità» (o di «rigidità», come preferiamo chiamarla noi), vale a dire la capacità dell'acqua di respingere la punta della sonda quando questa viene premuta contro il liquido. La rigidità oscilla con un periodo di 0,25 nm – la dimensione delle molecole d'acqua – a dimostrazione della granulosità molecolare del liquido. La figura 4.5 mostra una misura di questo tipo.

Nel 2006, il mio post-doc Shiva Patil e il mio dottorando George Matei stavano effettuando una misura di questo genere su un olio di silicone, l'octametilciclotetrasilossano (OMCTS). Le molecole di OMCTS sono grandi (per un nanoscienziato): il loro diametro è dell'ordine di 1 nm. Oltre alla rigidità, i ragazzi volevano misurare anche lo smorzamento indotto dagli strati di liquido. La rigidità ci dice in che misura gli strati di liquido ritornano alla forma iniziale (cioè quanta energia immagazzinano), mentre lo smorzamento ci dice quanta energia va persa nella spinta esercitata sugli strati del liquido. Dalle misure risultò che anche lo smorzamento oscillava al variare della distanza tra la punta e la superficie, e che il periodo di oscillazione era lo stesso riscontrato per la rigidità. Analizzando i dati, Shiva notò qualcosa di strano: le fluttuazioni dello smorzamento non erano sempre in linea con le fluttuazioni della rigidità. Talvolta i picchi di smorzamento coincidevano con i picchi in rigidità, ma in altri casi erano in opposizione di fase: a un picco nello smorzamento corrispondeva un avvallamento nella rigidità. In che cosa differivano le misure? Controllammo tutto: concentrazione ionica, purezza del liquido, eventuali problemi degli strumenti. Dopo due settimane, Shiva scoprì che ciò che distingueva le due misure era la velocità con la quale la punta si avvicinava alla superficie. Eppure le misure venivano effettuate muovendola così lentamente – la massima velocità utilizzata era di 1,2 nanometri al secondo – che il suo valore non avrebbe dovuto avere alcuna importanza. A velocità così basse, la punta impiegava quasi un secondo ad attraversare uno strato di molecole, e per le molecole di un liquido a temperatura ambiente, un secondo è come dire un'eternità: il moto termico è molto, molto più veloce. Ciononostante, scoprimmo che passando da 0,4 a 0,6 nanometri al secondo accadeva qualcosa di incredibile. Alle velocità più basse, la rigidità e lo smorzamento oscillavano insieme. Voleva dire che il liquido si comportava come un liquido: man mano che la punta avanzava, il suo spessore fluttuava tra valori più bassi e valori più alti. Al di là di una certa velocità, però, il liquido assumeva uno stato nuovo: diventava elastico come una molla, e le perdite di energia si riducevano in modo drastico. Normalmente sono i solidi che si comportano così. In seguito, abbiamo riscontrato lo stesso effetto nell'acqua allo stato liquido, anche se per osservarlo abbiamo dovuto muoverci un po' più velocemente. Fino a 0,8 nanometri al secondo l'acqua si comporta ancora come un liquido, mentre al di là di quella soglia comincia a comportarsi come un solido. La transizione tra i due stati del liquido è repentina: al di sotto del valore critico, il comportamento è sempre quello di un liquido, ma nell'arco di un piccolissimo inter-

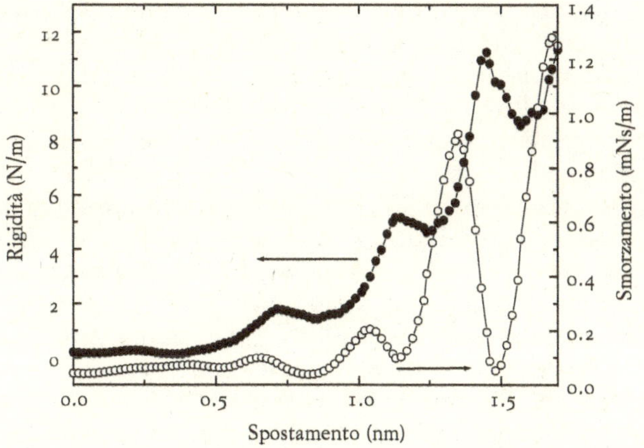

Figura 4.5
Misura della rigidità e dello smorzamento in strati d'acqua spessi poche molecole, ottenuta con un AFM. Ogni picco della rigidità (cerchi neri) corrisponde allo spessore dell'acqua tra la punta dell'AFM e una superficie piatta che contiene un numero intero (1, 2, 3...) di molecole d'acqua. Il fatto che i picchi di rigidità e quelli di smorzamento (cerchi chiari) non sono allineati significa che lo strato d'acqua spesso appena poche molecole ha risposto alla pressione della punta dell'AFM come un solido.

vallo di velocità si passa a una risposta assolutamente paragonabile a quella di un solido.

Con quantità macroscopiche di liquido (cioè non confinate in spazi nanometrici) accade la stessa cosa, ma a velocità molto più alte. Noi avevamo scoperto che su scala nanometrica si verificava un cambiamento radicale a velocità bassissime. Come mai? In un liquido, le molecole si muovono a velocità incredibilmente elevate, molto più alte di quella della punta del nostro AFM. In teoria le molecole avrebbero tutto il tempo per adattarsi alla punta in avvicinamento, facendo sì che il liquido resti tale. La risposta? Sono sicuro che avete indovinato: la cooperazione. Quando l'acqua si ritrova ridotta a uno spessore di pochi strati molecolari tra la superficie solida e la punta dell'AFM, all'avvicinarsi dello strumento le molecole non riescono a spostarsi facilmente. Il confinamento toglie alle molecole la libertà di movimento di cui normalmente godono in un volume macroscopico. Quando sono prigioniere delle nanoscale, le molecole devono muoversi di concerto, e in gran numero, per creare lo spazio in cui far passare la punta del microscopio: in altre parole, le molecole d'acqua devono cooperare per togliersi di mezzo. L'aspetto realmente incredibile dei risultati che abbiamo ottenuto è che le molecole d'acqua impiegano un tempo incredibilmente lungo – dell'ordine di qualche secondo – prima di finire *casualmente* per muoversi in maniera coordinata e creare un passaggio. Stiamo parlando di tempi un milione di miliardi più lunghi del tempo medio tra le collisioni delle molecole tra loro. Un calcolo approssimativo indica che per arrivare a una scala temporale così lunga è sufficiente che il moto collaborativo riguardi un numero di molecole compreso tra trenta e quaranta: nemmeno tante, dopo tutto. La cooperazione non causa solamente transizioni brusche, ma anche variazioni importanti delle scale temporali, facendo sì che persino un processo molecolare possa durare secondi o addirittura minuti.

Interruttori molecolari

Quando una popolazione di molecole anfifiliche – come lipidi o detergenti – raggiunge una concentrazione critica, si assiste alla formazione improvvisa di micelle. La conseguenza è una brusca variazione della pressione osmotica. I nostri esperimenti sull'acqua confinata avevano mostrato una transizione rapida da un comportamento «liquido» a uno «solido» in risposta a una variazione modesta della velocità di compressione. Quando, in corrispondenza di valori critici di determinati parametri di controllo (la concentrazione nel caso delle micelle, la velocità nel caso dell'acqua confinata), si osserva un cambiamento brusco nelle proprietà di un sistema, siamo sicuramente in presenza di un comportamento cooperativo.

Il comportamento cooperativo non si limita alla biologia molecolare. È un aspetto onnipresente, benché sottovalutato, del mondo in cui viviamo. Secondo alcuni economisti, ad esempio, la crisi finanziaria del 2008, e altre prima di questa –

come la Grande Depressione degli anni trenta del Novecento – furono provocate da un fallimento cooperativo del sistema bancario. Ecco come funziona: il tasso di fallimento delle banche è abitualmente basso. Finché le cose restano così, il sistema finanziario è, nel complesso, relativamente stabile. Se però i fallimenti si ripetono con una velocità superiore a una certa soglia critica, l'interconnessione (cooperazione) tra le banche fa sprofondare nel baratro l'intero sistema. E così, quella che sembrava solo un'altra fluttuazione (anche se più ampia) del mercato finanziario, conduce improvvisamente a un cambiamento rapido e radicale. La cooperazione funziona così.

Dalla cooperazione allo *switching* (letteralmente, «commutazione») il passo è breve. Ieri andava tutto bene; oggi l'economia è crollata. Un secondo fa le molecole lipidiche fluttuavano allegramente, e all'improvviso si aggregano in micelle facendo crollare la pressione osmotica. L'acqua si comporta come un liquido, ma se la si comprime con una velocità superiore a una certa soglia a un tratto rimbalza come se fosse gomma. Un'elica di DNA è in perfetta forma, ma se viene riscaldata all'improvviso si scinde catastroficamente come una cerniera lampo. La faglia di San Andreas era tranquilla fino a un'ora fa, e adesso sembra che sia scoppiata la fine del mondo. Non bisogna sottovalutare la cooperazione!

La cooperazione, a dispetto degli esempi negativi dei suoi effetti, ha un'importanza fondamentale per il funzionamento delle cellule degli esseri viventi. La variazione della forma di una molecola dipende dalla cooperazione di un gran numero di legami; il cambiamento, spesso improvviso e drammatico, può essere indotto da una variazione esterna relativamente piccola. Un comportamento del genere permette la realizzazione di *interruttori molecolari*, molecole che possono subire grandi cambiamenti in risposta a piccole cause, come il legame con una piccola molecola. Ciò rende possibile, a sua volta, la creazione di *circuiti molecolari* che controllano l'attività all'interno di una cellula. In elettronica, un transistor è un elemento che permette di controllare una corrente di intensità elevata attraverso piccole variazioni di tensione. I transistor sono gli interruttori elettronici alla base dei dispositivi elettronici moderni, dalle radio ai computer. Analogamente, gli interruttori molecolari presenti in una cellula sono le unità di controllo che consentono alla struttura di funzionare. Un interruttore molecolare si basa sul principio della cooperazione, che è a sua volta possibile grazie all'utilizzo di un gran numero di legami deboli, alcuni dei quali di origine entropica.

Tutte le energie sono create uguali, almeno alle nanoscale

Il moto termico, le forze entropiche e la cooperazione – caratteristiche bizzarre dei sistemi nanoscopici – sono importanti per capire i meccanismi molecolari della vita. Le nanoscale possiedono un'altra proprietà davvero incredibile, che costituisce *la* chiave per capire l'origine dell'attività coordinata delle cellule. Stiamo parlando di una proprietà legata alle modalità di trasformazione dell'energia da una forma a un'altra. Una delle caratteristiche più stupefacenti degli esseri viventi è la loro capacità di estrarre energia dal cibo per convertirla in movimento attivo. I nostri antenati attribuivano questo potere magico alle forze vitali. La ricerca incessante di spiegazioni fisiche, tuttavia, ha condotto gli scienziati alla scala molecolare. Le proteine, il DNA, l'RNA e le altre macromolecole presenti nelle cellule sembrano essere le unità funzionali fondamentali che permettono alle cellule stesse di funzionare. Alcune di queste molecole devono essere in grado di convertire l'energia da una forma a un'altra; in altre parole, devono comportarsi come *macchine molecolari*.

Le macchine sono dispositivi per convertire l'energia: il motore di un'automobile, ad esempio, converte l'energia chimica in energia cinetica. Se lo mettete in una vasca piena di benzina senza alcun collegamento, però, il motore di un'automobile non si accenderà da solo. Le macchine molecolari delle nostre cellule, invece, fanno proprio questo: prendetene una, per esempio la miosina, portatela fuori dalla cellula, datele un po' di carburante chimico (quello che nelle cellule si chiama ATP) e vedrete che «prenderà vita». Le macchine molecolari sono entità autonome. Com'è possibile, visto che le macchine macroscopiche che conosciamo così bene non ci riescono?

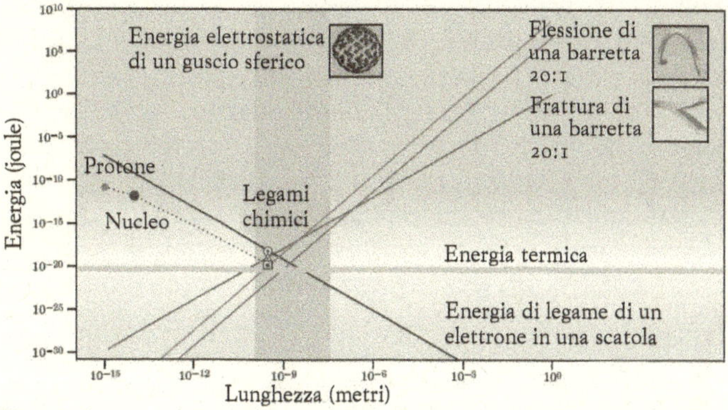

Figura 4.6
L'energia elettrostatica, le energie dei legami chimici e le energie elastiche convergono tutte alle nanoscale (10^{-9} m), dove, a temperatura ambiente (o a quella corporea), incontrano l'energia termica (la tempesta molecolare). La confluenza delle scale di energia alle nanoscale spiega l'auto-assemblaggio e la possibilità di realizzare macchine e dispositivi molecolari per la conversione dell'energia. Riproduzione per gentile concessione da Rob Phillips, Stephen R. Quake, *The Biological Frontier of Physics*, «Physics Today» 59 (maggio 2006), pp. 38-43. © 2006, American Institute of Physics.

La verità è che quando si tratta di passare da una forma di energia all'altra le nanoscale rivelano proprietà molto speciali. Il fatto che *solo* alle nanoscale molte forme di energia – da quella elastica a quella meccanica, dall'energia elettrostatica e chimica a quella termica – abbiano più o meno lo stesso ordine di grandezza è affascinante (fig. 4.6) e apre una possibilità entusiasmante, ovvero che le molecole del nostro corpo siano in grado di convertire *spontaneamente* tra di loro molte forme di energia. Quando le molecole e le particelle di dimensioni nanoscopiche estraggono energia (termica) dalla tempesta molecolare, la utilizzano per convertire (ad esempio) l'energia chimica in energia elettrica e infine la restituiscono al caos circostante; possono subire fluttuazioni energetiche rilevanti. Le strutture più piccole, come gli atomi e i nuclei, hanno invece energie di legame troppo elevate per essere sensibili alle fluttuazioni dell'energia termica, a meno che la temperatura (e quindi l'energia termica) sia estremamente elevata (migliaia o milioni di gradi). A temperature così elevate le molecole sono instabili e la formazione delle strutture complesse necessarie per la vita è impossibile. Su scala molto più grande di un nanometro, invece, le energie meccaniche ed elettriche sono troppo grandi per essere sensibili alle fluttuazione termiche. A tale scala tutto diviene deterministico: gli oggetti non cambiano più forma e non si assemblano più spontaneamente: senza questi due prerequisiti la vita è impossibile.

Le nanoscale, quindi, sono davvero speciali. È solo alle nanoscale che i valori dell'energia termica sono di un ordine di grandezza tale da consentire la formazione di strutture molecolari complesse e favorire la conversione spontanea tra forme di energia differenti. La convergenza delle scale energetiche permette anche l'auto-assemblaggio, l'adattabilità e il movimento spontaneo necessari per costruire un essere vivente. La scala nanoscopica è l'unica in cui le macchine possono lavorare in totale autonomia. In sostanza, per far partire una macchina nanoscopica basta una spintarella, che viene fornita dall'energia termica della tempesta molecolare.

Ma non è forse vero che la tempesta molecolare conduce sempre al caos, come sembrava indicare l'analisi del secondo principio della termodinamica descritta nel terzo capitolo? Se le macchine molecolari delle cellule viventi fossero molecole tradizionali qualsiasi, la risposta sarebbe «sì». Solo che le cose non stanno affatto così. In effetti sono macchine piccole e abili, capaci di estrarre l'ordine dal caos. Come? Scopriamolo.

5.
Il diavolo di Maxwell e il cricchetto di Feynman

> Supponiamo ... che un recipiente sia diviso in due porzioni, A e B, per mezzo di una parete con un piccolo foro, e che un essere in grado di vedere le singole molecole possa aprire e chiudere il foro, in modo da permettere soltanto alle molecole più veloci di passare da A a B e soltanto a quelle più lente di passare da B ad A. In questo modo, senza compiere lavoro, egli innalzerà la temperatura di B e abbasserà quella di A, in contraddizione con il secondo principio della termodinamica.
>
> James Clerk Maxwell, *Teoria del calore*

> Il dito in movimento scrive e, avendo scritto,
> Avanza: tutta la tua pietà o il tuo ingegno
> Non lo indurranno a cancellare mezza riga,
> Né tutte le tue lacrime laveranno mai una sola parola
>
> Omar Khayyam (1048-1131)

James Clerk Maxwell (1831-1879) ha lasciato dietro di sé un'eredità scientifica di tutto rispetto. A lui dobbiamo l'unificazione dell'elettricità e del magnetismo, la scoperta delle onde elettromagnetiche, la spiegazione della natura della luce, la risoluzione dell'enigma degli anelli di Saturno e la formulazione della moderna teoria dei colori. Maxwell, inoltre, ha posto le basi della teoria ingegneristica del controllo ed è stato il cofondatore della meccanica statistica. Per finire, ha inventato un diavolo.

Il libro del fisico scozzese sulla termodinamica e la fisica statistica, *La teoria del calore*, è un capolavoro di chiarezza. Nel descrivere il secondo principio della termodinamica, Maxwell scrive:

Uno dei fatti stabiliti con la massima certezza, in termodinamica, è che in un sistema [chiuso] ... che non consente variazioni di volume o scambio di calore, e nel quale sia la temperatura che la pressione sono ovunque le stesse, è impossibile produrre qualsiasi differenza di temperatura o di pressione senza compiere lavoro. È il secondo principio della termodinamica, ed è indubbiamente vero finché lo applichiamo a corpi macroscopici e non siamo in grado di percepire o manipolare le singole molecole che li compongono.

Le parole di Maxwell definiscono il secondo principio con una chiarezza insuperabile. Il principio proibisce la creazione di differenze di temperatura o di pressione in un mezzo uniforme, a meno che tali differenze non siano prodotte compiendo lavoro. Alla fine della frase, però, Maxwell aggiungeva un avvertimento: finché lo applichiamo a molte molecole («a corpi macroscopici») e non siamo in grado di esaminare ogni singola molecola, il secondo principio è valido. «Ma se immaginiamo che esista un essere dai sensi così acuti da riuscire a seguire la traiettoria di ogni molecola, tale essere, dagli attributi sostanzialmente finiti come i nostri, sarebbe in grado di fare ciò che attualmente ci è precluso». Un essere simile potrebbe violare il secondo principio?

Il diavolo di Maxwell

Il secondo principio fu inventato per spiegare certe limitazioni delle macchine. Era ben noto che nelle macchine a vapore gran parte dell'energia fornita dal carbone non veniva convertita in lavoro meccanico, andando sprecata sotto forma di calore. Tra la fine del XVIII secolo e la metà del XIX, i fisici e gli ingegneri cercarono in ogni modo di aumentare l'efficienza delle macchine. L'efficienza è appunto il rapporto tra l'energia utile generata e l'energia immessa sotto forma di carburante. Il motore di un'automobile, ad esempio, ha un'efficienza dell'ordine del 25 per cento. Ciò significa che solo il 25 per cento della benzina che mettiamo nel serbatoio viene utilizzata per far muovere la macchina o per alimentare i circuiti elettrici: il resto viene perso sotto forma di calore. Esiste un limite all'efficienza delle macchine? È possibile, almeno teoricamente, costruire una macchina con un'efficienza del 100 per cento?

La neonata scienza della termodinamica e la scoperta che il calore era una forma di energia portarono Helmholtz a formulare la legge universale della conservazione dell'energia. Helmholtz dimostrò in maniera convincente che il moto e la crescita di un essere vivente dovevano essere alimentati da un combustibile chimico: il cibo. Sotto questo aspetto, un organismo vivente era simile a una macchina. Come una macchina, convertiva un tipo di energia di alta qualità in movimento e calore, e questo riportava alla stessa domanda: esisteva un limite all'efficienza delle macchine che stanno alla base della vita?

Agli inizi del XX secolo era praticamente assodato che tali macchine operavano su scala molecolare. Che cosa ci serve per capirle, e qual è la relazione tra il loro funzionamento e quello delle macchine macroscopiche della nostra vita di tutti i giorni?

Le macchine macroscopiche – i motori delle automobili, le centrali elettriche ecc. – sfruttano i *gradienti*, cioè le differenze di temperatura o di pressione, per convertire in movimento il combustibile. Il primo a fare questa importante osservazione fu un giovane ingegnere dell'esercito francese, Sadi Carnot (1796-1832), nel 1824. Carnot pose le basi della termodinamica moderna notando che l'efficienza di una macchina non avrebbe mai potuto raggiungere il 100 per cento, nemmeno in teoria, e che il limite era fissato dal gradiente di temperatura utilizzato. In altre parole, per aumentare l'efficienza di una macchina bisognava che il fuoco fosse ancora più caldo e che l'ambiente circostante fosse ancora più freddo. Quando la temperatura all'interno di una macchina si avvicina a quella dell'ambiente esterno, la macchina non può più compiere lavoro e la sua efficienza crolla a zero. Ci ritroviamo così nella situazione descritta da Maxwell nella sua definizione del secondo principio.

Nelle cellule degli esseri viventi temperatura e pressione sono uniformi: non esistono camere di combustione o serbatoi sotto pressione. Non ci sono gradienti di temperatura né di pressione. Secondo Carnot, nessuna macchina potrebbe mai funzionare nel nostro corpo. Il secondo principio della termodinamica ci permette di estrarre lavoro da un gradiente; il prezzo da pagare è la dispersione di calore e il livellamento del gradiente. Il risultato è l'equilibrio, uno stato di temperatura e pressione uniformi dal quale non è più possibile estrarre lavoro. Come fanno allora le macchine molecolari a estrarre lavoro dall'ambiente a temperatura uniforme delle cellule senza violare il secondo principio della termodinamica?

Quando, nel XIX secolo, venne formulato il secondo principio, i fisici non erano sicuri che si trattasse di una legge naturale inconfutabile. Ai fisici piace cercare il fondamento delle cose ricorrendo a vari metodi: esperimenti, calcoli, teorici e *Gedankenexperiment*. L'ultimo è un termine tedesco il cui significato letterale è «esperimento mentale»: si tratta di una situazione ipotetica, che può esistere solo nella mente umana e che serve a testare le teorie fisiche in condizioni limite. L'idea è quella di creare un paradosso – una contraddizione tra teorie fisiche diverse – o di vedere fino a che punto si può spingere una teoria, o un risultato sperimentale, su un terreno inaccessibile al mondo reale. Tra gli esperimenti ideali più famosi troviamo il gatto di Schrödinger (che dimostrò l'assurdità di alcune interpretazioni della meccanica quantistica); la deduzione, da parte di Galileo, del carattere costante dell'accelerazione durante la caduta libera, indipendentemente dalla massa dell'oggetto che cade (Galileo non fece mai cadere alcun oggetto dalla Torre di Pisa, e giunse alla sua deduzione osservando il rotolamento di alcune sfere lungo un piano inclinato); la palla di cannone di Newton (grazie al quale fu possibile dimostrare che il moto dei corpi celesti è collegato alla caduta degli oggetti sulla Terra); e per finire, il diavolo di Maxwell, la minuscola creatura capace di trasferire il calore da un corpo freddo a un corpo caldo.

Il diavolo inventato da Maxwell nel 1867 era un'ipotetica, piccolissima creatura messa a guardia di una porticina tra due contenitori pieni di gas, inizialmente alla stessa temperatura media (fig. 5.1). Il diavolo aveva il compito di separare le molecole veloci del gas da quelle lente. Ad esempio, se una molecola veloce si avvicinava alla porta sorvegliata dal diavolo provenendo da destra, lui la lasciava entrare nel contenitore di sinistra; se la molecola era lenta, invece, ne impediva il passaggio. Viceversa, era ben contento di far passare da sinistra a destra le molecole lente ma non quelle veloci. Ben presto il diavolo aveva confinato tutte le molecole veloci nel contenitore di

Figura 5.1
Azionando una botola, il diavolo di Maxwell separa le molecole veloci da quelle lente, facendole entrare rispettivamente nel contenitore di sinistra e in quello di destra. Dopo un po' di tempo riesce a creare una differenza di temperatura tra i contenitori senza compiere alcun lavoro, in apparente violazione del secondo principio.

sinistra e quelle lente a destra. Partendo da un sistema con temperatura uniforme, il diavolo aveva creato un gradiente di temperatura, raffreddando la metà sinistra del sistema e riscaldandone la metà destra (non dimentichiamo che la temperatura di un gas è legata direttamente alla velocità delle molecole del gas). A quel punto si sarebbe potuto sfruttare il gradiente per produrre lavoro, installando una piccola turbina sulla soglia della porta custodita dal diavolo: si sarebbe così riusciti a estrarre lavoro utile da un sistema a temperatura uniforme, in palese contraddizione con il secondo principio. D'altro canto, però, il diavolo molecolare inventato da Maxwell era proprio quello che ci voleva per spiegare il funzionamento delle macchine molecolari! Possibile che le nostre cellule siano piene di diavoletti di Maxwell molecolari? Possibile che i meccanismi alla base della vita violino il secondo principio?

La botola di Smoluchowski

Marian von Smoluchowski (1872-1917) dedicò molto tempo a riflettere sul secondo principio della termodinamica. Appassionato scalatore, il fisico austro-polacco scrisse con fecondità prodigiosa su quasi ogni sorta di argomento, dalle pieghe delle montagne all'erosione glaciale, alla diffusione nei colloidi, al trasferimento del calore nei liquidi. Pubblicò la sua spiegazione del moto browniano quasi contemporaneamente a Einstein, anche se in seguito ammise che la soluzione di quest'ultimo, a differenza della sua, aveva il fattore moltiplicativo corretto.

In uno dei suoi numerosi articoli, *Fenomeni molecolari dimostrabili sperimentalmente e in contraddizione con la termodinamica tradizionale*, pubblicato nel 1912, Smoluchowski analizzava quei particolari stati della materia in cui le fluttuazioni – deviazioni spontanee dal valore medio – di proprietà come la pressione o la densità diventano improvvisamente molto grandi. È ciò che capita ad alcuni gas in prossimità di una trasformazione di fase. Sarebbe stato possibile utilizzare le fluttuazioni per spingere una botola? All'aumentare della pressione, la botola si sarebbe aperta, rimanendo chiusa nel caso di fluttuazioni di senso opposto. La botola di Smoluchowski era una versione automatizzata del diavolo di Maxwell, programmata per lasciar passare solo le molecole ad alta velocità (alta pressione) e respingere quelle a bassa velocità. Numerosi fisici suoi contemporanei vedevano in quei marchingegni ipotetici una fondata obiezione nei confronti del secondo principio. Secondo Smoluchowski si sbagliavano; c'era un problema: la resistenza della botola. Se la botola fosse stata molto debole e facile da aprire avrebbe subito l'influenza del moto termico e si sarebbe aperta a caso in maniera spontanea, lasciando passare indebitamente le molecole lente o facendo tornare le molecole veloci nel volume di quelle lente. Una botola abbastanza resistente da evitare questo problema, d'altro canto, rischiava di non aprirsi mai. E una via di mezzo, allora? La botola sarebbe stata inaffidabile: qualche volta si sarebbe aperta invece di restare chiusa e viceversa. Pur non presentando alcun calcolo rigoroso, in quell'articolo Smoluchowski affermava che una botola del genere non avrebbe mai potuto funzionare. Era impossibile violare il secondo principio con una botola automatica.

Verso la fine dell'articolo, Smoluchowski faceva notare con enfasi che *sarebbe possibile* violare il secondo principio se solo fossimo disposti ad aspettare abbastanza a lungo. Tale possibilità è descritta in maniera affascinante nella serie di racconti scritti dal fisico George Gamow, nei quali il protagonista, l'impiegato di banca Mr. Tompkins, scopre la fisica. In uno dei libri il diavolo di Maxwell fa bollire il cocktail di Mr. Tompkins, spingendo l'amico di quest'ultimo, il «professore», a commentare con entusiasmo la loro grande fortuna: «Nei miliardi di anni che verranno, probabilmente saremo gli unici ad aver mai avuto la possibilità di osservare questo fenomeno straordinario!» Il secondo principio è una legge statistica, che afferma che *per la maggior parte del tempo* (cioè praticamente «sempre») i sistemi tendono verso lo stato più probabile. Se siamo disposti ad aspettare abbastanza a lungo, però, il caso può far accadere strane cose. Potrei vincere un milione alla roulette, o il vostro caffè ormai freddo potrebbe bollire spontaneamente. Prima che accadano queste cose, però, dovremmo aspettare molto, molto a lungo.

Quanto a lungo? Il tempo di attesa dipende dalla probabilità, la quale, a sua volta, dipende dalle dimensioni del sistema. In un sistema di grandi dimensioni, abbastanza grande da essere visibile almeno al microscopio ottico, una violazione del secondo principio non accadrà praticamente mai. Un sistema molto piccolo, invece (una singola molecola, ad esempio) sembra essere in grado di violare il secondo principio abbastanza spesso. Era proprio quello che voleva sottolineare Maxwell inventando il suo diavoletto. Non gli interessava confutare il secondo principio, ma semplicemente dimostrare che esso *emerge* quando si considera un gran numero di molecole. È una legge statistica ed è per questo che di solito non la si applica alle singole molecole.

Smoluchowski continuava osservando che anche se un sistema di piccole dimensioni può violare momentaneamente il secondo principio, non può essere utilizzato per realizzare un dispositivo che si comporti come il diavolo di Maxwell. La ragione è che la violazione del secondo principio avviene casualmente e non *ripetutamente*. Perciò il secondo principio andrebbe riformulato nel modo seguente: non si può estrarre *ripetutamente* energia da un sistema con calore uniforme.

Ma se un evento simile è accaduto una volta, non potrebbe ripetersi? Vediamo perché non è possibile.

Il diavolo e il pulsante di azzeramento

Il diavolo di Maxwell ha fatto dannare i fisici per molto tempo. Maxwell aveva inventato quella creaturina per dimostrare che il secondo principio era solo una legge statistica, ma i fisici finirono per considerarlo come un attacco in piena regola al principio stesso. Il diavolo andava esorcizzato, ne andava dell'orgoglio della categoria.

Furono proposte varie soluzioni. Una di queste, formulata dai fisici Leo Szilard (1898-1964) e Léon Brillouin (1889-1969), affermava che il semplice fatto di misurare la velocità delle molecole implicava necessariamente l'impiego di energia. Ad esempio, il diavolo avrebbe potuto cercare di misurare la velocità delle molecole servendosi di impulsi luminosi, ma non tutta l'energia luminosa sarebbe stata recuperabile. L'energia dissipata avrebbe provocato un aumento dell'entropia maggiore della diminuzione dovuta alla selezione delle molecole. In seguito, tuttavia, gli informatici Rolf Landauer (1927-1999) e Charles Bennett (n. 1943) hanno mostrato che è possibile effettuare una *misura* senza perdita di energia o aumento di entropia. L'aumento di entropia, invece, sarebbe inevitabile nel momento in cui il diavolo cancella la propria memoria a breve termine per far spazio alla misura successiva. Da quest'ultima soluzione del dilemma del diavolo è nato un legame affascinante tra l'entropia e lo stoccaggio dell'informazione, che rappresenta oggi un argomento di scottante attualità.

Il diavoletto di Maxwell mostra perché esiste un collegamento tra entropia e informazione mancante. Come abbiamo visto nel terzo capitolo, la ragione per cui l'entropia di un gas all'equilibrio è alta è che il gas potrebbe essere in molti microstati differenti, tutti compatibili con il macrostato osservato (pressione, temperatura e così via). Ciò che non sappiamo è in quale particolare microstato si trovi il gas in un determinato istante. Il diavolo di Maxwell, invece, sarebbe in grado di *conoscere* il microstato del sistema e quindi, in un certo senso, ridurrebbe l'entropia complessiva per il semplice fatto di disporre di più informazioni (riducendo così la quantità di informazione mancante). Tuttavia, per poterne sapere di più *ripetutamente* sul microstato del gas (che cambia ogni volta che due molecole collidono), il diavoletto dovrebbe cancellare l'informazione obsoleta per fare spazio a quella nuova, riconvertendo la conoscenza in informazione mancante. La cancellazione, secondo Landauer e Bennett, ha un costo energetico. In altre parole, ogni volta che cancellate informazione dissipate energia e aumentate l'entropia.

Ultimamente però è stato osservato che l'aumento di entropia dovuto alla cancellazione dell'informazione ha come presupposto la validità del secondo principio e quindi non può essere utilizzato per dimostrarne la validità, dal momento che si tratterebbe di un ragionamento circolare. Il diavolo di Maxwell, quindi, può continuare a tormentare i sogni dei fisici. Personalmente, ho la sensazione che Landauer e Bennett fossero sulla pista giusta, a prescindere da quale sia la risposta corretta alla diabolica sfida lanciata da Maxwell. Ovviamente, queste creature demoniache non esistono, altrimenti i cocktail bollirebbero spontaneamente come nel racconto di Mr. Tompkins. Tutti i tentativi di realizzare un diavolo sono falliti (ne è la prova la nostra incapacità di costruire una macchina a moto perpetuo). Inoltre, recenti esperimenti basati sulla nanotecnologia hanno confermato l'ipotesi di Landauer che la cancellazione dell'informazione crei entropia.

Nel 2011, alla conferenza della American Physical Society, a Dallas, i fisici Yonggun Jun e John Bechhoefer della Simon University di Burnaby (Canada) hanno riferito i risultati di un esperimento nel quale avevano immagazzinato e cancellato informazione in una sfera di plastica di 200 nanometri sospesa in acqua. Seguendone il movimento con un microscopio, avevano calcolato il calore associato alla cancellazione di un singolo bit di informazione. Un bit è l'unità di informazione: «sì» o «no», «1» o «0». Landauer aveva ipotizzato che alla cancellazione di un bit corrispondesse una quantità minima di energia dissipata, e che tale valore minimo fosse dato dalla formula dell'entropia di Boltzmann moltiplicata per la temperatura alla quale avviene la cancellazione. Jun e Bechhoefer hanno osservato che a volte il calore liberato era inferiore al limite di Landauer, perché ogni tanto le molecole d'acqua aiutavano la sferetta a cambiare stato. L'effetto, però, era casuale: a lungo andare – cioè nel campo statistico – il limite di Landauer era rispettato. L'esperimento ha confermato in maniera brillante ciò che Smoluchowski e Maxwell avevano solo intuito, cioè che il secondo principio *può* essere violato ma non in maniera ripetuta o prevedibile. È una legge statistica.

Reversibilità

Nel 1918 apparve (postumo) un articolo di Smoluchowski intitolato *Sul concetto di caso e sull'origine delle leggi della probabilità in fisica*. Quando l'articolo fu pubblicato, la descrizione cinetica della materia nata dalle ricerche di Maxwell e Boltzmann era ormai una realtà consolidata. Anche quei critici che in passato avevano reso così dura la vita di Boltzmann si erano rassegnati ad accettare l'esistenza degli atomi e delle molecole. Il colpo fatale agli anti-atomisti era stato inferto dai risultati sperimentali di Perrin, che avevano confermato in pieno la teoria di Einstein-Smoluchowski sul moto browniano.

Eppure, solo qualche decina di anni prima, sembrava che Boltzmann stesse combattendo per una causa persa. La teoria cinetica era oggetto di critiche feroci. Una delle obiezioni principali era quella che Manfred Eigen avrebbe poi chiamato «diavolo di Loschmidt». Boltzmann aveva cercato di dimostrare che il secondo principio era una conseguenza diretta del moto degli atomi: in altre parole, che valesse anche nel caso dell'interazione tra pochi atomi. Il ragionamento di Boltzmann era stato il seguente: anche se le molecole si trovavano inizialmente in uno stato a bassa entropia, le collisioni con le altre molecole aumentavano il carattere casuale della loro distribuzione di velocità, accrescendo l'entropia. Tuttavia un amico di Boltzmann, il fisico austriaco Josef Loschmidt (1821-1895), si chiese cosa sarebbe successo se, assumendo che l'ipotesi di Boltzmann fosse corretta, si fosse invertito il tempo. Il diavolo di Loschmidt era una creatura potente, capace di invertire lo scorrere del tempo a suo piacimento. Nel regno degli atomi una collisione obbedisce a tutte le leggi fisiche note, a prescindere dal fatto che il tempo scorra in una direzione o in quella opposta. Immaginate due palle da biliardo: ignorate il giocatore e la stecca, e concentratevi sull'istante in cui le due palle si scontrano. Se lo filmaste e proiettaste la registrazione dall'inizio alla fine oppure in senso inverso nessuno degli spettatori saprebbe dire qual è il verso giusto. Una collisione puramente elastica, come quella tra due molecole, è reversibile rispetto al tempo: in altre parole, non è distinguibile dalla collisione che si osserva riproducendo l'evento dalla fine all'inizio. Ma allora com'è possibile che dalla meccanica *reversibile* delle molecole emerga una legge *irreversibile* come il secondo principio della termodinamica?

La risposta al dilemma tocca due aspetti. Anzitutto, affinché le molecole vadano verso una distribuzione di velocità più probabile, la loro distribuzione iniziale deve essere meno probabile. Per vedere il secondo principio in azione, quindi, dobbiamo assumere che la distribuzione di velocità iniziale fosse improbabile, e l'entropia bassa. A quel punto le collisioni rimescolano tutto, portando il sistema verso una distribuzione più probabile e aumentandone l'entropia. L'irreversibilità, quindi, deriva dal fatto che il sistema iniziale non era in equilibrio, cioè non era in uno stato di massima entropia. Questo ha conseguenze per l'intero universo in cui viviamo: se esiste qualcosa come la freccia del tempo, che punta dal passato al futuro, è solo perché l'universo è nato in uno stato a bassissima entropia. Da allora le stelle, le galassie, i pianeti e gli esseri viventi hanno tratto il proprio sostentamento proprio da quella bassa entropia.

La seconda parte della risposta alla domanda su come l'irreversibilità possa emergere dalla meccanica reversibile delle particelle è che il sistema deve essere abbastanza grande – deve contenere un numero sufficiente di molecole – da consentire alle collisioni di rimescolarne la configurazione. Questo perché i componenti di un sistema di grandi dimensioni si muovono in maniera sostanzialmente indipendente e il caos molecolare regna sovrano. Ma se è così, cosa accade allora nei sistemi più piccoli?

Verso la fine degli anni novanta un fisico nucleare di Los Alamos, Christopher Jarzynski, derivò un'uguaglianza che elettrizzò la comunità dei fisici, in modo particolare quelli che si occupavano dei sistemi molecolari di piccole dimensioni. L'uguaglianza di Jarzynski quantificava la frequenza con la quale i sistemi violavano il secondo principio. Come abbiamo visto, i microsistemi possono violare il secondo principio in maniera casuale, ed è per questo che, a rigor di logica, non dovremmo applicare a essi il secondo principio. Fatta salva questa avvertenza, con che frequenza una molecola viola il secondo principio, e con quali conseguenze?

Il secondo principio ci dice che ogni forma di moto direzionale di un sistema incontrerà sempre la resistenza dell'attrito. L'attrito è l'effetto della sottrazione di energia da un moto non casuale ad opera di un gran numero di molecole che si muovono in modo casuale. Ora, immaginiamo che uno studente liceale particolarmente bravo abbia appena imparato che cos'è la conservazione dell'energia, e che escogiti un procedimento per misurare l'altezza di una montagna: far rotolare una palla dalla cima partendo da una condizione di quiete e misurarne la velocità al fondo. È un esercizio semplice, simile a quelli che do ai miei studenti del corso di introduzione alla fisica. Tutto quello che bisogna fare è capire che per la legge di conservazione dell'energia, l'energia gravitazionale iniziale (quando la palla è in cima alla montagna) deve essere uguale all'energia cinetica finale, quando la palla raggiunge la base della montagna. L'energia potenziale gravitazionale è proporzionale all'altezza, che possiamo calcolare a partire dall'uguaglianza tra le due energie (ottenendo $h = v^2/(2g)$, dove h è l'altezza della montagna, v è la velocità della palla al fondo e g è l'accelerazione di caduta). In pratica, però, la misura è sempre inferiore al calcolo teorico. L'energia cinetica della palla ai piedi della montagna è *leggermente inferiore* a quella gravitazionale sulla cima. La ragione è la perdita di energia sotto forma di calore, a causa dell'attrito. A questo punto il bravo liceale decide di migliorare l'accuratezza del proprio esperimento ripetendolo cento volte. Ma serve davvero a qualcosa? Niente affatto: l'attrito ci sarà sempre, e qualsiasi misura darà sempre un risultato inferiore al valore atteso.

Adesso immaginiamo un esperimento simile, ma alle nanoscale. Il nostro nanostudente ripete l'esperimento su una montagna di dimensioni nanoscopiche. Nella maggior parte dei casi le misure mostrano lo stesso andamento osservato su scala macroscopica. La velocità è minore di quella che ci si attende dall'altezza della montagna, perché l'attrito ha imposto il suo balzello. Con grande stupore del nanostudente, però, ogni tanto – raramente, e in maniera del tutto casuale – la velocità della palla è *maggiore* del previsto. Non solo gli atomi circostanti non hanno opposto resistenza al moto della palla, come ci si sarebbe aspettati, ma l'hanno addirittura spinta! Quando le dimensioni di un sistema sono abbastanza piccole, c'è una probabilità minima, ma finita, che il caos atomico intorno al sistema finisca per dare energia anziché sottrarla.

Esiste un modo per combinare le misure e trovare l'altezza della nanomontagna? Sì, c'è, grazie all'uguaglianza di Jarzynski che media su una funzione esponenziale dell'energia cinetica anziché sulle energie cinetiche misurate. Jarzynski ha dimostrato che è possibile, almeno in teoria, ottenere la differenza di energia tra due stati dalle misure effettuate in presenza del caos molecolare, cioè dell'attrito.

Per avere la conferma sperimentale di questo incredibile teorema non è stato necessario aspettare a lungo. Servendosi di un sistema di pinze (*tweezer*) laser, i biofisici Carlos Bustamante e Jan Liphardt dell'Università della California di Berkeley hanno provato a esercitare una trazione su una singola molecola di RNA ripiegata ad anello. I due scienziati volevano scoprire la differenza di energia tra le molecole di RNA con e senza anello. Come fare per misurarla? Ogni volta che tiravano, la risposta ottenuta era diversa. A causa dell'attrito con le molecole d'acqua circostanti, la misura della differenza di energia tra gli stati ad anello chiuso e ad anello aperto era maggiore della differenza di energia reale. Un modo per avvicinarsi al valore corretto consisteva nell'effettuare la misura molto, molto lentamente. Muoversi lentamente aiuta, perché a movimenti lenti corrispondono energie cinetiche piccole, e se l'energia cinetica è piccola gli atomi circostanti non possono sottrarne molta. Stirando l'anello velocemente, invece, la differenza di energia risultava quasi sempre maggiore di quella misurata a basse velocità. L'attrito si era ancora preso la sua parte.

A volte, tuttavia, si osservava l'effetto opposto: la differenza di energia misurata era inferiore all'energia minima necessaria per aprire l'anello. Voleva dire che ogni tanto si verificava una violazione del secondo principio. In quei rari casi, il movimento casuale delle molecole d'acqua, anziché opporsi all'apertura dell'anello di RNA, la favoriva. Bustamante e Liphardt calcolarono la media di tutti i loro dati applicando la formula di Jarzynski e ottennero la risposta corretta. L'esperimento lo aveva confermato: ogni tanto, i sistemi di dimensioni nanoscopiche violano il secondo principio della termodinamica. Su scala molecolare può capitare che l'entropia diminuisca spontaneamente (anche se, a voler essere precisi, a tale scala non esiste una definizione di entropia). Quando ciò accade, è come se il tempo avesse invertito il proprio senso di marcia.

Alle nanoscale, quindi, e per intervalli di tempo brevi, i diavoli di Loschmidt e Maxwell *possono* emergere dal loro torpore e apparentemente violare il secondo principio. Forse, allora, le macchine della vita sono diavoli di Maxwell capaci di creare l'ordine a partire dal caos sfruttando le rare e imprevedibili occasioni in cui viene violato il secondo principio?

Perpetuum mobile

La risposta alla domanda della sezione precedente è, ovviamente, negativa. Tutte le informazioni a nostra disposizione indicano che in nessuna delle sue forme la vita si basa sulla violazione del secondo principio. Come facciamo a esserne sicuri? Perché Lavoisier, Helmholtz e molti altri hanno stabilito che i nostri corpi non creano energia, anzi, la sprecano. L'efficienza di un corpo umano (cioè il rapporto tra il lavoro fisico prodotto e l'apporto energetico degli alimenti) è dell'ordine del 20 per cento. Il resto (l'80 per cento dell'apporto energetico) viene trasformato direttamente in calore per attrito o serve a garantire i processi metabolici principali delle nostre cellule.

Helmholtz e Mayer avevano già capito che una violazione del primo o del secondo principio da parte degli organismi viventi avrebbe significato la possibilità di realizzare una macchina a moto perpetuo, capace di produrre energia dal nulla o di operare con un'efficienza del 100 per cento. Entrambe le cose sono impossibili. L'impossibilità di un *perpetuum mobile*, una macchina a moto perpetuo, era l'argomento principale contro l'esistenza di una forza vitale. Il ragionamento era il seguente: se esistesse una forza misteriosa che non deriva dalla conversione di energia fisica ma che in un modo o nell'altro costituisce una proprietà intrinseca della vita, questa stessa forza potrebbe aggiungere ulteriore energia a un sistema vivente senza estrarla dal cibo. Il necrologio di Helmholtz nei «Proceedings of the Royal Society» riportava un ragionamento analogo: «Helmholtz giunse ad analizzare la questione [della conservazione dell'energia] riflettendo sulla natura della "forza vitale". Era persuaso che se gli organismi viventi avessero potuto realmente vincolare o liberare l'azione delle forze chimiche o fisiche, si sarebbe potuto realizzare il moto perpetuo». Una forza vitale capace di creare energia dal nulla? Assurdo, ovviamente. Persino nel XVIII secolo gran parte dei fisici erano fermamente convinti che la creazione di una macchina a moto perpetuo fosse impossibile, almeno in linea teorica.

L'impossibilità di una forza vitale può essere messa in relazione diretta con l'impossibilità di realizzare un diavolo maxwelliano. Ecco come: perché i biologi del XVIII secolo postulavano l'esistenza di una forza vitale? Perché erano in cerca di qualcosa che potesse spiegare la cosiddetta «attività diretta» osservata negli organismi viventi. Era un modo per spiegare il «fine», l'apparente «intelligenza» che sembrava operare persino nelle cellule e nei microbi più umili. Tale attività diretta doveva nascere, in ultima analisi, dall'attività diretta delle molecole che formavano l'organismo. E chi avrebbe potuto dirigere tale attività? Solo un diavolo di Maxwell molecolare capace di utilizzare la propria intelligenza per dare un fine al moto, altrimenti privo di senso, delle molecole.

Un diavolo di Maxwell, però, è irrealizzabile, perché lo è la macchina a moto perpetuo. La relazione tra informazione ed entropia, chiarita dall'esperimento ideale del diavolo, dimostra che se si suppone che il secondo principio della termodinamica valga in senso statistico, l'intelligenza, il fine e le forze vitali non possono avere alcun ruolo su scala molecolare. Prima ancora che Maxwell concepisse il suo diavolo, Helmholtz e Mayer avevano già capito che nella danza delle molecole non c'era posto per le forze vitali, e che questo valeva anche per le molecole che vivono nelle nostre cellule.

Il cricchetto di Feynman

L'analisi che abbiamo appena concluso ci ha lasciato a mani vuote: affinché la vita possa esistere, ci serve qualcosa di *simile* a un diavolo di Maxwell, qualcosa che possa creare un'attività finalizzata a partire dal caos. Un diavolo di Maxwell, però, è impossibile. L'esistenza di un'entità del genere consentirebbe la realizzazione di macchine a moto perpetuo e violerebbe il secondo principio. Neanche il fatto che possano verificarsi apparenti violazioni momentanee del secondo principio ci è di grande aiuto, perché si tratta di eventi casuali limitati a singole molecole e non ripetibili.

Il secondo principio è, in senso stretto, una legge statistica, vale a dire il risultato di una media effettuata su molte molecole per grandi intervalli temporali. Quei rari eventi che sembrano contraddirlo, quindi, non sono violazioni vere e proprie. *In media*, nulla, nemmeno le molecole, viola il secondo principio. E non è possibile costruire una macchina funzionante a partire da una molecola che funziona solo ogni tanto e che di solito si muove nella direzione sbagliata.

Marian Smoluchowski aveva immaginato un'altra versione semplificata del diavolo di Maxwell, rivelatasi particolarmente importante per risolvere il mistero delle macchine molecolari. Riflettendo sulla cosa, Smoluchowski si chiese se fosse pos-

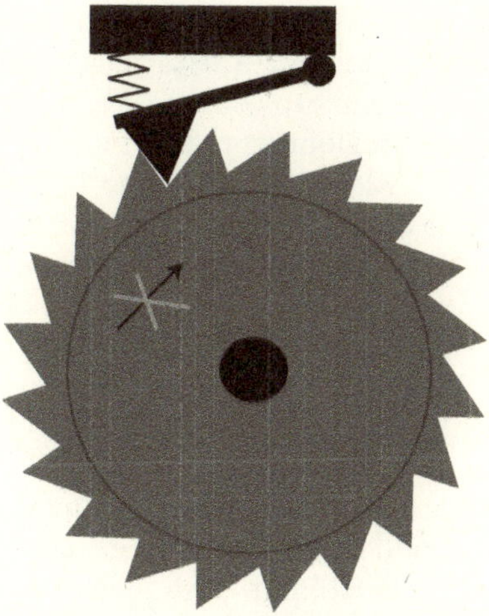

Figura 5.2
Cricchetto e dente d'arresto: un dispositivo semplice, concepito per bloccare il moto in una direzione (in senso orario nella figura) consentendolo nella direzione opposta (senso antiorario).

sibile concepire una minuscola macchina capace di estrarre lavoro dal moto casuale delle molecole in un ambiente a temperatura uniforme. Il moto termico casuale degli atomi contiene energia, ma come si può fare a controllarla? La macchina di Smoluchowski consisteva in un filo a un'estremità del quale era fissato un cricchetto. Anni dopo, il premio Nobel per la fisica Richard Feynman lesse il lavoro di Smoluchowski e concepì una versione particolarmente felice della macchina immaginata dallo scienziato polacco: il *cricchetto di Feynman*.

Quale tipo di dispositivo molecolare potrebbe mai convogliare il moto casuale delle molecole in un'attività coerente? Un congegno del genere dovrebbe consentire il moto in determinate direzioni e impedirlo in altre. Un cricchetto, cioè una ruota a denti asimmetrici bloccati da un dente d'arresto vincolato a una molla, potrebbe fare al caso nostro (fig. 5.2). I cricchetti sono utilizzati nel meccanismo di carica manuale dei vecchi orologi e nelle carrucole. Essendo figlio di un orologiaio, mi è capitato spesso di vedere i minuscoli cricchetti utilizzati negli orologi da polso a carica manuale. Grazie al cricchetto, possiamo caricare l'orologio ma non possiamo scaricarlo, perché il meccanismo lascia libertà di movimento in una direzione ma blocca qualsiasi movimento in direzione opposta. Forse la natura si serve di cricchetti molecolari che accettano le spinte provenienti dalla tempesta molecolare lungo una direzione, ma si oppongono a quelle provenienti dalla direzione opposta. Sarebbe indubbiamente un modo elegante per accumulare energia dal moto casuale.

Sono certo che state già sospettando che l'idea nasconda una fregatura. Dopo tutto, i tentativi di costruire macchine, botole o diavoli capaci di estrarre lavoro utile dalla tempesta molecolare sono sempre falliti. Questo, però, sembra promettente. Basta regolare la rigidità della molla attaccata al dente, e la ruota non potrà più muoversi all'indietro, pur continuando a ruotare liberamente in avanti. Che cosa potrebbe esserci di sbagliato in un'idea del genere?

Il cricchetto non funziona

Ahimè, Feynman dimostrò che anche questa ipotetica macchina era irrealizzabile. Per far funzionare un cricchetto molecolare, il dente d'arresto deve essere vincolato a una molla, per essere in grado di muoversi su e giù al passaggio dei denti asimmetrici della ruota. Affinché il cricchetto possa ruotare, il dente d'arresto deve essere spinto fino all'altezza corrispondente a uno dei denti asimmetrici della ruota. Il moto retrogrado è sfavorito: la forza necessaria per far salire il dente d'arresto in cima al lato più ripido del dente asimmetrico è molto più grande di quella che serve per percorrere il lato opposto, la cui inclinazione è minore. L'energia – ovvero il lavoro – è la stessa in entrambi i casi, perché il lavoro è dato dal prodotto della forza per lo spostamento. Far risalire al dente d'arresto il lato meno ripido del dente asimmetrico richiede una forza minore applicata su una distanza maggiore; spingerlo lungo il lato ripido, invece, richiede una forza maggiore su una distanza minore.

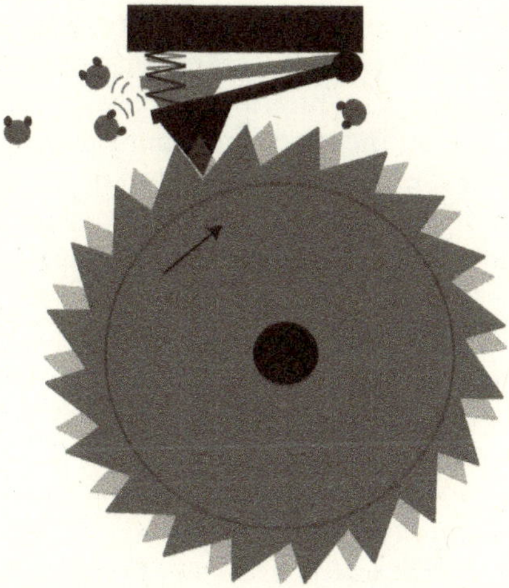

Figura 5.3
Un cricchetto con dente d'arresto a dimensione molecolare deve avere una molla sufficientemente sensibile da consentire alle molecole che la raggiungono di farla girare. Tuttavia, una molla così sensibile consentirebbe anche alle molecole d'acqua di aprire casualmente il dente d'arresto, facendo slittare all'indietro il cricchetto.

Affinché la macchina basata sul cricchetto possa estrarre energia dalla tempesta molecolare deve essere facile far oltrepassare al dente d'arresto i denti della ruota. La molla del dente d'arresto deve opporre pochissima resistenza, altrimenti il cricchetto non si muoverà affatto: l'impatto di qualche molecola d'acqua non sarebbe abbastanza forte da costringere il dente d'arresto a scavalcare un dente della ruota. Anche il dente d'arresto, però, è sottoposto al bombardamento incessante delle molecole d'acqua. La molla cui è vincolato è debole, e gli permette di oscillare su e giù in maniera casuale: ogni tanto il dente sale abbastanza da consentire al cricchetto di scivolare all'indietro, come si vede nella figura 5.3. Nella realtà le cose vanno addirittura peggio: dato che la posizione di riposo della molla è quella in cui il dente d'arresto si trova nel punto più basso tra i due denti, quest'ultimo passa la maggior parte del tempo a contatto con il lato più ripido di un dente asimmetrico. Quando un impatto sfavorevole spinge il cricchetto all'indietro proprio nel momento in cui il dente d'arresto si è aperto, non occorre che l'impulso sia molto forte: ci penserà la molla a spingerlo lungo il lato meno inclinato del dente, e il cricchetto si troverà a ruotare all'indietro! Feynman calcolò la probabilità che il cricchetto si muovesse in un senso o nell'altro e trovò che erano sempre identiche. Il cricchetto si muoverà, oscillando avanti e indietro, ma con uno spostamento complessivo pari a zero.

Se immergete un dispositivo semplice in un ambiente isolato a temperatura uniforme, non importa quanto sia ingegnoso il modo in cui lo avete progettato: potrà muoversi solo in modo casuale. L'impossibilità di realizzare una macchina passiva semplice – sia essa la botola di Smoluchowski o il cricchetto di Feynman – capace di estrarre lavoro organizzato dal moto termico casuale descrive in maniera estremamente efficace il secondo principio della termodinamica. Non si può estrarre lavoro ripetutamente da un serbatoio isolato a temperatura uniforme. Se fosse possibile costruire una macchina capace di farlo, tutti i nostri problemi energetici sarebbero risolti: potremmo convertire l'energia termica dell'ambiente circostante in energia meccanica ordinata. Immaginate di installare un dispositivo così nel giardino di casa. Ne raffredderebbe l'aria, trasformando in elettricità il calore estratto. Sarebbe stupendo ma, ahimè, nessuno è mai riuscito a violare il secondo principio della termodinamica. Quantomeno nessuno più grande di 10 nanometri. E persino a 10 nanometri, accade solo raramente e in modo casuale.

A quanto pare abbiamo un problema: sappiamo che le nostre cellule sono piene di minuscole macchine, e sappiamo che devono essere di dimensioni molecolari, ma non abbiamo ancora spiegato come funzionano. Forse la vita ha il potere misterioso di sfidare il secondo principio della termodinamica, una legge che regna sovrana nell'universo dei corpi inanimati? Oppure ci è sfuggito un ingrediente cruciale che consente ai meccanismi molecolari della vita di trarre vantaggio dalla tempesta molecolare senza violare quell'onnipotente legge fisica?

6.
Il mistero della vita

Qual è l'aspetto caratteristico della vita? Quand'è che diciamo che un pezzo di materia è vivo? Quando «fa qualcosa», si muove, scambia materiale con l'ambiente circostante e così via, e ciò per un periodo di tempo molto più lungo di quanto ci aspetteremmo in circostanze analoghe da un pezzo di materia inanimata.

Erwin Schrödinger, *Che cos'è la vita?*

Per le molecole, muoversi deterministicamente è come cercare di camminare nel bel mezzo di un uragano: le forze che spingono una particella lungo il cammino desiderato sono insignificanti rispetto alle forze caotiche esercitate dall'ambiente. Eppure le cellule prosperano. Trasportano materiali, pompano ioni, costruiscono proteine, si muovono da un posto all'altro. Creano ordine dall'anarchia.

R. Dean Astumian, *Making Molecules into Machines*[1]

Le macchine molecolari leggono e trascrivono l'RNA; costruiscono nuove macchine; garantiscono il funzionamento dei processi di riproduzione cellulare, trasportano le sostanze nutritive, espellono i rifiuti e aiutano la cellula a cambiare forma e a spostarsi. Queste minuscole macchine sono il fondamento della vita. Ma come funzionano?

Finora, i nostri tentativi di spiegare come facciano le macchine molecolari a rendersi utili nel mezzo della tempesta mo-

[1] La citazione di Erwin Schrödinger appare per gentile concessione della Cambridge University Press. La citazione di R. Dean Astumian appare per gentile concessione di R. Dean Astumian ed è tratta da R. Dean Astumian, *Da molecole a motori*, «Le Scienze» 396, agosto 2001.

lecolare sono stati frustrati dal secondo principio della termodinamica. Nessuna macchina, per quanto ingegnosa, può trasformare direttamente la disordinata energia termica in «attività orientata e coerente», per usare le parole di Jacques Monod. Che cosa ci sta sfuggendo?

Tu non violerai il Secondo Principio

In una parodia comparsa nel settembre 2000 sulla rivista satirica «The Onion», un gruppo di elettori preoccupati chiedeva ai propri rappresentanti di abrogare il secondo principio della termodinamica: «Perché non lasciare che il disordine diminuisca con il passare del tempo, anziché permettere che tutto decada? ... Chiediamo troppo? È del futuro dei nostri figli che stiamo parlando!». Se il secondo principio fosse un dogma imposto da fisici malvagi, il Congresso potrebbe dirci di sbarazzarcene. Sfortunatamente non siamo così potenti (con buona pace delle teorie complottiste sugli scienziati pazzi). Il secondo principio è conseguenza (macroscopica) *inevitabile* della potenza foriera di casualità dell'*inevitabile* tempesta molecolare (microscopica).

Come è stato spiegato dai fisici Dean Astumian e Peter Hänggi nel loro articolo sui motori browniani apparso su «Physics Today» nel 2002, un tipico motore molecolare utilizza da 100 a 1000 molecole di ATP al secondo, che equivale a produrre lavoro con una potenza di soli 10^{-16} watt (1 watt = 1 joule/secondo). Per generare la potenza tipica di un motore di automobile ci vorrebbero 1021 motori molecolari: un numero inimmaginabile. Eppure una quantità così grande di macchine molecolari riempirebbe a malapena un cucchiaino: un cucchiaino capace di generare una potenza di 130 cavalli! La densità di potenza delle macchine molecolari (intesa come rapporto tra la potenza generata e il volume occupato dalla macchina) è molto alta, dell'ordine di 10^8 watt al metro cubo. La densità di potenza del motore di un'automobile è mille volte più bassa. Le macchine molecolari sono piccolissime ma estremamente efficienti: come abbiamo già detto, il nostro corpo, il cui funzionamento si basa su queste macchine, ha un «budget» di potenza di soli 100 watt, lo stesso di una lampadina a incandescenza di grandi dimensioni.

Se tutto questo non vi ha ancora stupiti, considerate il mondo in cui abitano queste macchine. Alle nanoscale, nulla sfugge alla tempesta molecolare. Come hanno fatto notare Astumian e Hänggi, ogni macchina molecolare del nostro corpo è investita da una molecola d'acqua ad alta velocità più o meno ogni 10^{-13} secondi. In ognuna di queste collisioni viene scambiata, in media, un'energia di $4,3 \times 10^{-21}$ joule (l'energia è determinata dal prodotto della costante di Boltzmann per la temperatura corporea misurata in gradi Kelvin), che corrisponde a una potenza media in ingresso di poco più di 10^{-8} watt. Non dimentichiamo che una macchina molecolare genera una potenza di soli 10^{-16} watt: significa che la potenza in ingresso, dovuta al martellamento caotico delle molecole d'acqua, è cento milioni di volte più grande della potenza media generata dalla nostra macchina! Per farci un'idea delle grandezze in gioco, confrontiamole con il caso di un'automobile in un uragano. Che intensità dovrebbe avere un uragano in grado di trasferire a un'automobile una potenza pari a cento milioni di volte quella prodotta dal motore del veicolo? Tenendo conto della resistenza dell'automobile all'aria, per avere lo stesso effetto che la tempesta molecolare ha sulle povere macchine molecolari, il vento dell'uragano dovrebbe avere l'incredibile velocità di 110 000 chilometri orari! Credo che neanche un Hummer farebbe molta strada in una tempesta simile.

Un Hummer molecolare

Una differenza importante tra una tempesta macroscopica e la nostra tempesta molecolare è che quest'ultima non ha una direzione preferenziale. In altre parole, ogni urto con una molecola d'acqua proviene da una direzione casuale. Le tempeste che conosciamo noi soffiano da una direzione approssimativamente costante e possono compiere lavoro utile (ad esempio, facendo muovere una barca a vela o un mulino a vento). Alle nanoscale, non solo la tempesta molecolare possiede una forza sconvolgente, ma è anche totalmente casuale. È difficile immaginare in che modo sfruttarla come fonte di energia per compiere lavoro utile.

Che fare? Vengono in mente due possibilità. Potremmo costruire una macchina incredibilmente robusta, una sorta di super-Hummer molecolare capace di resistere al caos termico circostante e muoversi a piccoli passi. In alternativa, potremmo realizzare una macchina «molle» che obbedisca al motto «se non puoi batterli, fatteli amici», cioè una macchina capace di «raccogliere» le spinte favorevoli dai colpi ricevuti a caso. Dato che nel quinto capitolo abbiamo già provato questo approccio fallendo miseramente, può essere interessante vedere cosa può capitare con la prima opzione. Risulta evidente che anche l'opzione del super-Hummer non può funzionare. Dovendo resistere alla tempesta, una macchina molecolare del genere finirebbe per essere troppo «rigida», e l'eccessiva rigidità le impedirebbe di muoversi. Per riuscirci, dovrebbe allentare le sospensioni, ma se lo facesse finirebbe nuovamente per essere sballottata dalla tempesta. E poi, da dove viene il moto, tanto per cominciare? Come abbiamo visto, l'unico moto presente su scala molecolare *è* la tempesta molecolare. Se una macchina molecolare vi opponesse resistenza, come potrebbe muoversi?

Torniamo al nostro obiettivo originale, cioè che la nostra macchina, in un modo o in un altro, riesca a domare la tempesta molecolare, senza preoccuparci della rigidità dei suoi componenti. Per capire come facciano le macchine molecolari a domare il caos del moto termico dobbiamo imparare anzitutto che aspetto hanno. È ovvio che non assomigliano realmente ai cricchetti o ai motori di automobile che abbiamo utilizzato come pratiche analogie. Per descrivere com'è fatta una macchina molecolare dobbiamo imparare un po' di biochimica.

Basta stringersi un po'

Le macchine molecolari possono creare il movimento cambiando la propria forma. Com'è possibile? Per capirlo, convie-

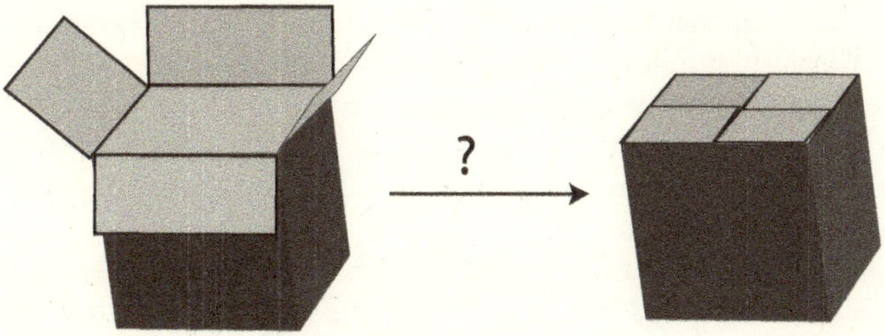

Figura 6.1
Come piegare i lembi di una scatola di cartone per chiuderla. La scatola aperta e la scatola chiusa corrispondono entrambe a stati stabili, ma per passare da uno all'altro è necessario spingere contemporaneamente tutti e quattro i lembi, obbligando il sistema a passare attraverso uno stato scomodo e instabile.

ne partire dalle reazioni chimiche: per combinarsi in modi nuovi attraverso una reazione chimica, le molecole devono cambiare forma. I cambiamenti di forma sono tali da portare a una riduzione dell'energia libera.

Se la riduzione dell'energia libera fosse l'unico criterio di riferimento, le reazioni chimiche avverrebbero in un batter d'occhio. Molte reazioni, invece, richiedono tempo. La vostra automobile non si riduce in un ammasso di ruggine dall'oggi al domani e il latte non caglia appena aprite il cartone. Per spiegare la velocità delle reazioni chimiche bisogna introdurre il concetto di *energia di attivazione*. In ogni reazione chimica c'è un momento critico in cui le molecole non hanno più la forma originale ma non hanno ancora assunto quella finale, e si trovano in una situazione intermedia tra lo stato iniziale di reagenti e quello finale di prodotti. Per le molecole, questo stato intermedio, il cosiddetto *stato di transizione*, tende a essere piuttosto scomodo.

Nella figura 6.1 lo stato di transizione è descritto attraverso l'esempio della chiusura di una scatola di cartone. Un modo per chiudere la scatola consiste nel sovrapporre ogni lembo con uno dei lembi adiacenti. Ogni volta che ci provo, c'è sempre un momento critico in cui mi ritrovo a spingere verso il basso tutti e quattro i lembi contemporaneamente e ce n'è sempre uno che mi sfugge. Quando infine ci sono riuscito, però, la scatola è chiusa alla perfezione.

Quindi abbiamo due stati in cui il sistema è a suo agio (a bassa energia): quello iniziale, in cui la scatola è aperta, e quello finale, in cui i lembi sono piegati e la scatola è chiusa. Per passare da uno stato all'altro, però, dobbiamo attraversare uno stato intermedio scomodo, ad alta energia (che nella figura è indicato con un punto interrogativo).

Lo stesso vale per le reazioni chimiche. Durante la trasformazione dei reagenti in prodotti, un momento prima che le molecole assumano la forma finale, i legami chimici vengono sollecitati pesantemente. Il sistema si trova così in uno stato di tensione caratterizzato da un'energia maggiore di quella dello stato iniziale e dello stato finale. La figura 6.2 mostra due molecole che, pur essendo poco compatibili tra di loro, «cercano» di combinarsi e di formare una molecola composta a energia inferiore. Le due molecole possono diminuire la propria energia combinandosi, ma prima devono trovare l'energia sufficiente per superare lo stato di transizione. Nell'esempio della scatola di cartone dovevo spingere i lembi verso il basso con forza sufficiente a farli andare a posto di scatto. In altre parole, dovevo fornire un'energia sufficiente per superare la configurazione scomoda in cui i quattro lembi premevano gli uni contro gli altri. In chimica, l'energia necessaria per superare lo stato di transizione si chiama *energia di attivazione* e corrisponde all'energia minima necessaria per attivare una reazione chimica.

Da dove viene l'energia di attivazione di cui le molecole hanno bisogno? Dalla tempesta molecolare! Lo slancio necessario per superare lo stato di transizione è fornito da molecole piccole e veloci (tipicamente molecole d'acqua) che si scontrano in maniera fortuita con le molecole reagenti e danno loro la spinta necessaria. Se va bene, la spinta permette alle molecole di assumere di scatto la forma finale. Naturalmente non tutte le molecole d'acqua avranno un'energia sufficiente o colpiranno i reagenti nel modo giusto. Le reazioni chimiche hanno bisogno di tempo: bisogna aspettare che arrivi la spinta giusta, e all'aumentare dell'energia di attivazione richiesta aumenta anche il tempo necessario per trovarla, perché le collisioni ad alta energia sono molto meno frequenti di quelle a bassa energia.

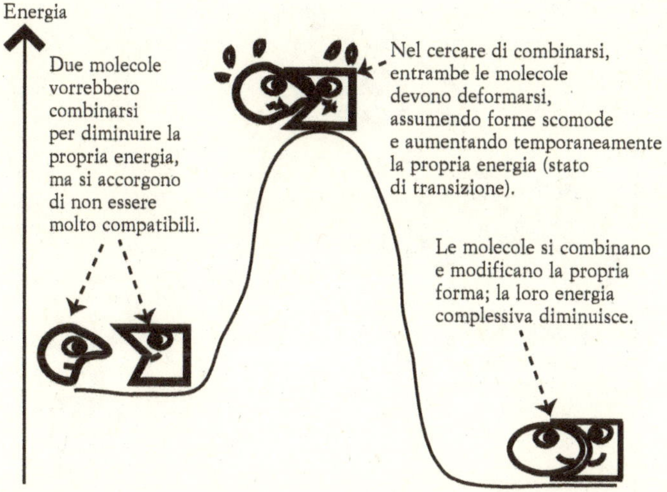

Figura 6.2
In una reazione chimica si attraversano stati di transizione «scomodi».

Da cosa dipende l'altezza della barriera di attivazione? In parole povere, da quanto si sentono a disagio le molecole durante la trasformazione dallo stato iniziale a quello finale. Se cerco di cambiare una molecola riconfigurandone una porzione consistente dei legami, dovrò deformarla notevolmente, e l'energia di attivazione sarà elevata. Se invece mi basta spostare un solo atomo, è probabile che l'energia di attivazione sia contenuta.

Molte delle reazioni chimiche importanti che avvengono in una cellula richiedono energie di attivazione enormi. Si tratta di trasformazioni così lente che rischieremmo di morire prima che una delle nostre cellule riesca a completarne una sola. Per risolvere il problema, la natura ha escogitato uno stratagemma ingegnoso. Immaginiamo che ci sia un aiutante, una molecola il cui compito consiste nel rendere più comodo lo stato di transizione, abbassando così l'energia di attivazione (fig. 6.3). Se l'energia di attivazione diminuisce, la velocità di reazione aumenta. Questi aiutanti molecolari sono detti «enzimi», e il loro coinvolgimento accelera le reazioni di vari ordini di grandezza.

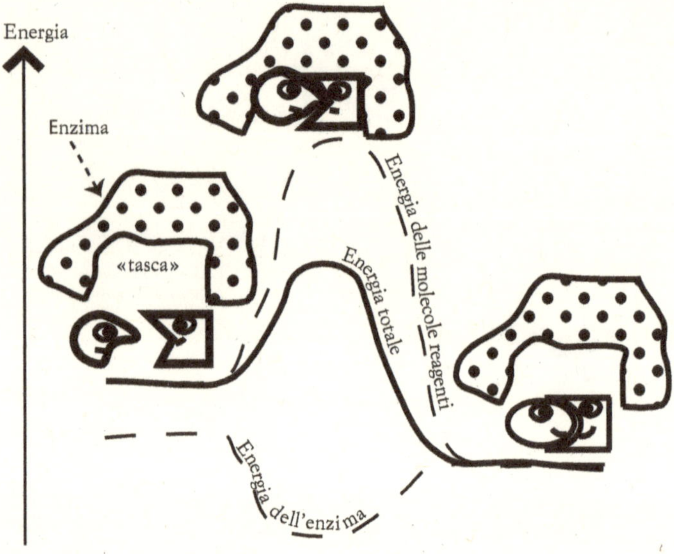

Figura 6.3
Un enzima facilita il passaggio allo stato di transizione, facendo diminuire l'energia di attivazione di una reazione chimica.

Gli enzimi sono catalizzatori biologici, paragonabili alla marmitta catalitica della vostra automobile, che accelera l'ossidazione dei gas di scarico nocivi.

Gli enzimi possiedono una tasca fatta apposta per legarsi in maniera specifica al substrato (le molecole reagenti). In un primo momento, quando il substrato si lega alla tasca enzimatica, la corrispondenza non è perfetta; man mano che l'enzima e il substrato modificano leggermente la propria forma e cominciano a incastrarsi meglio, però, l'enzima spinge il substrato verso lo stato di transizione. Quando il substrato raggiunge lo stato di transizione, l'enzima è contento (si trova in uno stato a bassa energia) e l'energia totale del sistema (quella dello stato di transizione più quella dell'enzima) diminuisce (fig. 6.3). Dal momento che lo stato di transizione ha ancora un'energia maggiore dei prodotti di reazione nello stato finale, esso non può fare altro che trasformarsi nel prodotto finale. Non essendo più a suo agio nella tasca enzimatica, l'enzima viene liberato, ritorna di scatto alla sua forma originale ed è pronto a legarsi a un altro substrato per una nuova trasformazione.

Per descrivere meglio le stupefacenti capacità degli enzimi come catalizzatori, consideriamone uno chiamato fosfoglucomutasi, che trasforma una forma non assimilabile di zucchero in una più digeribile. Una molecola di fosfoglucomutasi può convertire cento molecole di zucchero al secondo, accelerando il processo di conversione di un fattore pari a un miliardo di volte. Senza questo enzima ci vorrebbero 300 anni per trasformare una sola molecola di zucchero!

Gli enzimi sono molecole di grandi dimensioni; sono formate da proteine, cioè da lunghe catene di aminoacidi ripiegate su se stesse in forme complicate, come si è detto nel quarto capitolo. Le proteine sono come una scatola di Lego: cambiando la sequenza degli aminoacidi si possono realizzare quasi tutte le forme. Procedendo per tentativi, l'evoluzione ha portato alla sintesi di un'infinità di enzimi, ognuno dei quali è il catalizzatore di una reazione ben precisa.

Le macchine molecolari possono essere considerate come un tipo particolare di enzimi. Come vedremo più avanti, si sono evolute dagli enzimi, con i quali condividono molte proprietà. In un certo senso, gli enzimi *sono* macchine: si legano a determinate molecole, le trasformano e le lasciano libere in virtù della propria struttura specifica, ma anche a causa delle spinte caotiche inferte dalla tempesta molecolare. Una molecola non sa come farà a incastrarsi nella tasca di un enzima; il bombardamento costante da parte delle molecole d'acqua (più o meno una collisione ogni 10-13 secondi) deforma e fa ruotare rapidamente la molecola. Dopo un millisecondo, per puro caso, la molecola viene spinta ad assumere la conformazione ideale per legarsi con l'enzima e dar vita a un complesso. Se vi stupisce il fatto che la molecola riesca a trovare la forma e l'orientazione giusta, non dimenticate che subisce mediamente dieci miliardi di collisioni con molecole d'acqua ogni millisecondo.

Tutto sotto controllo

Gli enzimi sono molecole stupefacenti, ma non sono ciò che definiremmo «vivente». Anzitutto non si muovono. Si deformano leggermente legandosi alle molecole del substrato, ma questo non sembra essere sufficiente per il funzionamento di una macchina molecolare.

Agli albori della biochimica i biologi concepivano la cellula come una sacca contenente enzimi capaci di catalizzare diverse reazioni. La cellula era vista come un semplice recipiente di reazione di dimensioni microscopiche. Ben presto, però, fu chiaro che se gli enzimi avessero avuto la libertà di fare e disfare le molecole, le cellule non sarebbero sopravvissute a lungo. Le cellule devono rispondere agli stimoli ambientali e devono essere in grado di prendere decisioni.

Un computer può prendere decisioni perché i suoi programmi contengono istruzioni logiche come «SE ... ALLORA ...». In una cellula, le decisioni logiche sono implementate a livello molecolare. Una parte del software cellulare è, ovviamente, il DNA, che contiene le specifiche per assemblare le varie proteine e per guidare il corpo attraverso le fasi dello sviluppo. Ma il DNA non controlla le operazioni di ordinaria amministrazione della cellula: a quelle ci pensano gli enzimi e le macchine molecolari. La vera domanda, allora, è: come fanno gli enzimi a calcolare?

Il mistero fu risolto nei primi anni sessanta da Jean-Pierre Changeux (n. 1936), all'epoca giovane dottorando nel laboratorio di Jacques Monod all'Istituto Pasteur di Parigi. Studiando un enzima chiamato L-treonina deaminasi nell'atto di scindere il suo substrato, l'aminoacido treonina, Changeux scoprì che in presenza di un altro aminoacido, l'isoleucina, l'attività dell'enzima risultava inibita. L'inibizione degli enzimi non era una novità: si pensava che avvenisse quando l'enzima si legava a una molecola diversa dal suo substrato. Il processo in cui un ospite indesiderato occupa la tasca di legame di un enzima è detto «inibizione competitiva». L'intossicazione da monossido di carbonio ne è un esempio familiare: il gas si lega così fortemente alla tasca dell'emoglobina dedicata all'ossigeno (l'emoglobina è la proteina responsabile del trasporto dell'ossigeno da parte dei globuli rossi) che diventa impossibile rimuoverlo. Nella competizione tra l'ossigeno e il monossido di carbonio, quest'ultimo è il vincitore indiscusso. Quando l'emoglobina presente nel sangue della vittima viene compromessa dal legame con il monossido di carbonio, il trasporto dell'ossigeno si interrompe e la povera vittima soffoca.

La deaminasi di Changeux, però, non seguiva il modello di inibizione competitiva. Quando lui cercava di disattivare il sito di legame dell'isoleucina, l'enzima continuava indisturbato la propria attività catalitica. Se il sito di legame dell'isoleucina fosse stato la tasca di legame catalitica, come nel caso dell'emoglobina, l'enzima non sarebbe più stato in grado di legarsi al substrato di treonina. Changeux dedusse che l'enzima aveva *due* tasche di legame: una per la treonina (il substrato dell'enzima) e l'altra per l'isoleucina, che regolava l'attività dell'enzima.

Nell'articolo autobiografico *Allosteric Receptors. From Electric Organ to Cognition*, Changeux racconta di quando presentò per la prima volta quell'incredibile risultato al Cold Spring Harbor Symposium on Quantitative Biology nel 1961. Ciò che disse ai suoi colleghi scienziati in quell'occasione fu che «l'interazione tra i due siti era indiretta e si trasmetteva mediante un cambiamento di conformazione della molecola proteica». In altre parole, il legame con l'isoleucina induceva una variazione importante nella forma dell'enzima, bloccandone la tasca di legame per il substrato e togliendo così all'enzima la capacità di trasformare le molecole di treonina (fig. 6.4). L'isoleucina fungeva da molecola di controllo. Era come se il programma eseguito da un computer avesse contenuto l'istruzione: «SE l'isoleucina è presente ALLORA non trasformare la treonina».

Gran parte dell'attività enzimatica cellulare è controllata dal legame e dal rilascio di molecole di controllo. Il legame con una molecola di controllo cambia la forma dell'enzima, modificando la posizione relativa delle sue parti. Il cambio di conformazione può aumentare o diminuire il potere catalitico dell'enzima, aprendo o chiudendo la tasca cui si lega il suo substrato. Le molecole di controllo possono anche inattivare del tutto l'enzima. I relatori di tesi di Changeux, Jacques Monod e François

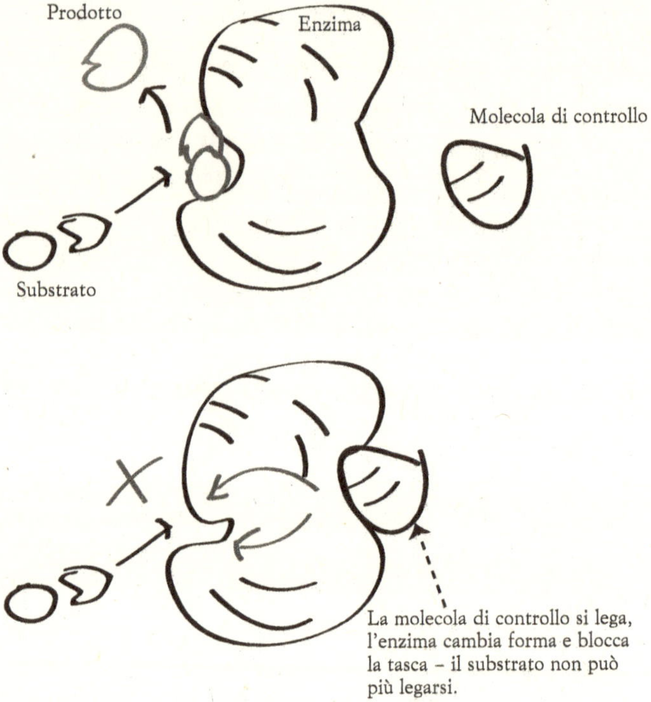

Figura 6.4
In alto: un enzima allosterico combina due molecole più piccole (il suo substrato) in una molecola più grande, legandole a una tasca specifica presente nella sua struttura (sito attivo). Una molecola di controllo (a destra) si avvicina all'enzima. In basso: la molecola di controllo si è attaccata al sito di controllo dell'enzima. L'enzima cambia forma (conformazione) e il suo sito attivo si blocca. Finché la molecola di controllo rimane legata all'enzima, quest'ultimo interrompe la propria attività catalitica.

Jacob, chiamarono *allosteria* la capacità di una molecola di controllo di modificare la forma e l'attività di un enzima.

Quando avete l'allosteria, avete a disposizione numerosi meccanismi utili per controllare le reazioni chimiche all'interno di una cellula. Immaginate che un enzima crei un prodotto che serve anche da molecola di controllo dell'enzima stesso. In tal caso, un prodotto può regolare la propria produzione. Simili schemi circolari sono detti cicli di feedback o di retroazione. Un ciclo di feedback familiare è quello tra un altoparlante e il pickup di una chitarra: quando un chitarrista rock tiene la chitarra davanti all'altoparlante, il suono prodotto da quest'ultimo fa vibrare le corde della chitarra. La vibrazione è raccolta dal pickup che la amplifica e la invia nuovamente all'altoparlante, che così emette un suono ancora più forte e fa vibrare ancora di più le corde della chitarra. Il risultato finale è un suono stridulo incredibilmente alto, il cui unico limite è la potenza dell'amplificatore. Questo genere di feedback è noto come *feedback positivo*, poiché il suo prodotto (che in questo esempio è il suono) stimola l'ulteriore produzione del prodotto stesso. Il feedback positivo esiste anche nelle cellule: ci sono enzimi che accelerano la produzione in presenza del prodotto, col conseguente rapido aumento, quasi esplosivo, della quantità di prodotto in circolazione (finché non finiscono i reagenti). Si tratta di un processo particolarmente utile quando la cellula deve produrre una sostanza molto velocemente in risposta a uno stimolo esterno.

Più comune è il caso opposto, quello del *feedback negativo*. Ne è un esempio la L-treonina deaminasi di Changeux, che coopera con altri enzimi per produrre isoleucina a partire dalla treonina. L'isoleucina, però, è anche la molecola di controllo che inibisce l'attività della L-treonina deaminasi. In questo caso, quindi, il prodotto inibisce la propria produzione. Gli enzimi, quindi, producono la minima quantità di prodotto necessaria per inibirne un'ulteriore produzione. È un bel modo per controllare la massima quantità di un prodotto all'interno di una cellula.

Esistono poi altri schemi, più complicati, che coinvolgono vaste reti di enzimi che interagiscono tra loro. Il prodotto di un enzima può fungere da molecola di controllo per un altro enzima, inibendone o amplificandone l'attività, mentre il prodotto del secondo enzima, a sua volta, può controllare il primo enzima, formando un ciclo di feedback a due enzimi come quello illustrato dalla figura 6.5. Oppure il prodotto può influenzare un terzo enzima, che a sua volta ne influenza un quarto e così via. I sistemi complessi di cicli di feedback e i meccanismi di inibizione e amplificazione reciproca forniscono la potenza di calcolo che fa assomigliare le cellule viventi a entità intelligenti.

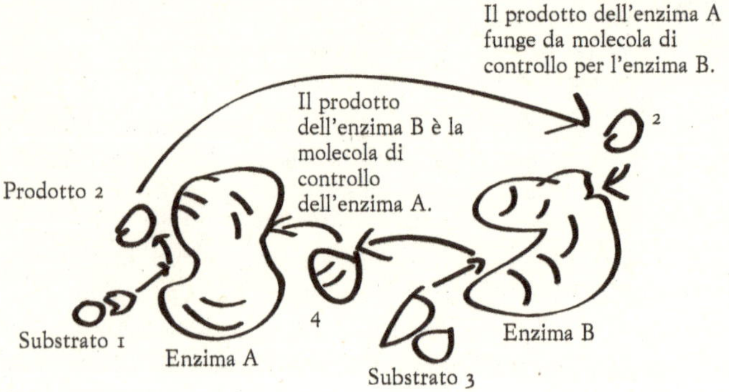

Figura 6.5
Un ciclo di feedback molecolare. Il prodotto 2 dell'enzima A funge da molecola di controllo per l'enzima B, mentre il prodotto 4 dell'enzima B funge da molecola di controllo per l'enzima A. Si possono implementare molti programmi analoghi, a seconda dell'effetto (di inibizione o di amplificazione) della molecola di controllo sugli enzimi. I substrati 1 e 3, inoltre, possono costituire il prodotto di altri enzimi, i quali, a loro volta, sono controllati da molecole di controllo. In questo modo si possono realizzare programmi molecolari sempre più complessi.

A zonzo nel paesaggio energetico

Grazie agli enzimi allosterici riusciamo a capire un po' meglio le macchine molecolari. Una variazione significativa della forma di un enzima nel momento in cui questo si lega a un substrato o a una molecola di controllo può essere vista come una forma di moto. Ad esempio, possiamo immaginare che ponendo un enzima allosterico su una «rotaia» molecolare, la variazione di forma ne provochi il moto in avanti: ogni volta che cambia forma, l'enzima spinge sulla rotaia e si proietta in avanti (fig. 6.6). Tra gli esempi di rotaie molecolari troviamo fibre e filamenti composti per lo più da lunghe catene proteiche. Una di queste è l'actina, di cui abbiamo già parlato nel quarto capitolo. Un altro esempio è il DNA, e in effetti esistono macchine specializzate capaci di muoversi lungo il DNA come una locomotiva sui binari. Incontreremo alcune di queste macchine nel corso del prossimo capitolo.

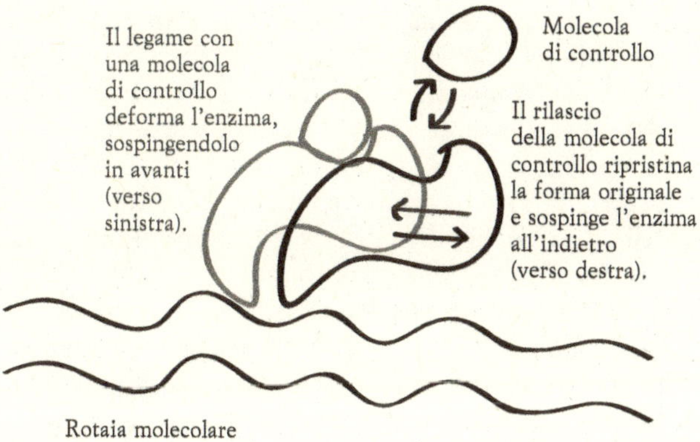

Figura 6.6
Un enzima allosterico legato a una rotaia molecolare. Quando la molecola di controllo si lega all'enzima, quest'ultimo cambia forma e si sospinge in avanti seguendo la rotaia. La cessazione del legame con la molecola di controllo, invece, riporta l'enzima al punto di partenza. Per muoversi in avanti dovrebbe staccarsi temporaneamente.

Una macchina molecolare, tuttavia, non è solo un enzima allosterico vincolato a una rotaia. Il problema di una descrizione del genere è che rappresenta un enzima allosterico solo ed esclusivamente in due stati: nella forma A, quando è attaccato alla molecola di controllo, e nella forma B, quando quest'ultima si distacca. L'enzima può spingersi in avanti quando si lega a una molecola di controllo, ma riprende la forma originale e torna indietro non appena il legame cessa. Se così fosse, la molecola oscillerebbe avanti e indietro, proprio come il cricchetto del quinto capitolo, e non farebbe progressi in alcuna direzione. Per muoversi in avanti, la macchina deve staccarsi dalla rotaia quando fa un passo indietro per attaccarsi solamente durante il passo in avanti. Se la macchina perde la presa sulla rotaia, però, la tempesta molecolare la spazzerà via.

Sisifo alle nanoscale

Visto che, a quanto pare, siamo tornati al problema di partenza, dobbiamo aggiungere un passaggio ulteriore: la macchina deve essere riportata alla forma originale impedendole di muoversi all'indietro. Serve un bottone di reset, proprio come per il diavoletto di Maxwell, vi ricordate? Il diavolo di Maxwell funzionava solo se riceveva energia dall'esterno per cancellare la propria memoria.

Per una macchina che si muove su una rotaia molecolare, l'operazione di reset consiste nel distacco temporaneo dalla rotaia, seguito dal rilascio della molecola di controllo e dal ripristino della forma originale della macchina. A quel punto la macchina può riconnettersi alla rotaia per legarsi nuovamente a una molecola di controllo e darsi un'altra spinta in avanti, ripetendo il ciclo. Questa soluzione ci lascia con alcuni interrogativi: perché il moto della macchina non diventa casuale durante la fase di reset? In altri termini, perché la macchina, staccandosi dalla rotaia, non viene spazzata via dalla tempesta molecolare? E in che modo la presenza di una fase di reset ci dice come fanno le macchine molecolari a non violare il secondo principio?

Per cercare di rispondere a tutte queste domande rivolgiamoci a Sisifo, il personaggio mitologico condannato dagli dèi (per un *faux pas* che ha mandato su tutte le furie qualche divinità) a spingere per l'eternità un grosso e pesante macigno lungo le ripide pendici di una collina. Se Sisifo riuscisse a far giungere il macigno in cima alla collina le sue pene avrebbero fine, ma il macigno è stregato: ogni volta che la cima della collina è in vista, il masso gli scivola di mano e rotola a valle. Perché è così difficile spingere un macigno? Quando spingiamo un oggetto verso la cima di un pendio, la forza che impieghiamo deve essere sufficiente a contrastare l'attrito e la gravità. L'applicazione della forza fa percorrere al macigno una certa distanza: abbiamo compiuto un lavoro (in fisica, il lavoro è dato del prodotto della forza per lo spostamento), e per compiere un lavoro ci vuole energia.

Immaginate cosa accadrebbe se Sisifo e il suo macigno fossero abitanti del nanomondo. Se il macigno fosse di dimensioni nanoscopiche, sarebbe continuamente sballottato in ogni direzione dalla tempesta molecolare. Assumendo che il moto laterale sia trascurabile, il masso verrebbe spinto su e giù per la collina in maniera casuale (con una preferenza per le spinte verso il basso, perché quelle verso l'alto richiedono una maggior quantità di energia). Per portarlo verso la cima, Sisifo potrebbe adottare una strategia molto efficiente sul piano energetico: semplicemente, aspettare che il masso si muova verso l'alto da solo, sotto le spinte casuali della tempesta molecolare. Sfortunatamente non può funzionare: è più probabile, infatti, che il macigno sia spinto verso il basso anziché verso l'alto.

E se Sisifo sbarrasse il cammino al macigno mentre lui sta scendendo? Potrebbe bloccarne il moto verso il basso e consentire che si muova solo verso l'alto (fig. 6.7). Potrebbe ripetere l'operazione fino alla cima della collina, a patto di mettersi rapidamente dietro il macigno non appena questo si muove verso l'alto. Adesso sì che cominciamo a vedere qualche risultato: il macigno viene spinto in avanti dalla tempesta molecolare, ma i suo moto casuale è corretto da Sisifo che lo blocca quando si muove verso la direzione indesiderata. Vuole forse dire che Sisifo non ha bisogno di energia per spostare il macigno? No! Sisifo deve sempre risalire il pendio, un passo dopo l'altro, e ognuno di questi passi richiede energia.

Cosa cambia dal cricchetto del quinto capitolo? Il cricchetto non aveva una fase di reset e non richiedeva energia. Era un dispositivo passivo che, in teoria, avrebbe dovuto rettificare da solo il moto termico. Sisifo è diverso: rettifica il moto termico attingendo a una fonte di energia per il reset del sistema (effettuato mettendosi dietro il macigno per non farlo rotolare giù).

Adesso spingiamo l'analogia un po' più in là. Quando il nano-Sisifo risale la collina, converte in energia cinetica l'energia libera fornita da una sorgente. A un certo punto si ferma. L'energia cinetica si è trasformata in calore (nell'impatto dei sandali con il terreno). La risalita della collina degrada l'energia libera in calore. Sisifo e il suolo si stanno riscaldando leggermente. Ogni volta che il macigno cerca di rotolare a valle, rimbalza su Sisifo (che è più caldo) e ne riceve un po' di energia (essendo più freddo). Sisifo e il macigno finiscono così per trovarsi alla stessa temperatura (equilibrio termico), ma il risultato è che una parte dell'energia libera di Sisifo finisce per

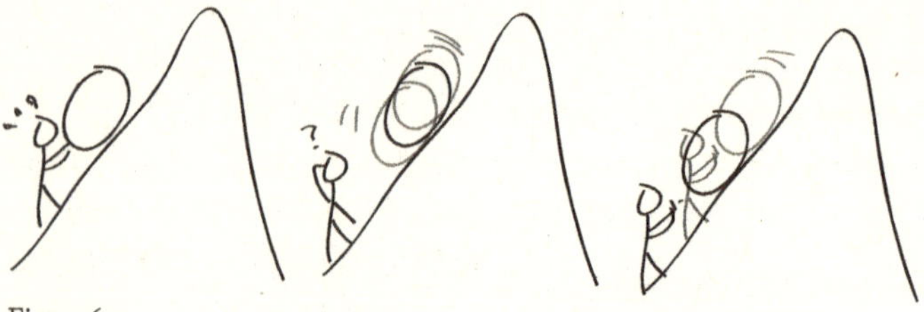

Figura 6,7
A sinistra: un Sisifo macroscopico è condannato a faticare nell'inutile tentativo di spingere il macigno in cima alla collina. Al centro: un Sisifo nanoscopico si chiede come sfruttare il moto termico casuale del nano-macigno. A destra: al nano-Sisifo viene un idea. Frenare il masso quando scende, ma lasciarlo muovere liberamente quando sale.

contribuire al moto del macigno verso l'alto, sebbene Sisifo non lo stia spingendo affatto!

Comunque, l'energia libera spesa da Sisifo finisce per degradarsi in calore, come richiede il secondo principio della termodinamica. Senza il moto caotico della tempesta molecolare, il macigno non si muoverebbe affatto e Sisifo sarebbe condannato a spingere in eterno. Alle nanoscale, invece, il caos può essere trasformato in ordine, a patto di avere a disposizione una scorta di energia libera per riportare periodicamente la nostra macchina allo stato iniziale.

La fase di reset, che, come abbiamo visto, è necessaria al funzionamento della macchina molecolare, può assumere molte forme. Si tratta di un esempio di processo *irreversibile*, perché degrada l'energia libera in calore che non può essere riconvertito (cioè utilizzabile). Grazie a questa fase irreversibile, la nostra macchina molecolare può estrarre energia dalla tempesta molecolare senza violare il secondo principio.

Col senno di poi, la cosa ha un senso: una macchina reversibile è una macchina in equilibrio termodinamico senza fasi irreversibili. Se una macchina è reversibile, però, può muoversi senza problemi in un senso o nell'altro. Se può muoversi senza problemi con la stessa facilità in avanti e all'indietro non può compiere lavoro utile. Affinché una macchina compia lavoro utile ci serve l'irreversibilità. Ecco qual era l'elemento mancante che cercavamo nel quinto capitolo.

Nel terzo capitolo abbiamo visto che gli esseri viventi sono sistemi vicini all'equilibrio, aperti e dissipativi. Adesso questa definizione assume un significato nuovo. Il prezzo delle fasi irreversibili necessarie per far funzionare gli ingranaggi cellulari è un consumo continuo di energia libera. Dobbiamo ricevere energia libera a bassa entropia dall'esterno, attraverso il nutrimento o la luce, per farla degradare (dissipare) dalle nostre macchine molecolari, intente a domare la tempesta molecolare.

Cosa mangiano le macchine molecolari?

Le macchine molecolari hanno bisogno di una sorgente di energia libera. In un certo senso, si nutrono di energia libera. Ma qual è la loro ricetta preferita? Servita in un panino con un po' di ketchup? Scherzi a parte, l'energia libera che nutre le macchine molecolari delle cellule animali proviene dal cibo. Lo stomaco, l'intestino e le cellule contengono un sistema incredibilmente complesso di enzimi che scindono il cibo nell'ambito dei processi metabolici. Il prodotto finale di questo complicato processo è una molecola nota come adenosintrifosfato o ATP, la molecola che funge da riserva di energia e che abbiamo visto attivare la miosina nel saggio di motilità citato nel quarto capitolo. L'ATP è formato da una molecola di adenosina cui si legano tre fosfati: il risultato è un concentrato di energia che viene liberata dal distacco di uno o due gruppi fosfato. L'unica ragione per cui i fosfati non si staccano spontaneamente è la barriera di attivazione della molecola; quando l'ATP si lega a una macchina molecolare, però, i gruppi fosfato si staccano immediatamente, l'ATP si trasforma in ADP (adenosin*di*fosfato) e la macchina può disporre di una grande quantità di energia.

Che forma assume questa energia? Si tratta di energia vibrazionale; il rilascio del fosfato porta l'enzima in uno stato di agitazione meccanica. In un certo senso, possiamo vederlo come un fenomeno di riscaldamento locale (una temperatura più alta corrisponde a movimenti più violenti). L'energia liberata dalla perdita di un fosfato è equivalente a quella necessaria a portare l'enzima a una temperatura di 3900 °C. L'agitazione meccanica aggiuntiva consente alla macchina molecolare di superare barriere di attivazione altrimenti insormontabili.

Dopo aver perso il gruppo fosfato, l'ATP, ora diventato ADP, torna alla stazione di ricarica della cellula, il mitocondrio, una sorta di fabbrica cellulare in cui lo zucchero fornisce l'energia necessaria a riattaccare i fosfati all'ADP e ricostituire così l'ATP.

Svita e avvita

A sinistra per svitare, a destra per avvitare.

Consiglio utile quando si monta un mobile Ikea

Ora che sappiamo che cosa mangiano le macchine molecolari, cerchiamo di capire come fanno quelle reali a mettere in pratica il metodo del nano-Sisifo descritto poco fa. Come abbiamo detto, la natura progetta le sue macchine seguendo due approcci distinti: una strategia basata sulla robustezza (il «super-Hummer») e una basata sulla flessibilità («se non puoi batterli, fatteli amici»). Gli scienziati parlano, rispettivamente, di accoppiamento forte e accoppiamento debole. Il confine tra le due strategie non è ben definito ed è oggetto di vivaci di-

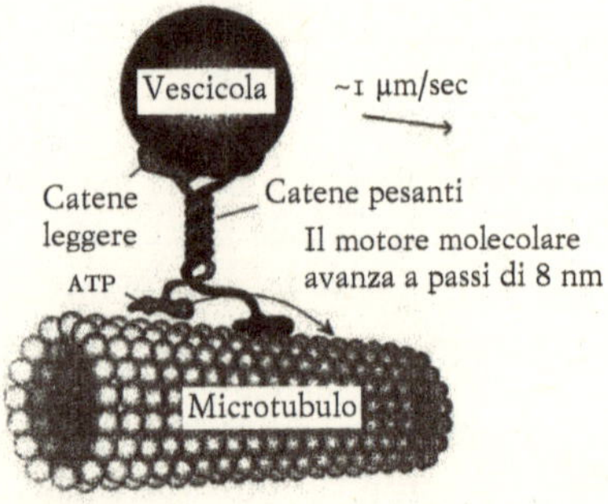

Figura 6.8
Un motore molecolare di chinesina trasporta una vescicola piena di sostanze nutritive lungo un microtubulo. L'intero motore molecolare è alto appena 50 nanometri. © 1999 Per gentile concessione di Robert Freitas Jr., www.nanomedicine.com

scussioni tra gli addetti ai lavori. Ogni volta che si identifica una nuova macchina molecolare il dibattito «debole contro forte» si infiamma di nuovo e ognuna delle due fazioni reclama per sé la nuova arrivata. Prima di intervenire nel dibattito, vorrei spiegare più dettagliatamente la differenza tra i due meccanismi.

Quando i biofisici parlano di accoppiamento forte, si riferiscono a due idee distinte (ma collegate). Ciò che hanno in mente è, in primo luogo, un accoppiamento stretto tra l'ATP fornito e il lavoro compiuto; inoltre parlano di accoppiamento forte nel caso di un legame permanente tra la macchina e la rotaia molecolare. Un motore molecolare fortemente accoppiato utilizza una molecola di ATP per fare un solo passo avanti, rimanendo legato almeno parzialmente a una rotaia molecolare. Una macchina debolmente accoppiata, invece, può staccarsi occasionalmente dalla rotaia. Così facendo, una macchina debolmente accoppiata può fare più di un passo con una molecola di ATP, ma si espone al rischio che la tempesta molecolare la spinga in una direzione indesiderata.

Come abbiamo già detto, nel modello del super-Hummer (cioè nel caso di una macchina fortemente accoppiata) deve esserci un minimo di elasticità, altrimenti la macchina non si muoverebbe affatto. Un'analogia efficace è quella del nostro modo di camminare. Per avanzare, ogni tanto dobbiamo staccarci dal suolo (anche quando strascichiamo i piedi passiamo da un contatto deciso a uno scivolamento). Se riusciamo a farlo è perché manteniamo sempre un piede saldamente attaccato al suolo mentre muoviamo l'altro. In pratica, molte macchine (o motori) molecolari funzionano così. Ad esempio la chinesina è un motore molecolare costituito da una sequenza di molecole proteiche lunga 50 nanometri: si sposta muovendo i suoi due piedi (che i biologi, tanto per creare un po' di confusione, chiamano *teste*) su una rotaia molecolare detta «microtubulo», tenendone sempre uno attaccato ai binari. Questo tipo di motore è utilizzato per spostare carichi all'interno della cellula: sono sherpa di dimensioni nanoscopiche, capaci di trasportare carichi molecolari pesanti verso regioni cellulari lontane, seguendo un binario a senso unico (fig. 6.8).

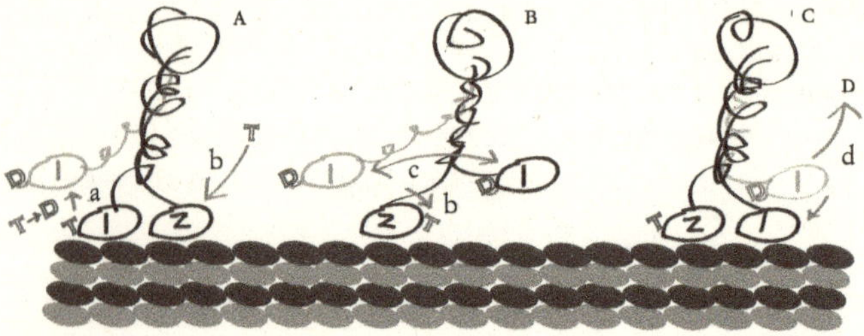

Figura 6.9
Il movimento di una molecola di chinesina (molto semplificato). A: Il piede n. 2 si lega a una molecola di ATP, mentre il piede n. 1 degrada l'ATP (T) in ADP (D) e si stacca dalla rotaia. B: Il legame con l'ATP (T) porta il piede n. 2 ad attaccarsi saldamente al microtubulo che forma la rotaia e a piegare allostericamente in avanti la gamba. Nel frattempo, il piede n. 1 si è staccato dalla rotaia (freccia *a* nella fase A), e oscilla avanti e indietro (freccia *c*). C: Visto che il piede n. 2 e la sua gamba hanno fatto piegare in avanti la molecola, anche il piede n. 1 tende a muoversi in avanti, finendo per legarsi debolmente alla rotaia davanti al piede n. 2 e liberando l'ADP, come mostra la freccia *d*. La molecola ha fatto un passo. Infine (non visibile nella figura) il piede n. 1 si lega a un ATP, si attacca saldamente alla rotaia e piega la gamba in avanti. I due piedi si scambiano i ruoli e il ciclo si ripete: il piede n. 2 degrada il suo ATP in ADP, staccandosi dalla rotaia, e così via.

Per vedere come funzionano i motori di chinesina, analizziamone il movimento (letteralmente) un passo dopo l'altro. In un primo momento, entrambi i piedi sono attaccati al microtubulo, e uno di loro si è legato a una molecola di ATP. Quest'ultima rilascia la sua energia (trasformandosi in ADP), che viene utilizzata per staccare il piede dal microtubulo. Quando il piede si stacca, comincia a essere sospinto avanti e indietro dalla tempesta molecolare, ma non può fare molta strada, a causa dell'altro piede che è ancora legato alla rotaia. Nel frattempo, quest'ultimo cattura una molecola di ATP e con un cambiamento di forma allosterico piega in avanti l'intera molecola di chinesina, obbligando il piede che ciondola a muoversi in avanti. Questo finisce per legarsi alla rotaia proprio davanti al piede già attaccato, e libera la molecola di ADP. A sua volta, il piede che era già attaccato degrada l'ATP, si stacca dalla rotaia e il ciclo può riprendere (fig. 6.9).

Il meccanismo è simile al modello del nano-Sisifo: l'interazione allosterica è Sisifo, che impedisce al piede libero di oscillare all'indietro sotto i colpi a casaccio della tempesta molecolare. Quando il primo piede ha compiuto il passo avanti, l'altro, che ormai è rimasto indietro, deve essere liberato con un reset irreversibile, che richiede la degradazione di una molecola di ATP in una di ADP, di energia inferiore. Il motore continua a camminare finché durano le scorte di ATP.

Il segno distintivo di un motore molecolare fortemente accoppiato è che segue cicli ben definiti, utilizzando un numero prefissato di molecole di ATP a ogni passo. Ciononostante, quello che dà realmente l'impulso al motore è il moto termico caotico che spinge in avanti la gamba del motore, anche se con la correzione che deriva dall'interazione allosterica tra le gambe del motore e l'ATP.

I motori debolmente accoppiati, invece, fanno più affidamento sul moto casuale e non seguono un ciclo definito. E sono più difficili da capire.

Quante probabilità abbiamo?

Per capire i motori debolmente accoppiati, consideriamo due modi possibili che hanno gli oggetti nanoscopici per muoversi quando sono immersi in acqua. Abbiamo già visto il moto casuale, provocato dalle collisioni con molecole d'acqua che si muovono velocemente. I fisici parlano di *diffusione* (fig. 6.10). Quando una molecola si muove per diffusione pura e sempli-

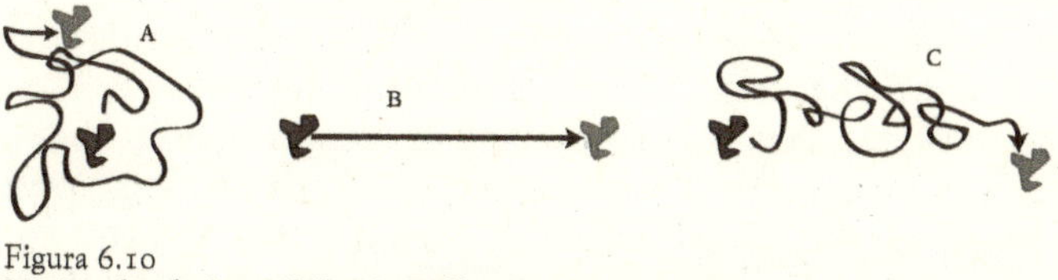

Figura 6.10
Moti molecolari possibili. (A) Diffusione pura: la molecola si muove seguendo un cammino casuale e non compie progressi netti in una direzione particolare. (B) Deriva pura: la molecola si muove lungo un percorso rettilineo deterministico nella stessa direzione della forza applicata. (C) Deriva e diffusione: la molecola si muove, in media, parallelamente alla forza, ma al suo moto ordinato si sovrappone un moto diffusivo casuale.

ce, segue un percorso casuale: ogni passo viene effettuato in una direzione a caso, indipendente dal passo precedente. Perciò la molecola vaga senza meta, come un ubriaco dopo una notte di baldoria (a volte questo tipo di moto è detto proprio *camminata dell'ubriaco*).

L'altro tipo di moto si ha quando la molecola è soggetta all'azione di una forza. L'effetto delle collisioni casuali con la tempesta molecolare c'è ancora, ma adesso la molecola è trascinata attraverso la tempesta molecolare dalla forza cui è soggetta. In questo caso i fisici parlano di *deriva*. Quali tipi di forza si possono applicare a una molecola? Nel regno delle molecole, tutte le forze, in ultima analisi, sono di origine elettrostatica. Anche un legame chimico dipende essenzialmente dall'interazione elettrostatica (ma la sua origine può essere spiegata a fondo solo facendo ricorso a nozioni di meccanica quantistica).

Un fatto importante da ricordare è che le forze spingono i sistemi verso una riduzione dell'energia. Se una molecola si lega a un'altra molecola, in un primo momento il legame non sarà perfetto: le due molecole manterranno una certa separazione. Non appena riescono a percepirsi a vicenda, però, la loro energia totale comincia a diminuire; tra le due molecole si instaura una forza attrattiva che le spinge verso un'ulteriore riduzione dell'energia, cioè verso il completamento del legame.

In generale, le molecole sono soggette a entrambi i tipi di movimento, la diffusione e la deriva. Quest'ultima è un moto deterministico che punta sempre verso una riduzione dell'energia, mentre la diffusione aggiunge alla traiettoria della molecola una componente casuale (fig. 6.10). La presenza della componente casuale fa sì che il modo migliore per descrivere il moto di una molecola consista nel ricorso alla meccanica statistica. L'affermazione «tra tre secondi la molecola si sposterà di 5 nanometri a sinistra» perde così ogni senso; tutto ciò che possiamo dire è con che *probabilità* la molecola si è effettivamente spostata in quella posizione. I fisici possono calcolare la probabilità che una molecola raggiunga una determinata posizione utilizzando la cosiddetta «equazione di Fokker-Planck» (un'equazione molto difficile, che di solito viene risolta dai computer), che calcola la probabilità del moto sulla base del paesaggio energetico della molecola, il quale fornisce una rappresentazione concettuale dell'energia della molecola in funzione della sua posizione e della sua configurazione. Se nel paesaggio compare un pendio ripido – cioè una brusca diminuzione dell'energia in corrispondenza di piccoli movimenti della molecola – si avrà un moto di deriva, perché una brusca variazione di energia corrisponde alla presenza di forze intense che spingono il sistema verso il basso. Al contrario, nelle zone in cui il paesaggio è piatto (dove le variazioni di forma o di posizione di una molecola non ne cambiano l'energia in modo significativo), le forze sono trascurabili e il sistema è dominato dalla diffusione.

A questo punto siamo in grado di capire come funziona il motore molecolare debolmente accoppiato. Un motore del genere si basa in parte sul moto casuale (diffusione) ma è capace di muoversi lungo una direzione, a patto di attaccarsi regolarmente alla rotaia per poi staccarsene. Quando è attaccato è soggetto al moto di deriva e alla forza che lo spinge verso la zona a minima energia della rotaia. Quando si stacca, diffonde liberamente. L'accoppiamento debole non viola il secondo principio perché il distacco dalla rotaia richiede energia libera che viene degradata in calore. Il distacco rappresenta la fase di reset ed è irreversibile.

Per capire come si muove una macchina del genere dobbiamo ragionare in termini probabilistici. La figura 6.11 mostra un motore molecolare su una rotaia caratterizzata da un paesaggio energetico asimmetrico. L'energia varia più rapidamente in una direzione che nell'altra, formando un profilo a dente di sega che ricorda i denti del cricchetto. In un paesaggio energetico di questo tipo la combinazione della deriva e della diffusione aumenta la probabilità che la macchina si muova in una direzione anziché in quella opposta.

L'asimmetria dell'energia della rotaia ha due effetti sulla macchina: anzitutto, quest'ultima trascorrerà la maggior parte del tempo vicino al minimo energetico della rotaia, che si trova nel punto più basso (fig. 6.11, fase A). Al momento del distacco, la macchina è più vicina al dente adiacente di sinistra che a quello di destra. In secondo luogo, quando il motore si riattacca alla rotaia in un punto a caso, finirà con ogni probabilità in un punto in cui il profilo energetico non è molto ripido. Dato che tale profilo pende verso sinistra, il motore sarà soggetto a una forza che lo spinge a sinistra, verso il minimo energetico del dente successivo. Il risultato complessivo è che l'asimmetria del profilo energetico della rotaia favorisce lo spostamento del motore verso sinistra.

I tre grafici nella parte inferiore della figura 6.11 rappresentano lo spostamento del motore in termini di probabilità; ognuno dei grafici corrisponde a una delle fasi descritte dal disegno in alto. All'inizio, se sappiamo che il motore è attaccato in corrispondenza di un certo minimo energetico, la probabilità che si trovi proprio in tale posizione è del 100 per cento (grafico A), dopo di che il motore si stacca e diffonde liberamente. Questa fase è rappresentata dal picco allargato della distribuzione di probabilità del grafico B. Quando il motore si riattacca alla rotaia, si posiziona rapidamente nel minimo energetico più vicino. Trovandosi più vicino al minimo situato a sinistra della sua posizione originale, il motore avrà una probabilità un po' più alta di spostarsi verso sinistra anziché verso destra. La situazione è rappresentata nel grafico C dai picchi di probabilità a sinistra della posizione di partenza, che sono leggermente più grandi. Come potete notare, il picco di probabilità più grande coincide con la posizione di partenza, a indicare che spesso il motore non si muove affatto, perché si riattacca là dove si trovava inizialmente. C'è anche un picco di dimensioni ridotte a *destra* della posizione di partenza: esiste cioè una probabilità piccola, ma non trascurabile, che il motore si muova all'indietro. In media, però, dopo un gran numero di passi, il motore si ritrova a sinistra della posizione iniziale, ovvero ha eseguito un movimento direzionale.

Se questo modello vi sembra stranamente simile al cricchetto del quinto capitolo sappiate che i fisici chiamano questo genere di macchina debolmente accoppiata *cricchetto browniano*. Il cricchetto browniano, a differenza di quello passivo di Feynman, prevede un passaggio irreversibile: il distacco dalla rotaia, alimentato dalla rottura di una molecola di

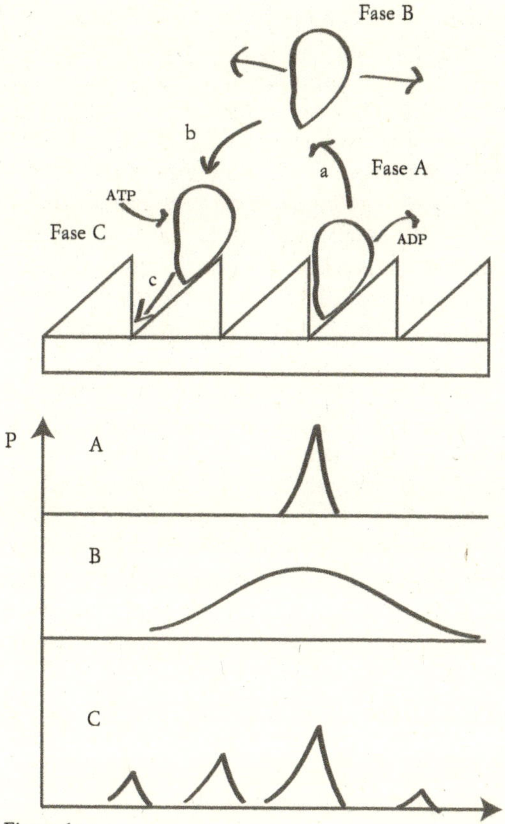

Figura 6.11
In alto: moto di un motore debolmente accoppiato. Nella fase A, la scissione di una molecola di ATP e il conseguente rilascio di ADP fa staccare il motore dalla rotaia (freccia a). Nella fase B, il motore diffonde liberamente. Nella fase C, il motore si riattacca alla rotaia (freccia b), legandosi al tempo stesso a una molecola di ATP. Nel riconnettersi alla rotaia molecolare, si sposta rapidamente per deriva verso lo stato di minima energia (freccia c). In basso: curve di probabilità corrispondenti alle fasi dello schema in alto. (A) Un unico picco di probabilità indica che il motore si trova inizialmente nella posizione di minima energia (prima di arrivare alla fase A in cui avviene il distacco). (B) il motore diffonde liberamente, causando un allargamento del picco di probabilità. (C) Il motore si riattacca. Data l'asimmetria del profilo energetico della rotaia, la probabilità che il motore si riattacchi a sinistra della posizione di partenza è maggiore della probabilità che si riattacchi alla sua destra. Il motore può anche riattaccarsi nella stessa posizione dalla quale era partito. Il moto verso sinistra, però, è più probabile di quello verso destra, e il motore, in media, si muove verso sinistra.

ATP. In realtà potremmo anche far funzionare il cricchetto di Feynman se ogni tanto vi iniettassimo l'energia necessaria per allentare e poi stringere nuovamente la molla del dente di arresto. Allentando la molla, permetteremmo alla ruota di muoversi liberamente, con una probabilità leggermente più alta di ruotare in una direzione rispetto a quella opposta. Stringendo la molla del dente d'arresto spingeremmo ulteriormente la ruota nella direzione desiderata. In media, la ruota si muoverebbe in avanti e compirebbe lavoro. In effetti si può dimostrare che *qualsiasi* macchina molecolare che operi in un paesaggio energetico asimmetrico e preveda una fase irreversibile di degradazione dell'energia può estrarre lavoro utile dalla tempesta molecolare.

Dato che il suo moto è dominato dalla diffusione, una macchina debolmente accoppiata può fare più passi alla volta, ma può anche muoversi all'indietro. Le macchine debolmente accoppiate, quindi, non sono efficienti come quelle fortemente accoppiate. Inoltre non riescono a percorrere grandi distanze prima di staccarsi completamente dalla rotaia. Un motore capace di percorrere una rotaia per grandi distanze, muovendosi sempre in avanti, è detto «processivo». I motori fortemente accoppiati tendono a essere processivi; quelli accoppiati debolmente non lo sono.

La controversia

Come abbiamo già detto, tra gli scienziati c'è una battaglia in corso per stabilire se i motori molecolari siano debolmente o fortemente accoppiati. Lo scontro ha un'origine più profonda: ad alcuni scienziati piace pensare che la natura casuale del moto termico abbia un ruolo primario nei motori molecolari, mentre altri preferiscono una visione più deterministica. I motori debolmente accoppiati hanno una dipendenza evidente dal moto casuale: l'avanzamento vero e proprio avviene principalmente grazie alla diffusione casuale, orientata in avanti dal profilo energetico asimmetrico della rotaia. I motori fortemente accoppiati, ovviamente, non dipendono dalla diffusione casuale; gli avversari della casualità, pertanto, tendono a preferire i meccanismi ad accoppiamento forte.

Uno scontro particolarmente acceso è quello sul motore molecolare della miosina II. In natura esistono approssimativamente diciotto tipi diversi di miosina, e le molecole di miosina II sono quelle che fanno funzionare i muscoli degli animali. Quando decidiamo di sollevare un braccio, inviamo una serie di segnali a un'infinità di motori di miosina presenti nei nostri muscoli, dicendo loro di esercitare una trazione sulle fibre di actina. Le molecole di miosina afferrano le fibre e le tirano come se fosse una gara di tiro alla fune. La trazione dei motori di miosina sulle fibre provoca la contrazione dei muscoli, e il braccio si solleva. La prossima volta che sollevate un braccio (o che muovete una parte qualsiasi del corpo), ricordate che potete farlo grazie a un esercito di nanobot di miosina.

Misurare il funzionamento di questi motori a livello della singola molecola è un'operazione difficile, e non c'è da stupirsi delle differenze tra i risultati ottenuti da laboratori diversi. È da queste discrepanze che è nata la controversia. Fino a non molto tempo fa, la maggior parte dei ricercatori credeva che la miosina II fosse un motore fortemente accoppiato. Le misure mostravano un avanzamento compreso tra cinque e dieci nanometri per molecola di ATP consumata. Tuttavia le misure compiute da Toshio Yanagida dell'Università di Osaka, uno dei pionieri dei motori a molecola singola, indicano qualcosa di diverso. Secondo Yanagida, la distanza percorsa dalla miosina II è variabile e può raggiungere i 30 nanometri per molecola di ATP. L'unica spiegazione possibile è che la miosina sia un motore debolmente accoppiato.

A prescindere dall'esito finale della controversia, il dibattito sul ruolo relativo del rumore termico casuale della tempesta molecolare è un po' artificioso. Anche il motore più fortemente accoppiato deve operare nell'ambiente ostile della tempesta molecolare. Come abbiamo visto, neanche un super-Hummer può lavorare se ogni tanto non molla la presa. Non appena una macchina molecolare si stacca, si trova esposta alle forze casuali del moto termico, e una macchina che riesce a controllarle sarà più efficiente di una macchina che non ne è capace. Si è dimo-

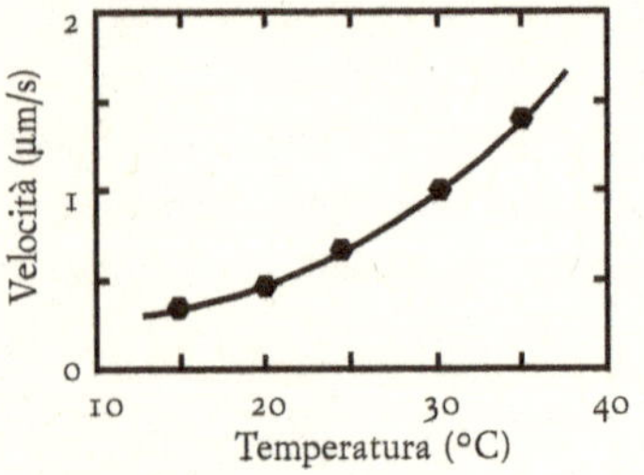

Figura 6.12
La velocità di un motore molecolare in funzione della temperatura (da Kenji Kawaguchi, Shin'ichi Ishiwata, *Temperatura Dependence of Force, Velocity and Processivity of Single Kinesin Molecules*, «Biochemical and Biophysical Research Communications» 272, n. 3 (2000), pp. 895-99, per gentile concessione di Elsevier). La velocità aumenta esponenzialmente con la temperatura: un comportamento tipico delle trasformazioni chimiche che necessitano del moto termico per superare le barriere di transizione.

strato che la chinesina, un motore fortemente accoppiato, sfrutta la tempesta molecolare per far avanzare i propri piedi. L'inclinazione allosterica della molecola aiuta a indirizzare in avanti il movimento, ma qual è l'origine dell'inclinazione? Qualsiasi variazione nella forma di una molecola, in definitiva, è frutto della spinta esercitata dalla tempesta molecolare verso le energie più basse, cioè in una valle del paesaggio energetico della molecola. Se la temperatura è troppo bassa per garantire un'agitazione termica sufficiente, il motore molecolare, semplicemente, non funzionerà.

Persino il più forte degli accoppiamenti non affranca il motore dalla necessità del caos della danza termica per attraversare gli stati di transizione e seguire il proprio cammino in un paesaggio energetico in continuo cambiamento. Senza il caos della tempesta molecolare i motori molecolari delle nostre cellule non si muoverebbero, e noi moriremmo.

7. Twist and Route

> La natura ci dimostra che le molecole possono fungere da macchine perché sono queste macchine che fanno funzionare gli esseri viventi. Gli enzimi sono macchine molecolari che costruiscono, spezzano e riconfigurano i legami che tengono unite altre molecole. I muscoli obbediscono a macchine molecolari che trascinano le fibre, una dopo l'altra. Il DNA serve da sistema di stoccaggio dei dati e come sorgente di istruzioni digitali per i ribosomi, macchine molecolari che fabbricano altre molecole, le proteine.
>
> K. Eric Drexler, *Machines of Inner Space*, in «Nanotechnology: Research and Perspectives».

Una cellula è come una città: ha una biblioteca (il nucleo, che contiene il materiale genetico), centrali elettriche (i mitocondri), autostrade (i microtubuli e i filamenti di actina), camion (la chinesina e la dineina), inceneritori (i lisosomi), mura (le membrane), uffici postali (l'apparato del Golgi) e molte altre strutture che svolgono funzioni vitali (fig. 7.1). Tutte queste funzioni sono svolte da macchine molecolari. Alcune di queste piegano il DNA; altre trasportano merci lungo autostrade molecolari o attraverso la membrana cellulare. Oggi sappiamo che le macchine molecolari sono come piccoli diavoli di Maxwell che si nutrono regolarmente di ATP. Cominciamo ad avere una vaga idea di come funzionano. Nelle cellule degli esseri viventi, però, le macchine di questo tipo sono tantissime: macchine che fanno tante cose diverse, che si muovono in modi diversi e che collaborano con modalità che non abbiamo ancora capito del tutto. In questo capitolo ne esamineremo alcune, per scoprire che cosa fanno, perché ne abbiamo bisogno, come funzionano, in che modo gli scienziati ne hanno chiarito i misteri, e infine vedremo quali interrogativi attendono ancora una risposta. Scopriremo che la vita non rivela tanto facilmente i propri segreti.

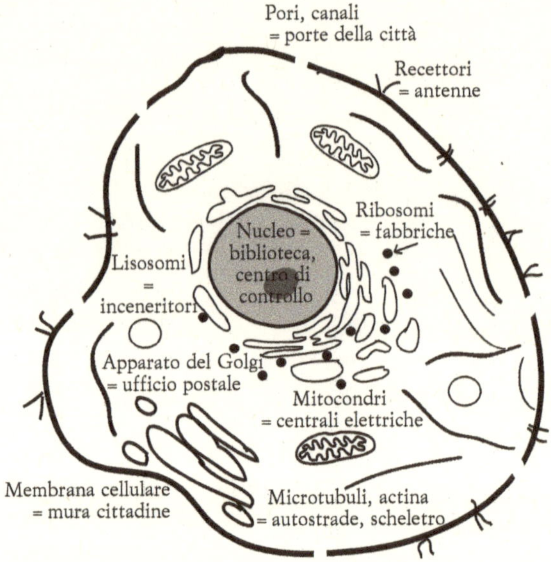

Figura 7.1
Rappresentazione schematica di una cellula animale.

Motore, azione! La chinesina, la miosina e la dineina

In ogni città ci sono lavori umili: sollevare, trasportare, riordinare, ricostruire. La città cellulare non è da meno. Gran parte di questi lavori è svolta da tre tipi di macchine molecolari: la chinesina, la miosina e la dineina (fig. 7.2), che d'ora in avanti chiameremo semplicemente motori molecolari o proteine motrici. Non esiste un tipo di chinesina, di miosina o di dineina per ogni singola attività, esistono invece diverse superfamiglie di motori molecolari, simili a una flotta di camion adattabili secondo le esigenze, con diciotto classi note di miosine, dieci di chinesine e due di dineine. Ogni classe, a sua volta, ha molti membri: il risultato è un numero gigantesco di variazioni su un tema comune. L'essere umano ha geni che codificano più o meno per 150 tipi diversi di chinesina, miosina e dineina: di questi, i geni associati alle miosine sono tra i 40 e i 50. L'u-

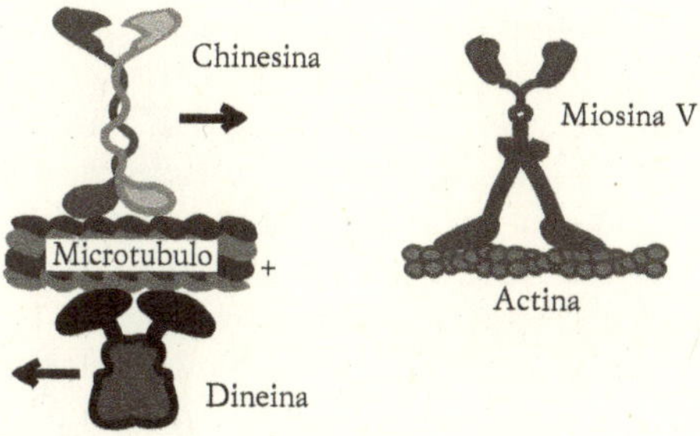

Figura 7.2
Motori molecolari per il trasporto di sostanze nelle cellule. L'altezza di queste molecole che camminano varia tra 30 e 50 nanometri.

mile lievito che fa fermentare la nostra birra se la cava con 5 miosine, che per un organismo unicellulare sono comunque un bel numero.

La parte centrale di tutti i motori molecolari è un'unità di ATPasi. Il suffisso *-asi* significa che la molecola è un enzima, cioè una proteina che facilita una reazione chimica. Di solito, se il nome dell'enzima è del tipo *X-asi*, vuol dire che l'enzima scinde la molecola X. Se invece l'enzima aiuta ad assemblare X, viene chiamato *X-sintasi*. L'ATP-sintasi assembla l'ATP, mentre l'ATPasi lo scinde. Come abbiamo detto nel sesto capitolo, la rottura dell'ATP libera una grande quantità di energia, che rappresenta il contributo dominante al funzionamento di un motore molecolare. Il sito dell'ATPasi del motore molecolare, quindi, è la sua camera di scoppio.

La camera di scoppio è una tasca molecolare fatta per contenere esattamente una molecola di ATP. La tasca dell'ATPasi facilita l'*idrolisi*, cioè la separazione di un gruppo fosfato dall'ATP, che trasforma quest'ultimo in ADP. L'idrolisi (il fosfato viene rimosso quando l'ATP interagisce con una molecola d'acqua) libera $5,8 \times 10^{-20}$ joule di energia, pari a 0,36 eV. Non sembra un granché, ma in realtà è una discreta quantità di energia, pari a circa 14 volte l'energia media delle molecole contenute nella tempesta molecolare. Il rilascio di un'energia così elevata equivale, su scala locale, al riscaldamento di una molecola fino a 3900 gradi. L'idrolisi dell'ATP modifica lievemente la forma della tasca dell'ATPasi, spostandola di circa 0,5 nanometri. Conoscendo l'energia e lo spostamento, siamo in grado di calcolare la forza massima generata dall'idrolisi dell'ATP nella tasca dell'ATPasi. Assumendo un'efficienza energetica del 100 per cento, o assumendo che tutta l'energia liberata sia disponibile per compiere lavoro, la forza è data dal rapporto tra l'energia liberata e lo spostamento, cioè $5{,}8 \times 10^{-20}$ joule divisi per $0{,}5 \times 10^{-9}$ metri (1 nanometro = 10^{-9} metri) pari a 116 piconewton (pN) (il prefisso *pico-* indica un trilionesimo, cioè 10^{-12}). Quanto è grande una forza del genere? Se confrontiamo una forza di 116 pN al peso del più piccolo granello visibile di polvere, quest'ultimo è ancora superiore di un fattore 5 o giù di lì. L'energia rilasciata da una molecola di ATP potrebbe sollevare la particella di polvere di appena 0,1 nanometri, uguali alle dimensioni di un atomo di idrogeno. Si direbbe pochissimo, ma nel mondo molecolare delle nostre cellule 116 pN rappresentano una forza enorme: ad esempio è sufficiente per rompere la membrana cellulare.

La forza è grande, ma il movimento è minuscolo. È difficile fare molto lavoro utile quando ci si muove a passi di 0,5 nm. Per questa ragione, nei motori molecolari la tasca della ATPasi è accoppiata a un amplificatore meccanico, un elemento della molecola che amplifica il moto della tasca dell'ATPasi. Abbiamo già incontrato questa amplificazione meccanica discutendo dell'allosteria. La conservazione dell'energia richiede che la forza diminuisca in proporzione all'aumento dello spostamento. Se voglio che il movimento sia dieci volte maggiore, diciamo 5 nm, posso generare una forza dieci volte più piccola, cioè di soli 11,6 pN. In realtà, l'efficienza di questi motori è solo dell'ordine del 60 per cento (che è comunque molto buona), e i movimenti amplificati vanno da 5 a 36 nm mentre le forze oscillano tra 1 e 10 pN. Sembrano valori molto piccoli, ma in realtà anche 1 pN è sufficiente per spostare carichi molecolari, soprattutto se i motori si uniscono per collaborare.

Pinze di luce

Misurare le forze e gli spostamenti prodotti dai motori molecolari sembra una faccenda incredibilmente complicata. Dopo tutto, stiamo parlando di motori grandi poche decine di nanometri, e sappiamo quanto sia incredibilmente piccolo un nanometro. Non possiamo pensare di attaccare una molecola così piccola a un guinzaglio e misurare con quale forza lo tira. O forse sì?

Nel 1993, il gruppo di ricercatori di Harvard diretto da Steven Block legò alcuni motori molecolari di chinesina a minuscole sferette di silice servendosi di piccoli «guinzagli» molecolari. Le sferette furono poi catturate in una trappola fatta di luce, realizzata con fasci laser. La luce è composta da particelle, i fotoni, che con la loro quantità di moto possono esercitare una spinta su una particella. L'azione collettiva di molti fotoni può dare origine a una pressione. In una trappola laser, un fascio di luce laser ad alta intensità viene focalizzato in modo che la pressione dei fotoni crei una piccolissima forza diretta verso il centro del fascio, capace di impedire a una particella di piccole dimensioni di allontanarsi dal centro del fuoco. Stiamo parlando di forze comprese tra 1 e 10 pN, ma il peso di una sferetta del diametro di 600 nm – come quelle utilizzate negli esperimenti di Block – è di soli 0,002 pN e pertanto la pressione luminosa è più che sufficiente per sospendere e immobilizzare l'oggetto (fig. 7.3). Le trappole laser sono dispositivi stupefacenti: attraverso l'uso di lenti e specchi è possibile deviare la luce con molta facilità, riuscendo a impartire spostamenti tridimensionali alla sferetta che vi è intrappolata. La trappola laser, quindi, funziona come una pinza estremamente sensibile, capace di afferrare una sfera di pochi nanometri insieme alle molecole che le sono state attaccate.

Nell'esperimento realizzato da Block e dai suoi studenti, da una sospensione di sferette addobbate con molecole di chinesina ne veniva isolata una, che veniva poi calata su un microtubulo – la rotaia proteica sulla quale si muovono i motori mo-

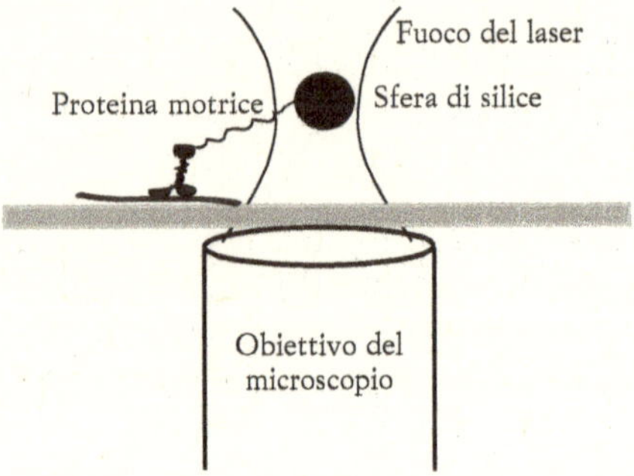

Figura 7.3
Misura con pinza laser del moto di una proteina motrice di trasporto e delle forze associate.

lecolari di chinesina – fissato a un vetrino. Il gruppo di Block aveva trasformato la trappola laser in un interferometro, illuminando il bersaglio con due fasci luminosi distinti. Analizzando l'interferenza della luce diffusa dalla sferetta, i ricercatori sono riusciti a determinare con estrema precisione il suo movimento.

L'origine del moto era duplice: da un lato il rumore termico, dall'altro il moto intenzionale delle proteine motrici. Spostandosi lungo la rotaia, la molecola di chinesina trascinava con sé la sferetta. Man mano che questa si avvicinava al bordo della trappola luminosa, la forza aumentava da 0 a 1,5 pN. Misurando simultaneamente lo spostamento e la forza, Block e i suoi colleghi sono riusciti a calcolare la velocità e il passo di un singolo motore di chinesina in funzione del carico da trainare. Quando la forza diventava eccessiva, il motore si staccava dalla rotaia, la sferetta ricadeva nel centro del fuoco del laser, il motore di chinesina si riattaccava alla rotaia e la misura poteva essere ripetuta.

Block ha scoperto che a basse concentrazioni di ATP la sferetta era trainata dal motore a una velocità di 50 nanometri al secondo. Servendosi della statistica per eliminare il rumore che contaminava i dati, i ricercatori hanno scoperto che la chinesina si muoveva a passi compresi tra 6 e 8 nanometri: se ne deduce che il numero di passi compiuti ogni secondo era compreso tra 6 e 8. Block e i suoi hanno anche scoperto che la chinesina compensava perfettamente il moto termico, dato che non si muoveva quasi mai all'indietro.

All'aumentare della concentrazione di ATP il motore accelerava, fino a raggiungere una velocità massima di 500 nanometri al secondo. A questa velocità, quella piccola molecola avrebbe attraversato un'intera cellula più o meno in un minuto. A quel punto, Block e i suoi studenti hanno messo alla prova il piccolo motore: aumentando l'intensità del laser, hanno esercitato sulla molecola un'attrazione maggiore, esaminando quindi la reazione del motore: il motore di chinesina poteva opporsi a forze che raggiungevano i 5 pN. A titolo di paragone, la forza necessaria per trascinare una sferetta del diametro di 600 nm a una velocità di 500 nm/s in acqua è di circa 0.03 pN. In conclusione, quel minuscolo motore, lungo appena 50 nanometri, traina senza fatica un oggetto molto più grande di lui, spostandosi di buon passo da un capo all'altra della cellula. È una formica operaia molecolare.

Dopo i risultati di Block, l'utilizzo delle pinze laser per studiare le macchine molecolari ha fatto progressi notevoli. Oggi il rumore è molto più basso, ci si serve di cicli di feedback per controllare la forza o la posizione, e grazie alle trappole multiple si è imparato a manipolare singole molecole in una miriade di modi diversi. Sedici anni più tardi, Block e i suoi collaboratori sono riusciti a seguire il movimento di una singola gamba di chinesina attaccando la sferetta a una delle teste della proteina motrice mediante un filo di DNA, che ha permesso di esercitare una lieve trazione sulla gamba per vedere se era vincolata al microtubulo o se era libera di muoversi. Oltre a dimostrare un'abilità incredibile nel collegare chimicamente una molecola di DNA a un segmento specifico lungo 10 nanometri appartenente a una molecola di 50 nanometri e ad attaccare poi il DNA a una sferetta intrappolata in un fascio di luce laser, i dati ottenuti si sono rivelati di gran lunga superiori a quelli ottenuti in precedenza da Block. Nel 1993, Block e i suoi studenti erano stati obbligati a ricorrere all'analisi statistica per estrarre informazioni significative dalle tracce rumorose del movimento della sferetta; nel 2009 sono riusciti a osservare chiaramente ogni singolo passo della testa della molecola con una risoluzione dell'ordine del nanometro.

Magie fluorescenti

La scoperta delle imprese incredibili di cui sono capaci i motori molecolari era cominciata molto tempo prima della nascita delle pinze laser. Le prime vere tecniche per lo studio di singole molecole furono messe a punto negli anni immediatamente successivi al 1980 e consistevano nell'attaccare molecole fluorescenti alla proteina motrice. La fluorescenza è l'emissione di radiazione luminosa con un colore ben preciso da parte di una sostanza eccitata da luce di energia maggiore. Quando un fascio di fotoni ad alta energia colpisce una molecola fluorescente, gli elettroni di quest'ultima sono spinti a saltare su un'orbita elettronica (livello energetico) superiore. La molecola si ritrova così in uno stato eccitato, ma dopo un certo tempo gli elettroni cominciano a decadere verso un livello energetico più basso, e la differenza di energia tra il livello eccitato e quello sottostante è emessa sotto forma di luce con un'energia caratteristica (e quindi con un colore ben preciso). Un esempio familiare di fluorescenza è il bagliore misterioso emesso dalla vostra T-shirt quando entrate in una discoteca dotata di lampade di Wood a luce nera. La luce ultravioletta prodotta dalle lampade di Wood è molto energetica e può eccitare le molecole dei vostri abiti. Ricadendo verso il livello energetico di partenza, gli elettroni producono una luce bluastra: è la fluorescenza.

Servendosi di rivelatori molto sensibili, i ricercatori erano riusciti a misurare la luce emessa da una singola molecola fluorescente. Divenne così possibile seguire il moto di singoli motori molecolari con un microscopio ottico, anche se i motori, di per sé, erano troppo piccoli per essere osservati: tutto quello che dovevano fare gli scienziati era seguire la luce emessa dal marcatore fluorescente attaccato al motore.

La capacità di rivelare i singoli fotoni ha prodotto un'industria artigianale di tecniche di singola molecola basate sulla fluorescenza. Come avviene abitualmente nella scienza, i loro acronimi sono tutti fantasiosi, da TIRF a FRET, FCS e SHRIMP.

Uno dei primi a utilizzare le tecniche di fluorescenza per studiare i motori molecolari è stato Jim Spudich dell'Università di Stanford, che nel 1983 mise a punto quello che oggi è noto come *bead assay*, «saggio delle sferette». Spudich e i suoi studenti attaccarono molecole di miosina a sferette marcate con una sostanza fluorescente (in maniera analoga a ciò che fece Block dieci anni più tardi con la chinesina per la sua trappola laser), dopo di che sospesero le sferette su un letto di filamenti di actina. Non appena le molecole di miosina entrarono in contatto con l'actina e con la giusta dose di ATP, le sferette fluorescenti cominciarono a muoversi in ogni direzione come lucciole microscopiche. Nel 1986, Spudich fece l'opposto: attaccò la miosina a un substrato e sospese dei filamenti di actina marcati con una sostanza fluorescente sopra le proteine motrici. Anche in questo caso, con la giusta dose di cibo la molecola di miosina cominciò a spingere di qua e di là i filamenti di actina, che cominciarono a oscillare e a librarsi in maniera spettacolare. Quest'ultimo tipo di esperimento fu proprio ciò che io vidi 25 anni dopo alla conferenza di biofisica, e il fascino che ispirava era ancora lo stesso di quando era stato creato. Guardando i filamenti che danzavano come vermi luminosi pensai che il moto intrinseco della vita, misterioso tanto per gli antichi Greci quanto per gli scienziati dei primi anni del XX secolo, aveva ormai trovato la sua spiegazione negli stupefacenti movimenti di semplici molecole.

Come si muovono i motori? La chinesina e la miosina V

La chinesina-1 e la miosina V (per qualche ragione, ai ricercatori che lavorano sulla chinesina piace usare i numeri arabi, mentre quelli che lavorano sulla miosina preferiscono i romani) sono la quintessenza dei motori che camminano. Entrambe sono proteine processive, capaci di percorrere lunghe distanze senza mai perdere il contatto con le rotaie. La chinesina si muove sui microtubuli; la miosina va a spasso lungo i filamenti di actina. Grazie a decine di studi di precisione, realizzati attraverso l'uso di tecniche di fluorescenza, AFM, pinze laser, raggi X, microscopia elettronica e proteine motrici mutate, siamo arrivati a un

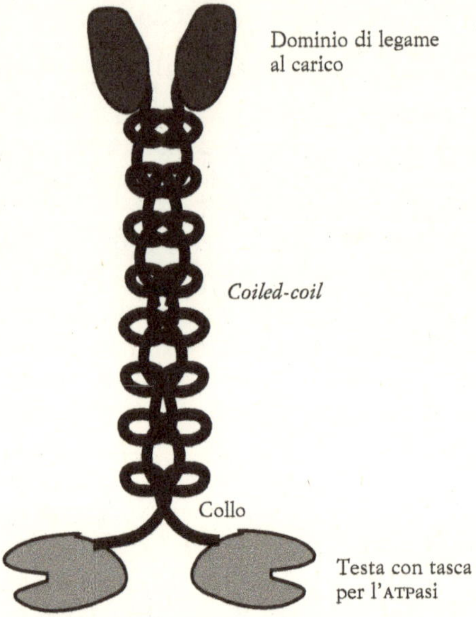

Figura 7.4
Struttura di una molecola di chinesina-1. Al fondo troviamo le due teste, con le quali la molecola si sposta ondeggiando sul filamento di un microtubulo. Ogni testa possiede una tasca per legarsi all'ATP e sottoporlo a idrolisi. Le due teste sono unite da un collo tozzo. In cima al collo troviamo il lungo avvolgimento elicoidale a spire (*coiled-coil*) che termina con il dominio di legame al carico.

passo da una descrizione dettagliata del moto di queste incredibili molecole semoventi. Studi strutturali hanno dimostrato che il sito di legame dell'ATP, il cosiddetto *dominio motore* – quella parte del motore che si lega alla rotaia e all'ATP – è molto simile in entrambe le proteine. Questo ci dice che le due molecole discendono da un antenato comune. La cosa piuttosto sorprendente, però, è che si muovono in modo del tutto diverso: mentre la miosina V avanza a grandi passi, la chinesina-1 procede ondeggiando. Inoltre, come vedremo, le due proteine motrici utilizzano l'ATP per scopi completamente differenti.

I dettagli del modo in cui si muovono i due motori sono ancora poco chiari. Concentriamoci sulla chinesina, o meglio, su un tipo particolare di chinesina, la chinesina-1. Abbiamo già

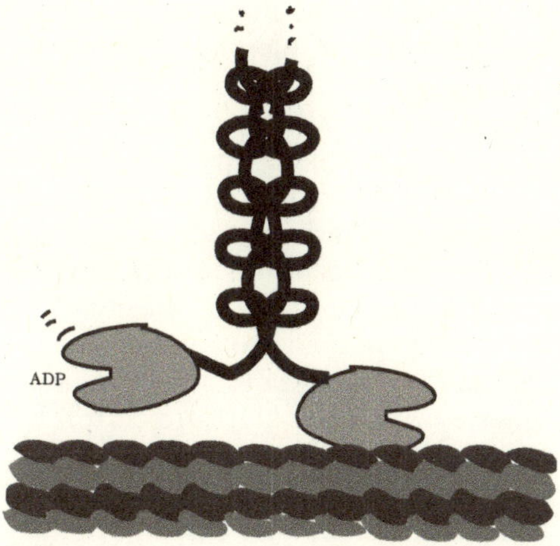

Figura 7.5
Lo stato di attesa di una proteina motrice di chinesina su un microtubulo. Per semplicità è stato omesso il dominio del carico.

parlato brevemente di questa proteina nel sesto capitolo, e abbiamo cominciato a renderci conto della complessità dell'argomento. La chinesina-1 è formata da due domini motori (detti anche *teste*), che si attaccano e si staccano dal microtubulo. Le teste sono collegate da un collo piuttosto corto e poco flessibile. È per questo che la chinesina è condannata a camminare ondeggiando: è come se cercaste di camminare con i pantaloni calati sulle caviglie. Al di là del collo si trova una struttura elicoidale (*coiled-coil*) formata da due filamenti avvolti in spire: è la sezione più lunga della molecola. In cima al *coiled coil* troviamo un dominio di legame al carico, la cui funzione si spiega da sé (fig. 7.4).

Per seguire il moto di una molecola di chinesina dobbiamo scegliere un punto del ciclo dal quale cominciare. Immaginiamo che la testa anteriore sia vuota, cioè che non sia legata a molecole di ATP o ADP, ma che sia legata al microtubulo. Contemporaneamente, la tasca dell'ATPasi della testa posteriore contiene una molecola di ADP. Gli esperimenti di Block del 2009 fanno pensare (per ora) che l'affinità della testa legata all'ADP con il microtubulo sia molto bassa. In altre parole, la testa posteriore può dondolare liberamente, mentre quella anteriore, vuota, è saldamente attaccata al microtubulo. Block chiama questa configurazione *stato di attesa* (fig. 7.5).

A questo punto passa da quelle parti una molecola di ATP. Non può legarsi alla testa posteriore (la sua tasca di legame è già occupata dall'ADP), ma la testa anteriore, vuota, è ben contenta di accogliere l'ATP solitario. Il legame della testa con l'ATP libera energia, che viene utilizzata per l'accoppiamento (*docking*) del collo con la testa anteriore. Il risultato è che la molecola si piega in avanti, generando tensione tra le due teste (le quali, dopo tutto, sono connesse da un collo piuttosto corto). È probabile che la combinazione della tensione indotta nel collo e l'asimmetria del paesaggio asimmetrico del microtubulo faccia compiere alla testa libera una cosiddetta *diffusione orientata*. In altre parole, la testa è spinta in ogni direzione dalla tempesta molecolare, ma dal momento che il paesaggio energetico è sbilanciato in avanti, la testa si muove – quasi sempre – in avanti (non sempre, però: a volte arretrerà!).

La ricerca diffusiva di un posto a bassa energia in cui atterrare rappresenta ancora un mistero. Alcuni gruppi di ricerca hanno determinato che il *docking* del collo è associato a un'energia paragonabile a quella contenuta nella tempesta molecolare. Questo non basterebbe a resistere all'assalto furioso di orde selvagge di molecole d'acqua. Secondo altri ricercatori, tuttavia, il legame con l'ATP fornirebbe una quantità di energia molto più grande, più o meno tredici volte l'energia termica della tempesta molecolare. I siti sui quali la testa potrebbe atterrare comodamente sono separati da 8 nanometri. Il sito più vicino è già occupato dalla testa anteriore; pertanto la testa fluttuante deve diffondere per 16 nanometri prima di trovare un nuovo posto in cui riposare tranquillamente. Per un motore molecolare si tratta di una distanza di tutto rispetto. Per trovare la propria destinazione, la testa fluttuante deve aggirare quella fissa, camminando come un cowboy che indossa i gambali. È difficile capire in che modo una leggera inclinazione in avanti (verosimilmente 1-2 nanometri, dovuti al *docking*) possa proiettare la testa addirittura a 16 nanometri di distanza.

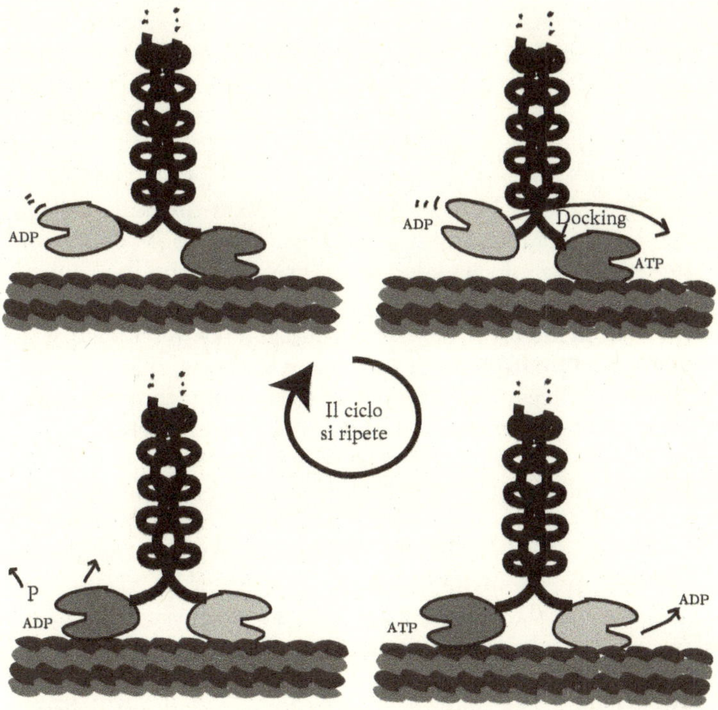

Figura 7.6
Da sinistra a destra: il moto della chinesina-1, passo dopo passo. Al termine della sequenza il ciclo si ripete: le due teste si sono scambiate di posto e il motore molecolare è avanzato di un passo.

Il gruppo di Yanagida, famoso per la controversia sulla miosina II, ha misurato la modalità di avanzamento della chinesina al variare della temperatura e ha trovato un contributo entropico pari a 4 volte l'energia della tempesta molecolare. La componente mancante, quindi, potrebbe essere l'entropia; in altre parole, dal punto di vista entropico il moto in avanti è favorito rispetto al moto contrario.

Quando la testa trova il nuovo posto in cui posarsi, a 16 nanometri da dove è partita, rilascia l'ADP e si lega saldamente al microtubulo. A quel punto la sua tasca di legame è nuovamente vuota ed è pronta a legarsi a un altro ATP. La molecola ha compiuto un passo, la testa anteriore è passata dietro e quella che prima oscillava liberamente è passata davanti. Tuttavia non siamo ancora ritornati alla casella di partenza: quella che ora è la testa posteriore è ancora legata all'ATP. Attraverso un'interazione allosterica, l'ATP della testa posteriore impedisce alla nuova testa anteriore di legarsi a un nuovo ATP, ed è bene che sia così; se la testa anteriore si legasse all'ATP quando quella posteriore è ancora attaccata alla rotaia, si accoppierebbe con il collo, sottoponendo la molecola a tensioni insostenibili. Invece, la testa posteriore dapprima sottopone a idrolisi il suo ATP, trasformandolo in ADP attraverso la rimozione di uno ione fosfato, e solo a quel punto la testa posteriore si stacca, quella anteriore è libera di legarsi all'ATP e il ciclo si ripete (fig. 7.6). La sequenza ci fa capire com'è orchestrato l'avanzamento: il moto controlla le transizioni chimiche, e le transizioni chimiche controllano il moto attraverso l'allosteria. L'accoppiamento chemo-meccanico garantisce che il motore non inciampi mai. È proprio il controllo rigido sul movimento che fa della chinesina un motore altamente processivo.

Adesso cerchiamo di trovare il nesso tra questo schema e le idee più generali introdotte nei capitoli precedenti. Avevamo visto che il reset del sistema richiede un paesaggio energetico in pendenza e una fonte di energia libera. Nel caso della chinesina, la pendenza del paesaggio energetico nasce dalla tensione tra le due teste, indotta dal collo corto e dall'energia di legame del microtubulo, cui può aggiungersi un contributo entropico. L'energia libera si rende disponibile quando l'ATP si lega, quando la testa si lega al microtubulo e quando l'ATP viene idrolizzato. Una parte di questa energia serve ad accoppiare il collo della chinesina e a generare una tensione che a sua volta trasferisce energia cinetica alla testa libera di muoversi. Una parte dell'energia, inoltre, serve a staccarsi dal microtubulo e a liberare l'ATP consumato. Alla fine, tutta l'energia viene convertita in vibrazioni della chinesina e del microtubulo e finisce per essere dissipata sotto forma di calore. Il risultato è l'utilizzo dell'energia libera sotto forma di ATP per compiere lavoro; il resto dell'energia è dissipato come calore. Violazioni del secondo principio? Nessuna.

Ciò che colpisce, però, è che la fonte principale di energia, l'idrolisi dell'ATP, non sembra essere utilizzata direttamente nella locomozione, bensì nella fase di reset, come nel caso del diavolo di Maxwell o del nano-Sisifo. L'energia contenuta nell'ATP è utilizzata per staccare la testa posteriore dal microtubulo (e quindi, in un certo senso, per cancellare l'informazione sul punto in cui era stata attaccata fino a quel momento). La chinesina è un motore fortemente accoppiato: per fare un passo, consuma una molecola di ATP. Si attacca saldamente quando deve, ma quando si muove si comporta come un cricchetto browniano, spostandosi per diffusione in un paesaggio energetico modellato non solo dall'ambiente ma anche dalle tensioni meccaniche che si formano all'interno della molecola stessa. Una macchina piccola ma davvero ingegnosa!

La famiglia delle chinesine

Finora abbiamo parlato di un solo tipo di chinesina: la chinesina-1. Come abbiamo detto, esistono dieci classi di chinesine e ogni classe comprende molti membri. Nel DNA umano sono codificate 45 chinesine differenti. Esistono molti tipi di questa proteina perché ognuno ha un compito specifico e funziona in maniera leggermente diversa dagli altri. Nonostante le differenze, però, sono tutte chinesine, perché condividono un identico dominio motore e sono tutte motori molecolari.

La posizione del dominio motore rispetto al resto della proteina varia molto da un tipo di chinesina all'altro. In generale, le proteine hanno due estremità. Le proteine sono sequenze di aminoacidi ripiegate su se stesse, e i motori molecolari non fanno eccezione. Ogni aminoacido termina con un gruppo carbossilico da un lato e un gruppo amminico dall'altro; quando gli aminoacidi si legano tra di loro, l'estremità carbossilica di un aminoacido si aggancia all'estremità amminica di quello adiacente, formando un cosiddetto «legame peptidico». In questo modo, però, alle due estremità ancora libere restano, rispettivamente, un gruppo carbossilico e uno amminico, entrambi privi di legami. L'aggiunta di altri aminoacidi non cambia la situazione: c'è sempre un gruppo carbossilico a un'estremità (detto C-terminale) e un gruppo amminico all'altra (detto N-terminale, perché i gruppi amminici contengono azoto). Le chinesine possono essere suddivise in tre gruppi, a seconda di dove si trova la proteina motrice: vicino al C-terminale, vicino all'N-terminale o da qualche parte tra i due. La maggior parte delle molecole di chinesina è N-terminale, ma negli esseri umani esistono tre chinesine C-terminali e tre chinesine M (medie). È interessante notare come le chinesine N-terminali percorrano i microtubuli verso la cosiddetta «estremità +» (verso la parete cellulare, allontanandosi dal centro della cellula), mentre le chinesine C-terminali si muovono verso l'«estremità –» (verso il centro della cellula).

Le chinesine trasportano vescicole (sacche racchiuse in un rivestimento lipidico) che possono contenere vari tipi di molecole; sono anche in grado di creare tensione nelle reti di microtubuli, in modo particolare durante la divisione cellulare. Alcune chinesine sono attive solo nelle cellule del nostro sistema nervoso, tanto che esiste un legame tra determinate malattie neurologiche e le mutazioni nella sequenza di aminoacidi di queste proteine. Ci sono chinesine capaci di trasportare interi organelli (vere e proprio subunità della cellula). Il movimento dei mitocondri nelle cellule nervose, ad esempio, è compito di una chinesina nota come KIF1B. (Come abbiamo già detto, i mitocondri sono le centrali elettriche della cellula e provvedono a ripristinare l'ATP a partire dall'ADP). Altre chinesine, come la chinesina-2, possiedono domini motori non identici e svolgono un ruolo importante nello sviluppo dell'embrione. La cromochinesina interviene nel trasporto del DNA durante la divisione cellulare: quando una cellula si scinde, le informazioni contenute nel DNA devono distribuirsi equamente tra le due cellule figlie e questo è possibile grazie alla separazione dei cromosomi attraverso un complesso processo detto «mitosi». La separazione è realizzata da un esercito di macchine molecolari, una delle quali è appunto la chinesina.

La chinesina-3 e la chinesina-5 sono tra le più bizzarre della famiglia. La chinesina-3 sembra possedere solo una testa e una spira che la tiene legata al microtubulo. È stato ipotizzato che costituisca un esempio di motore basato su un cricchetto browniano, perché una sola testa non può proprio muoversi come fa la chinesina-1: come generare una tensione se nessuna componente della molecola è attaccata al microtubulo? Nel modello proposto, la spira può avere il compito di aiutare a mantenere il contatto con il microtubulo mentre la testa si stacca per affidarsi alla diffusione (direzionale). Tuttavia, studi recenti fanno ritenere che le molecole di chinesina-3 formano coppie per lavorare insieme, in maniera molto simile alle due teste sempre connesse della molecola di chinesina-1.

La chinesina-5 rappresenta l'estremo opposto: ha quattro teste, due a un'estremità e due all'altra, e partecipa alla mitosi. Si attacca a due microtubuli alla volta e li avvicina tra loro. Durante la mitosi, i cromosomi sono infatti connessi al fuso mitotico, una struttura composta da microtubuli, e la chinesina-5 è il motore che mantiene rigido il fuso.

La miosina V: la relazione tra il moto e la chimica

Nel 2009, più o meno un anno dopo l'inaugurazione di un nuovo corso di laurea in biofisica medica alla Wayne State University, il nostro dipartimento assunse un biofisico. Fortuna volle che si trattasse del mio collega Takeshi Sakamoto. Takeshi è uno specialista dei motori molecolari e ha al suo attivo diversi lavori rivoluzionari. E la sua creatura prediletta è la miosina V.

Come la chinesina, anche la miosina V è un motore semovente che trasporta carichi. Ci sono però alcune differenze tra le due molecole: la miosina non si sposta sui microtubuli ma sui filamenti di actina, e al posto di un collo tozzo possiede gambe lunghe, il che fa sì che non avanzi ondeggiando a piccoli passi bensì a grandi falcate. Se la chinesina e la dineina sono i treni a lunga percorrenza della cellula, la miosina V è paragonabile a un treno locale. Prende il carico della chinesina e lo sposta per una breve distanza fino alla membrana cellulare, dove lo passa ad altre macchine molecolari che lo portano fuori dalla cellula.

Nel 2011, al Biophysical Society Meeting, incontrai il relatore di dottorato di Takeshi alla Kanazawa University. Toshio

Ando si lamentò con Takeshi per averlo stregato con la miosina V, ma non era poi così infelice per quella dipendenza. Il fascino che esercitavano su di lui i motori molecolari lo ha portato a creare uno dei microscopi a forza atomica più sofisticati al mondo. Le scansioni dell'AFM di Ando sono così veloci che per registrare una singola immagine bastano venti millisecondi. È probabile che per un profano la cosa non significhi granché, ma di solito gli AFM impiegano decine di secondi, o addirittura minuti, per completare un'immagine. Come abbiamo già detto, gli AFM creano un'immagine spostando una punta aguzza su una superficie: se il movimento è troppo veloce si rischia di lacerare il campione. Per muovere la punta con la stessa velocità di Ando servono componenti hardware ed elettroniche superveloci. Ci sono voluti quasi dieci anni prima che Ando e i suoi studenti mettessero a punto la nuova tecnica.

Alla conferenza di biofisica, Ando ha mostrato il video – ormai divenuto celebre – di una molecola di miosina V in marcia. Servendosi dell'AFM ultraveloce, Ando e i suoi studenti hanno filmato il moto di singole molecole di miosina lungo i filamenti di actina: sono filmati affascinanti, anche se sono un po' sfocati e le immagini tremolano; tuttavia si vede chiaramente una macchina di dimensioni nanometriche che, come una piccola creatura a due gambe, si ferma, fa un salto, si ferma ad aspettare e poi fa rapidamente un altro passo, aspetta di nuovo, fa un altro passo e via dicendo. Possibile che la molecola sia viva? No, non nel vero senso del termine. Guardandola sfilare davanti a noi, possiamo renderci conto di come tutte queste macchine, interagendo in maniera controllata, possano creare un essere vivente. È qui, non c'è dubbio, che comincia la vita.

Takeshi Sakamoto era uscito dal gruppo di Ando prima che questi realizzasse l'animazione, ed era andato a lavorare con Jim Sellers ai National Institutes of Health di Bethesda, nel Maryland. Il gruppo di Sellers era noto per i suoi studi sulla miosina V. Sellers aveva cominciato a studiare le miosine (in modo particolare la miosina II, quella dei muscoli) al termine del dottorato, nel 1980. Takeshi è rimasto nel gruppo di Sellers per otto anni prima di trasferirsi a Wayne State e il suo successo principale è stato l'osservazione simultanea di una molecola di miosina V che camminava e che assumeva la sua dose di ATP. Takeshi aveva trovato una specie di Santo Graal: la connessione tra il ciclo biochimico (il legame con l'ATP, l'idrolisi e il rilascio dell'ADP) e il ciclo meccanico (il distacco, la diffusione, il passo avanti e la riconnessione). Conoscere la relazione tra i due cicli nello spazio e nel tempo su una singola molecola rappresenta un passo avanti cruciale nella comprensione dei meccanismi utilizzati dalle molecole per convertire l'energia chimica in energia meccanica. Nessuno era mai giunto a tanto, né per la chinesina né per gli altri motori molecolari.

Per mettere in relazione il ciclo chimico e quello meccanico, Takeshi Sakamoto si è servito di ATP cui aveva attaccato un marcatore fluorescente. Quando l'ATP si legava alla miosina, la luce emessa dal marcatore poteva essere anche 25 volte più intensa. Così facendo, Takeshi e i suoi collaboratori avrebbero potuto capire facilmente se il nucleotide (l'ATP o l'ADP) era legato a una testa della miosina. Per seguire il moto della miosina, si sono serviti di un altro marcatore, connesso direttamente al corpo della molecola, scoprendo così che la miosina è un motore fortemente accoppiato: una molecola di ATP, un passo avanti. È probabile che anche la chinesina sia un motore fortemente accoppiato, ma non si è ancora riusciti a dimostrarlo una volta per tutte. Pertanto gli esperimenti di Takeshi sono stati i primi a dimostrare chiaramente, e per qualsiasi macchina molecolare, l'esistenza di una relazione biunivoca tra l'idrolisi dell'ATP e il movimento. Si trattava di una scoperta importante, perché dopo gli studi di Yanagida era sembrato possibile che una cugina della miosina V, la miosina II, fosse debolmente accoppiata e che per ogni molecola di ATP consumata percorresse distanze variabili.

Quando Takeshi ha iniziato i suoi esperimenti si sapeva già che la miosina V, a differenza della chinesina, avanzava a passi di 36 nanometri. Tuttavia restavano aperte diverse questioni, come quella della relazione tra il moto e l'utilizzo dell'energia chimica. Per identificarla, Takeshi e i suoi collaboratori hanno marcato la miosina V con una sostanza fluorescente, rifornendo il sistema di ATP, anch'esso legato a un marcatore fluorescente. Quando hanno messo a fuoco il microscopio, han-

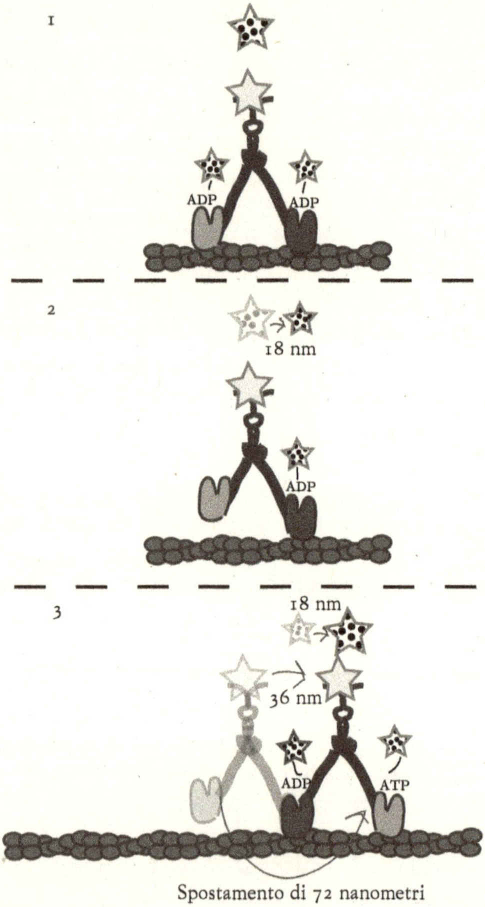

Figura 7.7
Il moto della miosina V e i marcatori fluorescenti associati nell'esperimento di Takeshi Sakamoto. Le stelle indicano i marcatori fluorescenti. Le stelle a pois rappresentano i marcatori fluorescenti attaccati ai nucleotidi o la chiazza fluorescente prodotta da tali marcatori (quest'ultima è rappresentata dalla stella sospesa su ogni molecola). Le dimensioni della stella indicano l'intensità della fluorescenza. Se entrambe le teste della miosina erano legate ai nucleotidi, al centro della miosina era visibile una singola chiazza fluorescente; quando la miosina si legava a un solo nucleotide, invece, la chiazza visibile era più fioca e si trovava in corrispondenza della testa legata al nucleotide. La stella grigia rappresenta il marcatore fluorescente legato direttamente alla molecola di miosina. Le frecce indicano il movimento. Per spiegazioni più dettagliate si veda il testo.

no visto una serie di puntini luminosi di colori diversi (non potevano osservare direttamente le molecole, ma solo i marcatori fluorescenti) che si muovevano lungo i filamenti di actina in una coreografica *step dance*. Dapprima era il puntino dell'ATP a muoversi di 19 nanometri; poi toccava al puntino della miosina spostarsi di 36 nanometri, seguito da altro spostamento di 18 nanometri del puntino dell'ATP. Dopo di che, il ciclo si ripeteva (fig. 7.7). Che cosa voleva dire? Takeshi e i suoi non erano in grado di distinguere tra ATP, ADP-P (una molecola di ATP osservata nel momento dell'idrolisi: in pratica, un ADP con un gruppo fosfato poco lontano) e ADP. Tutte le possibili forme del nucleotide brillavano con lo stesso colore e la stessa intensità. Un'altra complicazione nasceva dal fatto che in alcuni casi entrambe le teste si legavano a un nucleotide. Quando accadeva, i ricercatori non vedevano due puntini fluorescenti separati ma solo un puntino, anche se di intensità doppia. La ragione era che il microscopio di cui disponevano non aveva una risoluzione sufficiente a distinguere due marcatori fluorescenti separati da una distanza così piccola.

Sulla base di queste informazioni e delle conoscenze ottenute negli esperimenti precedenti, Takeshi Sakamoto e i suoi collaboratori ipotizzarono che la prima fase del ciclo fosse la dissociazione dell'ADP dalla testa posteriore. Inizialmente, quando l'ADP era legato a entrambe le teste, la massima fluorescenza era situata al di sopra delle due teste. Non appena un ADP si dissociava e si affievoliva, però, l'unica testa che continuava a essere illuminata dal suo marcatore era quella anteriore. La chiazza osservata dai ricercatori, quindi, si muoveva dal centro della molecola verso la testa anteriore e vedeva dimezzarsi la propria intensità. Dato che la separazione tra la teste è di 36 nanometri, voleva dire che la chiazza si muoveva di una distanza pari alla metà, cioè 18 nanometri.

A quel punto, il marcatore fluorescente legato alla miosina si muoveva di 36 nanometri: ciò significava che una volta rilasciato l'ADP, la testa posteriore avanzava di 72 nanometri in un colpo solo, proiettando in avanti di 36 nanometri l'intera molecola (non dimentichiamo che l'altra testa non poteva muoversi perché era ancora attaccata). Quasi in contemporanea con questo spostamento, il marcatore dell'ATP si muoveva di 18 nanometri. E perché 18 e non 36? Perché nel frattempo l'ATP si era legato alla testa che si stava muovendo in avanti, riportando così il centro della fluorescenza nucleotidica al centro della molecola.

Era noto da tempo che una testa di miosina legata all'ATP o all'ADP-P si lega molto debolmente al filamento di actina, ma che il legame è molto più forte in presenza di ADP o se la testa è vuota. Perciò, prima di riconnettersi al filamento la testa che si stava muovendo in avanti idrolizzava rapidamente il proprio ATP in ADP-P, rilasciava il gruppo fosfato e si legava al filamento di actina, dato che la sua tasca ormai conteneva solo l'ADP. Tutti questi passaggi avvengono con estrema rapidità e i dettagli della sequenza non sono ancora del tutto chiari. Il fosfato viene rilasciato prima che la testa si leghi all'actina o dopo? È rilasciato prima o dopo la modifica della testa che provoca l'inclinazione in avanti? Tutte queste domande attendono ancora una risposta.

Un altro mistero, ancora più grande, riguarda il ruolo dell'idrolisi dell'ATP nel caso della miosina V. In primo luogo, la miosina V è completamente diversa dalla chinesina, dove l'idrolisi dell'ATP è utilizzata per staccare la testa dal filamento. Nel caso della miosina, sembra che l'idrolisi dell'ATP porti ad *attaccare* la testa al filamento. Legare una testa al filamento, però, non costa energia, anzi, dovrebbe liberarne. Allora perché fornire altra energia proprio in questa fase attraverso l'idrolisi dell'ATP? Mentre scrivo queste pagine, è ancora un mistero.

Quando gli fu fatta questa domanda, Takeshi Sakamoto disse di sospettare che l'energia proveniente dall'idrolisi dell'ATP non fosse utilizzata direttamente per produrre movimento. Se le cose stessero realmente così, l'energia per il movimento deriverebbe dall'energia del legame con la rotaia, dal rilascio della tensione interna della molecola e dall'energia termica della tempesta molecolare. In tal caso, però, la miosina violerebbe il secondo principio. Perciò l'idrolisi dell'ATP deve fungere da fase di reset. Ad esempio, l'idrolisi potrebbe innescare la fase di scoppio, ovvero la deformazione che inclina la molecola in avanti per indurre la testa posteriore ad avanzare. Quando si proietta in avanti, il suo lungo collo si trova orientato in direzione verticale. L'idrolisi dell'ATP, che sembra avvenire immediatamente prima che la testa si leghi all'actina, fa oscillare il collo all'indietro, liberando la tensione accumulata nella molecola. Quando la testa si è legata all'actina, il collo oscilla nuovamente in avanti (è probabile che sfrutti l'energia di legame rilasciata quando la testa si lega all'actina), creando la tensione che fa inclinare in avanti la molecola prima del passo avanti successivo. Anche in questo caso, quindi, l'energia libera fornita dall'idrolisi dell'ATP è utilizzata per il reset del sistema. Nel caso della miosina, può essere utilizzata per ridurre temporaneamente la tensione, così da applicarla nuovamente non appena la molecola è in una posizione tale da poter utilizzare quella stessa tensione per correggerne il moto.

La miosina II: il movimento muscolare

Il suo caratteristico passo slanciato contribuisce senza dubbio al fascino della miosina V. La miosina originale, tuttavia, quella più direttamente connessa al moto degli animali, che ha affascinato i biologi da Aristotele in poi, è la miosina II. Macchina molecolare che permette ai muscoli di lavorare, la miosina II fu il primo motore molecolare a essere scoperto (da Andrew Huxley, nel 1969). A dire il vero, nella storia dell'evoluzione, la miosina II è nata prima dei muscoli. La miosina II «non muscolare», infatti, trascina i filamenti di actina che compongono lo scheletro cellulare, aiutando le cellule a modificare la propria forma. Come accade spesso nell'evoluzione, con la comparsa degli organismi multicellulari le macchine capaci di esercitare una trazione sull'actina furono cooptate per muovere tutto l'organismo grazie ai muscoli.

È abbastanza facile capire in che modo la miosina non muscolare si sia potuta trasformare in miosina muscolare. I muscoli sono composti da fasci di fibre. Ogni singola fibra corrisponde a una cellula e ogni cellula contiene miofibrille, strutture formate da filamenti di actina intrecciati con avvolgimenti fibrosi di miosina II (fig. 7.8). Le cellule muscolari sono in pratica cellule dotate di una rete smisurata di actina e

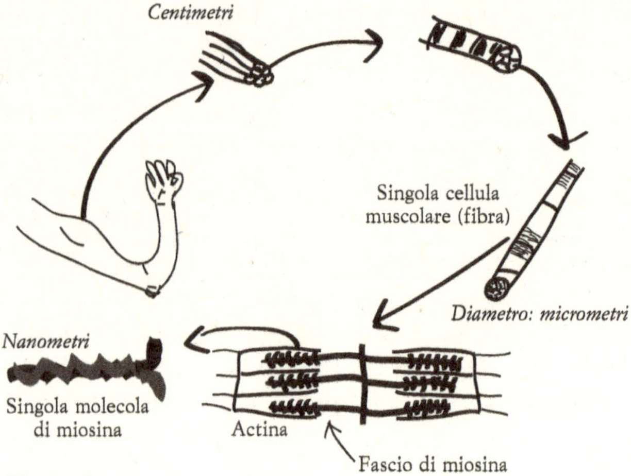

Figura 7.8
La struttura del tessuto muscolare.

miosina. La miosina, dal canto suo, fa quello che ha sempre fatto da prima che nascessero i muscoli: tira l'actina.

La struttura dei muscoli e la presenza di una molecola chiamata miosina era nota già ben prima del 1969, quando Huxley propose il primo modello che spiegava in che modo un esercito di motori molecolari potesse generare un movimento macroscopico. All'epoca si sapeva già che la contrazione muscolare era dovuta allo scorrimento relativo di due diversi filamenti di actina e di miosina. Ma da dove nasceva la forza che li faceva muovere uno rispetto all'altro? Osservando le fibre muscolari al microscopio elettronico, Huxley ipotizzò che tra i due filamenti esistessero dei ponti trasversali e che la forza (e quindi il moto) nascesse da una modifica della loro inclinazione. Si scoprì che i ponti sono le teste della miosina e fu così che il moto muscolare venne spiegato come effetto della trazione coerente esercitata sui filamenti di actina da legioni di molecole di miosina.

Vale la pena esaminare le scale coinvolte nelle varie componenti del movimento muscolare. I muscoli sono oggetti macroscopici, con dimensioni tipiche dell'ordine di qualche centimetro. Con una prima zoomata, notiamo che un muscolo è composto da grandi trecce, ognuna delle quali è un fascio di trecce più piccole, le fibre muscolari. Una singola fibra muscolare può essere lunga alcuni centimetri ma il suo diametro non supera i 50 nanometri. Si tratta di una cellula molto lunga, contenente fasci di actina e di miosina. Ogni testa miosinica – l'elemento attivo, generatore di forza – ha una dimensione di soli 30-40 nanometri. Un grammo di tessuto muscolare contiene circa 10^{17} (cento milioni di miliardi) molecole di miosina.

Il processo attraverso il quale la miosina II genera il movimento non è ancora stato capito in ogni dettaglio, tuttavia sono stati compiuti progressi notevoli grazie agli studi strutturali (realizzati con i raggi X e il microscopio elettronico) e biochimici, e grazie agli esperimenti effettuati con tecniche di fluorescenza e con pinze laser. I cicli di adesione e distacco sono sostanzialmente gli stessi per la miosina II e per la miosina V; lo stesso vale per il legame, l'idrolisi e il rilascio dell'ATP. La miosina II, però, non sembra essere processiva. A differenza della miosina V, non percorre grandi distanze sui filamenti di actina, ma è in grado di generare movimenti più rapidi della miosina V.

Come si è già detto nel sesto capitolo, c'è chi ritiene che la miosina II sia un motore debolmente accoppiato; altri, invece, propendono per un impulso ben definito e a passo costante. Pur essendo uno tra i primi motori molecolari identificati, la miosina II resta uno dei più enigmatici. Il ruolo dell'idrolisi dell'ATP, ad esempio, non sembra ancora del tutto chiaro, proprio come nel caso della miosina V: in decine di articoli, gran parte degli autori sembra ridurre la funzione dell'idrolisi dell'ATP a un «aumento dell'affinità per l'actina», mentre per una minoranza di ricercatori l'idrolisi dell'ATP sarebbe associata a una sorta di preparazione alla fase di scoppio. Inoltre l'idrolisi dell'ATP segue una serie di fasi, analogamente a quanto accade per la miosina V: si comincia dalla scissione di un gruppo fosfato per creare ADP-P, e solo al termine di questa fase si ha il rilascio del fosfato con il conseguente passaggio dell'ADP allo stato legato. Tutte queste fasi avvengono troppo rapidamente per consentire agli scienziati di collegarle in maniera univoca alla meccanica della miosina. Per risolvere il problema serviranno tecniche di fluorescenza ancora più veloci. L'idrolisi dell'ATP rilascia

Un albero di famiglia delle miosine

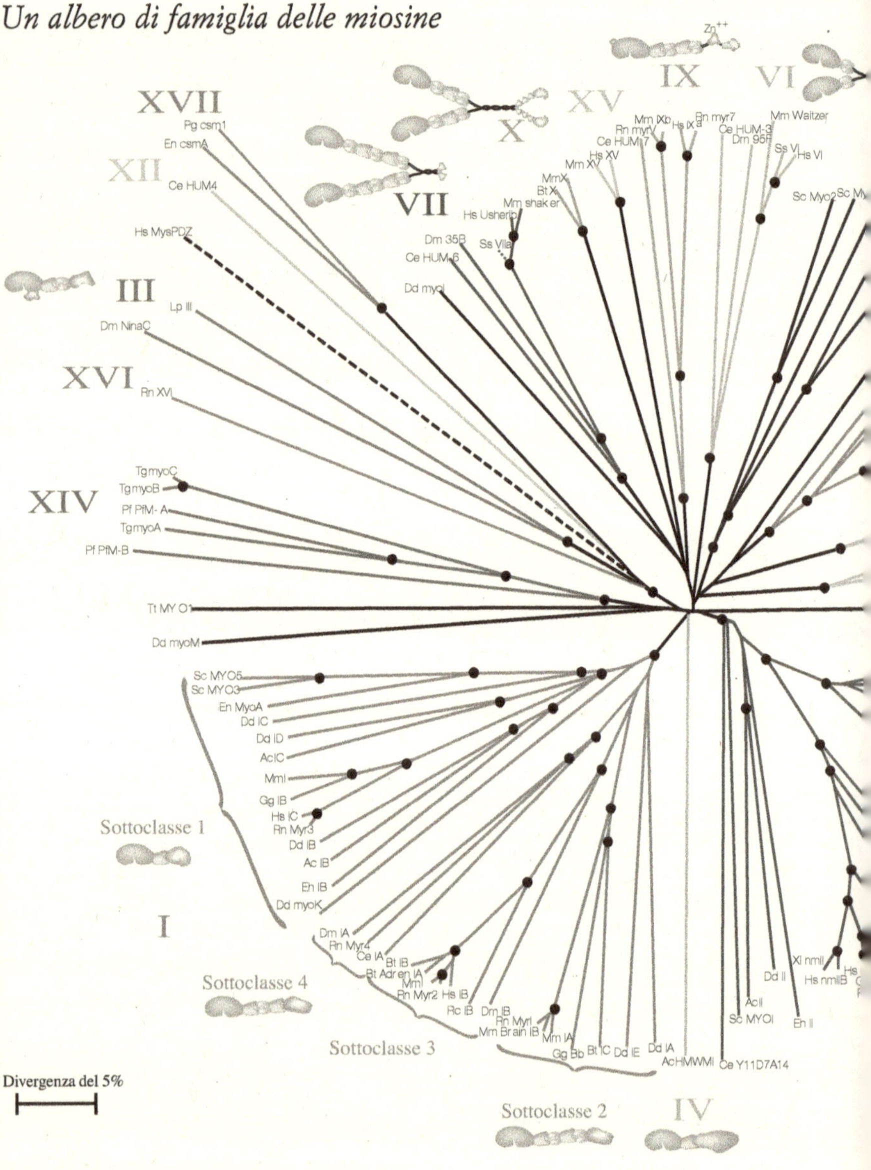

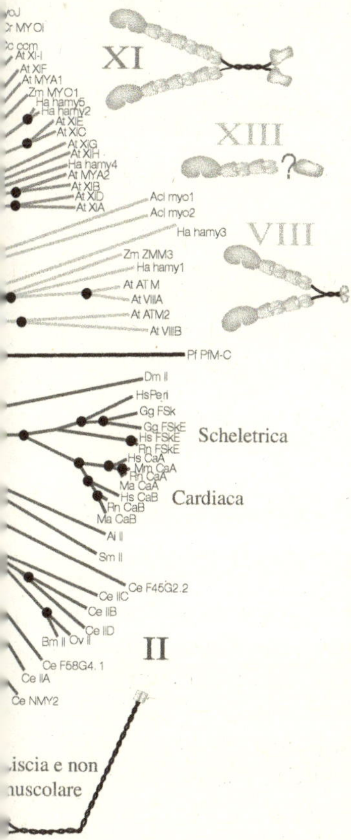

Abbreviazioni

Ac	*Acanthamoeba castellanii*
Ad	*Acetabularia cliftonii*
Ai	*Aequipecten irradians* (pettine di mare)
At	*Arabidopsis thaliana* (arabetta comune)
Bm	*Brugia malayi*
Bt	*Bos taurus* (mucca)
Cc	*Chara corallina*
Ce	*Caendrabditis elegans*
Cr	*Chlamydomonas reinhardtii*
Dd	*Dictyostelium discoidium*
Dm	*Drosophila melanogaster*
En	*Emiricella nidulans (Aspergillus)*
Eh	*Entamoeba histolytica*
Gg	*Gallus gallus* (pollo)
Ha	*Helianthus annus* (girasole)
Hs	*Homo sapiens* (uomo)
Lp	*Limulus polyphemus* (limulo)
Ma	*Mesocricetus auratus* (criceto)
Mm	*Mus musculus* (topo)
Oc	*Oryctolagus cuniculus* (coniglio)
Ov	*Onchocerca volvulus* (un nematode)
Pf	*Plasmodium falciparum*
Pg	*Pyricularia grisea* (fungo del brusone)
Rc	*Rana catesbeiana* (rana toro)
Rn	*Rattus norvegicus* (rat)
Sc	*Saccharomyces cerevisiae* (lievito di birra)
Sm	*Schistosoma mansoni*
Ss	*Sus scrofa domestica* (maiale domestico)
Tg	*Toxoplasma gondii*
Tt	*Tetrahymena thermophila*
Xl	*Xenopus laevis*
Zm	*Zea mays*
Adren	surrenale bovina (miosina I)
Bb	orletto a spazzola (miosina I)
CaA	alfa cardiaca (miosina II)
CaB	beta cardiaca (miosina II)
csm	sintasi-miosina della chitina
FSk	scheletrica rapida (miosina II) = muscolatura striata
FSkE	scheletrica rapida embrionale (miosina II)
HMWMI	Miosina I ad alto peso molecolare
neur	neuronale (miosina II)
nm	non muscolare (miosina II)
PDZ	miosina umana con un dominio PDZ
Peri	perinatale (miosina II)
sm	muscolatura liscia (miosina II)

Figura 7.9
Un esempio di albero di famiglia di un motore molecolare: la famiglia delle miosine. Riprodotto/adattato per gentile concessione da Tony Hodge, M. Jamie e T.V. Cope, *A Myosin Family Tree*, in «Journal of Cell Science» 113 (2000), pp. 3353-54.

quantità significative di energia: pertanto risulta difficile immaginare che serva solo a rendere la miosina più attraente per l'actina. Forse ha un ruolo nell'orientare la diffusione, ad esempio modificando internamente la tensione nella molecola.

Ma allora che cosa controlla il movimento muscolare? Una spiegazione possibile è che esista un meccanismo in grado di controllare la quantità di ATP fornita ai muscoli: se vogliamo muoverci, il nostro corpo fornisce ATP, altrimenti i rifornimenti vengono interrotti. In realtà non è così. Nel caso della miosina II, infatti, il legame con l'ATP consente alla testa miosinica di staccarsi dall'actina. La mancanza di ATP, quindi, conduce al *rigor mortis*: la miosina resta attaccata all'actina e i muscoli si irrigidiscono. Il moto muscolare, invece, è controllato da un interruttore molecolare, la tropomiosina, che si lega all'actina e blocca il sito al quale si lega la miosina per prendere il controllo del filamento. Quando decidiamo di sollevare un braccio, i nervi inviano un segnale alle cellule muscolari e queste rilasciano ioni di calcio. Gli ioni di calcio si legano alla tropomiosina che libera l'actina, esponendone così un segmento che diventa disponibile per legarsi con la miosina II.

La superfamiglia delle miosine

Anche la miosina, come la chinesina, appartiene a una grande famiglia con funzioni molteplici (fig. 7.9). La miosina II dei muscoli è alla base della potenza muscolare; quella non muscolare aiuta le cellule a cambiare forma, a muoversi e a dividersi. La miosina V trasporta sostanze all'interno della cellula su brevi distanze. E tutte le altre miosine? A differenza della miosina II e V, la miosina I è un motore a *testa singola* utilizzato nel moto cellulare. Si attacca alla membrana cellulare con un'estremità e all'actina con l'altra, dopo di che tira in ogni direzione i filamenti mentre questi vengono polimerizzati (cioè prodotti). In questo modo la miosina I modella lo scheletro interno della cellula e genera tensione tra lo scheletro e la membrana cellulare.

La miosina VI è una proteina motrice come la miosina V, ma si muove nella direzione opposta. Mentre la miosina V trasporta carichi racchiusi in vescicole lipidiche verso l'esterno della cellula, la miosina VI li trasporta verso l'interno. Partecipa all'*endocitosi*, il processo attraverso il quale la cellula ingerisce con le molecole esterne alla membrana. La miosina VII sembra essere implicata nel funzionamento delle cellule delle nostre orecchie, dal momento che mutazioni del gene di questa proteina possono portare alla sordità. La miosina IX può avere un ruolo nell'invio di segnali che ordinano alla cellula di dare inizio alla riorganizzazione della propria rete di filamenti di actina. Naturalmente, visto il gran numero di proteine motrici e la molteplicità delle loro funzioni, serviranno nuovi studi per capire cosa fanno tutte quante.

La stazione di ricarica: il sistema di trasduzione dell'energia

I motori molecolari trasformano l'ATP in ADP attraverso l'idrolisi. In seguito rilasciano l'ADP, e la particella di carburante, ormai consumata, si allontana. Che cosa le succede? Le cellule, finché possono, amano riciclare. Perché non ricaricare l'ADP riattaccandogli un fosfato per riconvertirlo in ATP? Questo è proprio ciò che accade, e ne è responsabile uno degli organelli più importanti della cellula: il mitocondrio.

I mitocondri sono le stazioni di ricarica della cellula (a volte si dice che sono le centrali elettriche della cellula). Sfruttano l'energia proveniente dal cibo per ricaricare l'ATP. Ci sono voluti decenni per decifrare i dettagli del processo, che è estremamente complicato ed è costituito da un gran numero di fasi. Per nostra fortuna, il risultato finale è una macchina molecolare fenomenale, che ci mostra chiaramente in che modo si possano convertire tra di loro con altissima efficienza tipi diversi di energia su scala nanoscopica.

Prima di parlare di questa macchina stupefacente, però, esaminiamo brevemente come fa il cibo a trasformarsi in energia disponibile per l'ATP. Come abbiamo visto nel primo capitolo, gli scienziati si erano resi progressivamente conto che il calore corporeo era il frutto di un processo di combustione lenta. Gli esperimenti di Lavoisier, Liebig, Helmholtz e altri dimostrarono che l'energia generata dal cibo è più o meno equivalente a quella prodotta bruciando il cibo in presenza di aria. Ma come avviene la combustione del cibo all'interno del nostro corpo? In una cellula, una serie di reazioni biochimiche multifase piuttosto complicate possono trasformare varie molecole alimentari - zuccheri, proteine, grassi - nelle molecole ad alta energia comunemente usate dalla cellula. In ogni fase del processo biochimico, una parte dell'energia viene rimossa sotto forma di ATP o di qualche altro vettore molecolare di energia; pertanto il prodotto finale ha un'energia inferiore delle molecole alimentari di partenza, e la suddivisione in un gran numero di fasi fa sì che il processo di combustione sia molto lento e, di conseguenza, molto efficiente.

In questo processo di combustione, il glucosio (uno zucchero) viene trasformato in due molecole di piruvato (una piccola molecola organica) e in due molecole di ATP. Prima che sul nostro pianeta fosse disponibile l'ossigeno (per gentile concessione della fotosintesi), il processo si fermava qui: si potevano ottenere due molecole di ATP da una di glucosio, e basta. Nei batteri anaerobici, che non usano ossigeno, il piruvato è infatti il prodotto di scarto. Il piruvato però può ancora dare energia: nelle cellule aerobiche (come le nostre), alimenta la sequenza successiva di reazioni biochimiche. Alla fine, dalle due molecole di piruvato risultanti dalla combustione di una molecola di glucosio nascono altre trenta molecole di ATP. Questa sì che è efficienza!

Il primo passo nella digestione del piruvato consiste nella sua ulteriore scissione, che porta al rilascio di CO_2 (che espiriamo) e alla creazione di un altro prodotto intermedio, un acetile che si attacca a un vettore detto coenzima A. La molecola risultante, l'acetil-coenzima A, entra nella fase successiva, il ciclo di Krebs (dal nome del suo scopritore); viene rilasciata altra CO_2, e alla fine ci ritroviamo con alcune molecole trasportatrici di energia, il NADH e il $FADH_2$. Non starò ad annoiarvi con il significato degli acronimi: ciò che conta è che NADH e $FADH_2$ sono molecole ricche di elettroni, il che significa che possono cederne facilmente.

Quando il NADH cede elettroni a un enzima che si annida nella membrana del mitocondrio, si trasforma in NAD^+

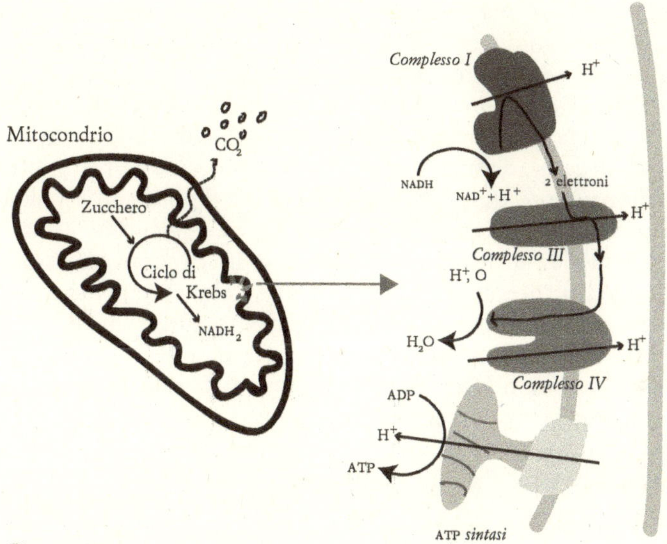

Figura 7.10
L'energia chimica immagazzinata sotto forma di zucchero è convertita all'interno dei mitocondri in ATP. Il processo è composto da molte fasi. Anzitutto l'energia viene fissata nelle molecole dette NADH e $FADH_2$. Queste, a loro volta, vengono trattate nella membrana mitocondriale da diverse macchine molecolari che si servono dell'energia per pompare ioni idrogeno (H^+) da una parte all'altra della membrana. NADH è trattato dal complesso I, mentre $FADH_2$ è trattato dal complesso II (omesso dalla figura). Infine, l'eccesso di ioni idrogeno su un lato della membrana viene utilizzato per controllare l'ATP sintasi, che ricostituisce l'ATP a partire dall'ADP.

(fig. 7.10). Lo ione idrogeno che viene rimosso (H^+, vale a dire un nucleo di idrogeno, ovvero un singolo protone) attraversa l'enzima di membrana e finisce dall'altra parte di quest'ultima. L'elettrone viene trasportato da una serie di vettori lungo una catena di enzimi (i complessi I, III e IV), che ne sfruttano l'energia per pompare altri protoni attraverso la membrana. Alla fine, la *catena di trasporto degli elettroni* riesce a pompare un gran numero di protoni, carichi positivamente, da una parte all'altra della membrana. Lo spostamento delle cariche (i protoni) induce una *tensione* attraverso la membrana. L'obiettivo della catena di trasporto degli elettroni, quindi, è letteralmente la ricarica di una batteria biologica. Si completa così la prima conversione: la cellula ha trasformato energia chimica in energia elettrica.

L'idea che il mitocondrio immagazzinasse energia sotto forma di eccesso di protoni su un lato della membrana risale al 1961, quando il biochimico scozzese Peter Mitchell suggerì che tale processo «chemio-osmotico» fosse la chiave per capire il funzionamento di questi organuli. La sua ipotesi fu accolta da un coro di pesanti critiche. La maggior parte dei biochimici era convinta che la ricarica dell'ATP fosse un processo puramente chimico. Si sprecarono molti anni alla ricerca di un enzima che ricaricasse per via chimica l'ATP, senza fortuna. Infine, le idee di Mitchell finirono per essere accettate, e nel 1978 lo scienziato ricevette il Nobel per la chimica. Alla fine degli anni settanta, però, la conoscenza di tutti i dettagli del processo era ancora frammentaria. Come si arrivava dall'energia elettrica immagazzinata alla ricarica delle molecole di ADP?

L'ATP sintasi e l'incredibile bastone rotante

La Wayne State University assegna il premio Ahmed Zewail Gold Medal Award (in onore del Nobel egiziano che per primo compì misure ultraveloci di reazioni chimiche), in occasione del quale il vincitore tiene una lezione pubblica. Nel 2010, la medaglia fu assegnata a un altro premio Nobel, Sir John E. Walker, per aver decifrato la struttura dell'ATP sintasi, la macchina molecolare che costituisce l'ultima fase del processo di combustione lenta all'interno del nostro corpo. La lezione di Walker mi piacque molto, e nel giro finale di domande e risposte chiesi cosa si sapeva sull'evoluzione di queste macchine stupefacenti. Walker inarcò le sopracciglia e rispose con il tipico stile degli intellettuali inglesi: «Questo è il genere di domande che mi fanno in Texas», alludendo all'abitudine dei creazionisti di vedere nella complessità delle nostre cellule la dimostrazione di un atto speciale di creazione. Ridendo, gli assicurai che ero realmente interessato all'evoluzione e che non venivo dal Texas (il mio accento tedesco ne era la prova).

Walker aveva condiviso il premio Nobel con il biochimico dell'UCLA Paul Boyer. Il primo aveva capito la struttura dell'ATP sintasi, mentre il secondo aveva scoperto come funzionava. L'ATP sintasi, come suggerisce il nome, è una macchina che produce ATP. L'enzima non la fabbrica da zero, ma ricicla l'ADP attaccandogli nuovi gruppi fosfato. Attaccare un gruppo fosfato all'ADP e trasformarlo in ATP richiede energia, che l'ATP sintasi ricava dall'energia elettrica fornita dalla catena di trasporto degli elettroni: i protoni, trasferiti in maniera tanta laboriosa all'esterno della membrana mitocondriale dai complessi della catena di trasporto, vengono pompati nella direzione opposta, ma prima restituiscono la loro energia elettrica alla macchina della sintasi.

Nel 1977 Boyer avanzò l'ipotesi che il flusso di ritorno dei protoni attraverso la membrana mettesse in movimento un motore rotante. Ogni giro del motore avrebbe innescato una fase diversa della sintesi dell'ATP, un po' come il disco rotante di un distributore di gomme da masticare: l'enzima si lega a una molecola ADP e a un fosfato, il fosfato si attacca all'ADP, l'ATP viene rilasciato. Secondo Boyer, tutte queste fasi sarebbero dovute avvenire nella stessa tasca enzimatica. A ogni giro, la rotazione avrebbe modificato la tasca per adattarla al meglio alle varie fasi del processo. L'esistenza di tre tasche multifunzione, inoltre, avrebbe permesso la produzione di tre molecole di ATP a ogni giro della macchina.

Boyer ipotizzò anche che l'energia fornita dai protoni nell'attraversare la membrana (la cosiddetta «forza proton-motrice») non fosse utilizzata per attaccare un fosfato a un ADP. Sembrava infatti che la formazione del legame nella tasca fosse immediata. C'era bisogno di energia, invece, nel *rilascio* della neonata molecola di ATP da parte della tasca. Il gruppo di Boyer continuò le ricerche servendosi di un particolare isotopo dell'idrogeno, l'ossigeno-18 (^{18}O), per seguire i movimenti delle molecole, e osservò un fenomeno curioso: nell'eseguire il processo al contrario, facendo in modo che la sintasi scomponesse l'ATP anziché sintetizzarlo, si vide che la rimozione dell'ADP dalla soluzione circostante bloccava la reazione. La cosa non aveva senso. Nelle reazioni chimiche, la rimozione del prodotto può solo accelerare il processo, perché aumenta lo squilibrio tra i reagenti e i prodotti. Com'era possibile che la rimozione del prodotto (l'ADP) bloccasse la reazione? Uno degli studenti di Boyer suggerì che il misterioso enzima responsabile della sintesi dell'ATP (o della sua scomposizione, nel processo inverso) funzionasse solo quando in qualche punto della sua struttura si legava a una molecola di ADP. L'ipotesi implicava che all'interno dell'enzima si verificasse qualche sorta di interazione allosterica di tipo collaborativo. Poco per volta fu chiaro che l'enzima aveva tre siti catalitici, che trasformavano l'ADP in maniera sequenziale e coordinata. La scoperta spinse Boyer a ipotizzare che nel legare i fosfati all'ADP, l'ATP sintasi seguisse un ciclo rotazionale.

Era un'ipotesi interessante, ma la teoria fu accettata unanimemente solo quando Walker risolse la struttura della regione F_1 della sintasi. F_1 è la regione che Boyer aveva identificato con il disco rotante e che è effettivamente responsabile della sintesi dell'ATP. F_1 era formato da tre unità identiche (ognuna delle quali, a sua volta, consisteva di due subunità, a e b) disposte in cerchio come i petali di un fiore. Ogni subunità b possedeva una tasca di legame per l'ADP e l'ATP. La disposizione circolare faceva decisamente pensare a un motore rotante. La sua esistenza però fu dimostrata solo nel 1997, quando un esperimento stupefacente visualizzò direttamente la rotazione dell'ATP sintasi con tecniche di fluorescenza. Il gruppo diretto dal biochimico Hiroyuki Noji, a quell'epoca al Tokyo Institute of Technology, attaccò un piccolo filamento di actina con un marcatore fluorescente alla cima dell'unità F_1 di una singola molecola di ATP sintasi. Alimentando la sintasi con l'ATP, i ricercatori videro che la macchina girava al contrario, scindendo l'ATP in ADP e utilizzando l'energia prodotta dall'idrolisi dell'ATP per alimentare la rotazione. La rotazione, a sua volta, faceva roteare il filamento di actina attaccato a F_1, proprio come una majorette con il suo bastone. Osservando il filamento di actina al microscopio, Noji e i suoi colleghi videro che l'unità F_1 ruotava in senso orario a velocità sostenuta, fino a quattro rotazioni al secondo. La forza prodotta era tutt'altro che trascurabile: fino a 45 pN, secondo le stime dei ricercatori.

L'efficienza della macchina nel convertire l'energia prodotta dall'idrolisi dell'ATP in un moto rotatorio era incredibile: nel 2000 il gruppo di Noji scoprì che la macchina aveva un'efficienza non inferiore all'88 per cento. Nelle macchine macroscopiche non si è mai osservato un valore così elevato, che ci dà un'idea di come faccia il corpo umano ad avere un'efficienza complessiva così alta. Il nostro funzionamento si basa su nanomacchine minuscole, e solo una nanomacchina può essere così efficiente!

L'esperimento di Noji aveva dimostrato che l'ATP sintasi era una macchina rotante, ma i ricercatori avevano fatto funzionare la macchina in direzione opposta rispetto a quella utilizzata nei mitocondri. Avevano visto che facendola girare in senso orario si otteneva la scomposizione dell'ATP. Sembrava scontato che una rotazione antioraria avrebbe portato al risultato opposto, cioè a riattaccare i fosfati all'ADP. In assenza di una conferma sperimentale, però, l'ipotesi rimaneva relegata al rango di congettura. Purtroppo ci si rese conto che era difficile osservare l'ATP sintasi nel suo ambiente abituale, i mitocondri di una cellula vivente. Togliendo la sintasi dalla cellula, la si allontana anche dal resto degli strumenti di trasformazione: così viene meno la forza proton-motrice che fa girare il motore e quest'ultimo non può essere spinto nella direzione corrispondente alla conversione dell'energia elettrica in energia chimica.

Nel 2004 Noji e i suoi trovarono la soluzione. Invece di lasciare che fossero i protoni a fare tutto il lavoro, legarono una sferetta magnetica al centro dell'unità F_1 della sintasi, dopo di che, servendosi di un campo magnetico rotante, forzarono quella maniglia magnetica a ruotare in senso orario o in senso antiorario. In altri termini, avviarono il motore a manovella. Girando in senso orario, la quantità di ATP nella soluzione circostante diminuiva: l'unità F_0 fungeva da ATPasi, rimuovendo gruppi fosfato dall'ATP e rilasciando ADP. Girando la manovella in senso antiorario, invece, l'ATP aumentava: il motore lo stava producendo a partire dall'ADP.

L'unità F_1 è accoppiata a un'unità F_0 incastrata nella membrana del mitocondrio. A meno che non la si avvii con un al-

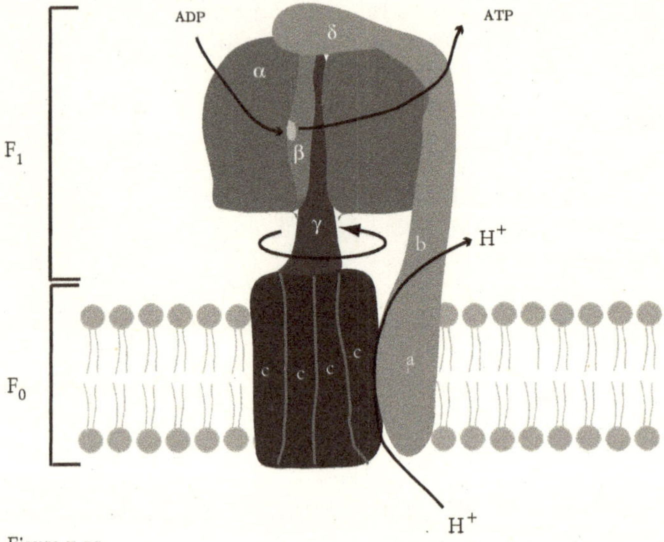

Figura 7.11
L'ATP sintasi è formata dall'elettromotore molecolare F_0, annidato nella membrana mitocondriale, e da F_1, l'enzima rotante che ricarica l'ADP. F_0 è formato da un numero di sub-unità c compreso tra 10 e 15 (a seconda dell'organismo) e da un gruppo composto a sua volta da una sub-unità a e due sub-unità b, che funge da statore. F_1 è formato da tre sub-unità a e tre sub-unità b. I siti catalitici si trovano sulla sub-unità b e sono modificati dall'asta rotante (sub-unità γ) per realizzare le varie fasi della sintesi dell'ATP.

tro motore, l'unità F_1 non sintetizzerà mai ATP, e si limiterà a scomporlo. Per sintetizzare ATP, è necessario accoppiarla a un motore che la faccia ruotare in senso antiorario, cioè nella direzione opposta a quella associata alla scomposizione dell'ATP. Nelle nostre cellule, il motore in questione è contenuto nell'unità F_0, che è formata da diverse subunità; nel complesso, però, consiste di un anello di subunità c identiche, una subunità a di grandi dimensioni e due subunità b, che si slanciano verso l'unità F_1 per mantenerla in una posizione stabile al di sopra di F_0. Attaccata all'anello di subunità c si trova un'asta flessibile (subunità γ), che trasmette la rotazione dell'unità F_0 all'unità F_1 (fig. 7.11). La subunità γ è asimmetrica: ruotando, spinge in maniera alternata i domini catalitici delle subunità b e modifi-

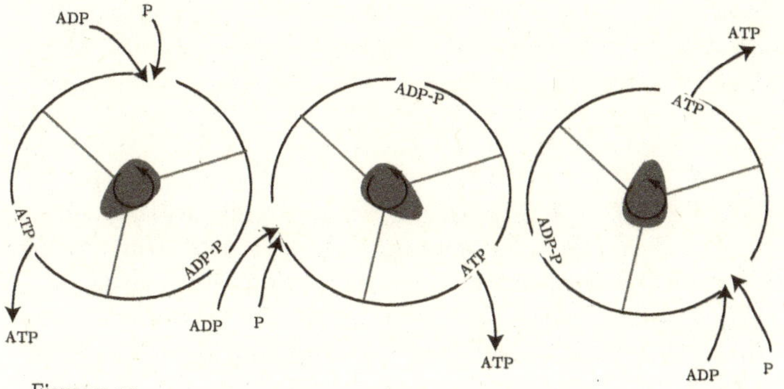

Figura 7.12
L'unità F_1 dell'ATP sintasi vista dall'alto nelle varie fasi del movimento antiorario dell'asta (subunità γ). L'asta deforma la tasca di legame nelle tre subunità b identiche in modo tale che, a seconda del momento, si abbia il legame con l'ADP e il gruppo fosfato P, ADP e P si leghino per formare l'ATP o si abbia il rilascio dell'ATP. Per ogni rotazione di 360 gradi, la macchina produce tre molecole di ATP.

ca la forma della tasca catalitica per innescare i vari stadi della trasformazione dell'ADP in ATP. In altre parole, il sito catalitico può essere configurato per accettare il legame dell'ATP, l'idrolisi dell'ATP o il rilascio dell'ADP. L'asta rotante deforma a turno le varie unità per realizzare le diverse fasi in modo sequenziale (fig. 7.12).

Il motore F_0 è un elettromotore biologico. La tensione prodotta dalla catena di trasporto degli elettroni obbliga i protoni a rifluire attraverso la membrana. Prima, però, devono passare attraverso il motore F_0. Le subunità c del motore possiedono siti in grado di accoglierli: man mano che i protoni penetrano nella membrana, vengono attratti da questi siti e vi aderiscono. Ogni sito interagisce con una regione idrofobica della membrana che respinge il protone. Si forma così un paesaggio energetico inclinato, e il motore ruota grazie a un meccanismo analogo a quello del cricchetto browniano. La rotazione porta un'altra subunità c nella posizione in cui può accogliere un protone, e il ciclo continua. La rotazione dell'unità F_0 fa compiere a ogni protone un giro quasi completo, al termine del quale viene rilasciato e continua il suo viaggio attraverso la membrana. Quando questa rotazione è accoppiata con l'unità F_1 della sintasi, l' F_1-ATPasi comincia a funzionare al contrario e diventa una ATP *sin*tasi pronta ad attaccare i fosfati all'ADP.

Fare tanto con poco

La decodifica della struttura della subunità F_0 fu ancora più difficile di quella della subunità F_1. Dalle prime misure si era giunti alla conclusione che per far ruotare la macchina di 120 gradi (e quindi per produrre una molecola di ATP nel ciclo catalitico F_1 della sintasi) servissero quattro protoni. Questo avrebbe voluto dire che l'unità F_0 conteneva $4 \times 3 = 12$ subunità (dette subunità c) responsabili del moto al passaggio dei protoni. Tuttavia le ricerche effettuate sulle ATP sintasi di vari organismi (l'enzima è onnipresente, dalle piante alle amebe agli esseri umani) mostrarono che il numero di subunità c variava in funzione delle specie. Sembrava che le piante ne avessero 14, i cianobatteri da 13 a 15, alcuni altri batteri 11 e, infine, i lieviti e il batterio *E. coli* (e presumibilmente gli esseri umani) 10. Dal momento che si ritiene che ogni subunità utilizzi un protone per dare inizio a una rotazione, la variabilità nel numero di subunità c fa pensare che il numero di protoni richiesto per sintetizzare una molecola di ATP possa variare. Ad esempio, il fatto che nelle piante il numero di subunità c è pari a 14, potrebbe voler dire che per fare un ATP servono 14/3 (ovvero 4,7) protoni, ma gli esperimenti ci dicono qualcosa di diverso: nelle piante servono solo 4 protoni. All'estremo opposto, 10 subunità c corrisponderebbero a 3,33 protoni per molecola di ATP, facendo pensare a un aumento di efficienza. Anche di questo, però, non esistono prove. I misteri insoluti sono ancora tanti.

Un po' di twist: le macchine a DNA

Un'analisi dettagliata di tutti i meccanismi che leggono, traducono, riparano, duplicano e conservano il DNA riempirebbe facilmente da sola un libro intero. Per mostrare l'utilizzo delle macchine molecolari in quasi tutto quello che fanno le nostre cellule, una breve panoramica potrà bastare. All'interno delle nostre cellule, il DNA è avvolto – e gli avvolgimenti risultanti formano ulteriori avvolgimenti – in cromosomi, strutture compatte formate da DNA e proteine. L'impacchettamento del DNA nei cromosomi è opera di macchine molecolari.

Il DNA contiene le informazioni necessarie alla fabbricazione delle proteine e alla loro regolazione. Non contiene invece le informazioni necessarie per creare un essere umano, quantomeno non direttamente. Non c'è un gene per un alluce o per un occhio; esistono geni per fabbricare le componenti proteiche degli alluci e degli occhi. Lo sviluppo effettivo di un essere umano è un processo complicato, che richiede un assoluto tempismo nella sintesi, nell'interazione e nella regolazione di molte proteine, nonché nel trasporto delle molecole da parte dei motori molecolari. Molti di questi processi sono incredibilmente complicati e non sono ancora stati capiti a fondo, anche se, rispetto a una ventina d'anni fa, le nostre conoscenze sono notevolmente aumentate. Uno dei processi che oggi conosciamo bene è la fabbricazione di una proteina a partire dalle istruzioni contenute nel DNA.

Il DNA è una molecola a doppia elica il cui scheletro è formato da un'alternanza di zuccheri (deossiribosio, da cui la d di DNA) e fosfati. Il suo aspetto ricorda una scala a chiocciola. I gradini della scala sono composti da varie combinazioni di quattro basi nucleotidiche che costituiscono l'alfabeto del DNA: adenina (A), guanina (G), timina (T) e citosina (C). L'adenina è la stessa molecola che fa parte dell'adenosintrifosfato (ATP). I due lati della doppia elica sono complementari: a una base A su un lato corrisponde sempre una T sull'altro, e una G si accoppierà sempre con una C. Gli accoppiamenti specifici sono dovuti a legami idrogeno posizionati in modo tale che, ad esempio, T può formarne solo con A ma non con G o C (fig. 7.13). I legami idrogeno, dal canto loro, sono relativamente deboli, ma la loro abbondanza rende il legame tra le due eliche (e quindi la struttura della molecola) estremamente resistente.

La struttura a doppia elica del DNA e l'accoppiamento di basi complementari sono estremamente vantaggiosi. Anzitutto, la

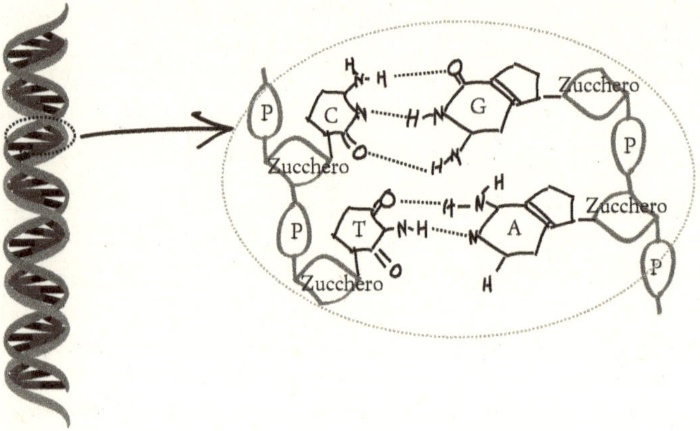

Figura 7.13
La struttura del DNA. A sinistra è rappresentata la struttura complessiva a doppia elica. Le due eliche sono formate da un'alternanza di zuccheri e gruppi fosfato, mentre i gradini che collegano le due eliche sono coppie di nucleotidi complementari (A [adenina], C [citosina], T [timina] o G [guanina]) come si può vedere nell'ingrandimento a destra. La sequenza specifica delle lettere, ovvero dei nucleotidi, racchiude il messaggio del DNA.

ridondanza offerta dall'accoppiamento delle basi consente alle cellule di riparare il DNA nel caso in cui venga danneggiato. C'è poi la capacità della molecola di autoreplicarsi. Ecco cosa scrissero James Watson e Francis Crick nel loro celebre articolo: «Non è sfuggito alla nostra attenzione il fatto che l'accoppiamento specifico da noi ipotizzato suggerisca immediatamente un possibile meccanismo di copiatura del materiale genetico». In altre parole, se volete copiare un pezzo di DNA, non dovete fare altro che separare le due eliche e avvicinarle a un gruppo di basi libere. Loro si accoppieranno automaticamente con le controparti corrette. In breve tempo, al posto della doppia elica originale, vi ritroverete con due copie perfettamente identiche. Vedremo che in realtà le cose non sono così semplici, ma l'idea di fondo è questa.

Il linguaggio del DNA utilizza parole di tre lettere. Ogni lettera è scelta tra quattro possibili (le basi A, C, T e G). La parola di tre lettere AAC, ad esempio, codifica per un particolare aminoacido, in questo caso dell'asparagina, mentre CUU codifica per la leucina. Le parole di tre lettere sono dette «codoni» e l'insieme di tutte le parole di tre lettere è il *codice genetico*. Un gene è una frase di DNA, una sequenza di codoni che definisce l'intera catena di aminoacidi corrispondente a una specifica proteina. Ad esempio, il gene *KLC1* sul cromosoma 14 codifica la sequenza associata alla proteina chinesina-1, la proteina motrice che avanza ancheggiando.

La sintesi di una proteina procede attraverso due fasi distinte: la trascrizione e la traduzione. Durante la trascrizione, l'informazione necessaria all'assemblaggio della proteina è trascritta in un altro vettore dell'informazione, l'RNA, parente stretto del DNA. Perché un passaggio intermedio? Il DNA delle nostre cellule è conservato al sicuro nel nucleo cellulare. Non vogliamo tagliare e rimuovere pezzi di DNA ogni volta che la cellula fabbrica una proteina, perciò la cellula costruisce un vettore temporaneo composto di RNA, che può uscire dal nucleo cellulare e portare l'informazione là dove serve. Il vettore dell'informazione formato dall'RNA si chiama, giustamente, RNA messaggero (mRNA).

I principali processi cellulari che vedono coinvolto il DNA, quindi, sono tre: la copia del DNA quando la cellula si divide (replicazione), la copia del DNA in RNA quando bisogna sintetizzare una proteina (trascrizione) e l'impacchettamento del DNA nei cromosomi.

I meccanismi di copia

Il DNA è una molecola molto stabile. È bene che sia così, perché non vogliamo che capiti qualcosa al nostro materiale genetico. Un errore nel DNA può avere conseguenze disastrose, come ad esempio lo sviluppo di un cancro. Se il DNA rimanesse sempre avvolto in una struttura rigida, però, sarebbe impossibile copiarlo o trascriverlo, perciò dobbiamo dipanarlo, aprirlo, leggerlo, copiarlo e richiuderlo. Il DNA viene copiato quando le cellule si dividono (ogni cellula riceve una copia integrale del materiale genetico) ed è trascritto ogni volta che una cellula deve sintetizzare una proteina. A un esame superficiale i due processi potrebbero apparire simili, ma in realtà funzionano in maniera totalmente diversa l'uno dall'altro.

Nel corso della replicazione, un gran numero di macchine molecolari e di enzimi collabora per garantire che il DNA non venga danneggiato e che si produca una copia fedele dell'originale (fig. 7.14). Tuttavia non mancano le complicazioni. Anzitutto, bisogna aprire il filamento di DNA; se vi è mai capitato di srotolare un filo del telefono attorcigliato potete immaginare che pasticcio possa nascere dall'apertura di una doppia elica: senza le precauzioni adeguate, i filamenti formerebbero in un attimo un groviglio inestricabile. Per evitare un guaio del genere, ogni tanto una macchina molecolare che si chiama topoisomerasi taglia uno dei filamenti di DNA e lo fa passare attraverso l'altro per compensare lo srotolamento finale dei due filamenti da parte di un altro motore molecolare, l'elicasi.

A questo punto sorge un'altra complicazione: i due filamenti complementari di DNA sono orientati in direzioni differenti. Anche il DNA, come le proteine (con i loro C-terminali e N-terminali), ha estremità orientate. L'estremità detta 5′ (cinque primo) possiede un gruppo fosfato, mentre l'estremità 3′ (tre primo) termina con uno zucchero. Uno dei filamenti va da 3′ a 5′ mentre l'altro va da 5′ a 3′. Sfortunatamente, la macchina che copia il DNA può andare solo in una direzione, da 5′ a 3′. Per uno dei due filamenti non ci sono problemi: la fotocopiatrice, che si chiama DNA polimerasi, può muoversi al seguito della macchina che separa i due filamenti del DNA (elicasi). L'altro filamento, però, punta nella direzione opposta, e ciò significa che la fotocopiatrice deve allontanarsi dal punto in cui il DNA viene aperto. Nel frattempo, a peggiorare le cose, alle spalle della macchina le aperture del DNA proseguono. Come risolvere il problema? Si copia una piccola porzione di DNA, si riporta indietro la fotocopiatrice, si copia un'altra piccola porzione, si uniscono le due sezioni mediante un'altra macchina (la ligasi) e così via.

Un giro d'elica

Dato che non abbiamo spazio sufficiente per analizzare ogni singola macchina molecolare coinvolta nella replicazione del DNA, ci concentreremo sull'elicasi, la macchina responsabile

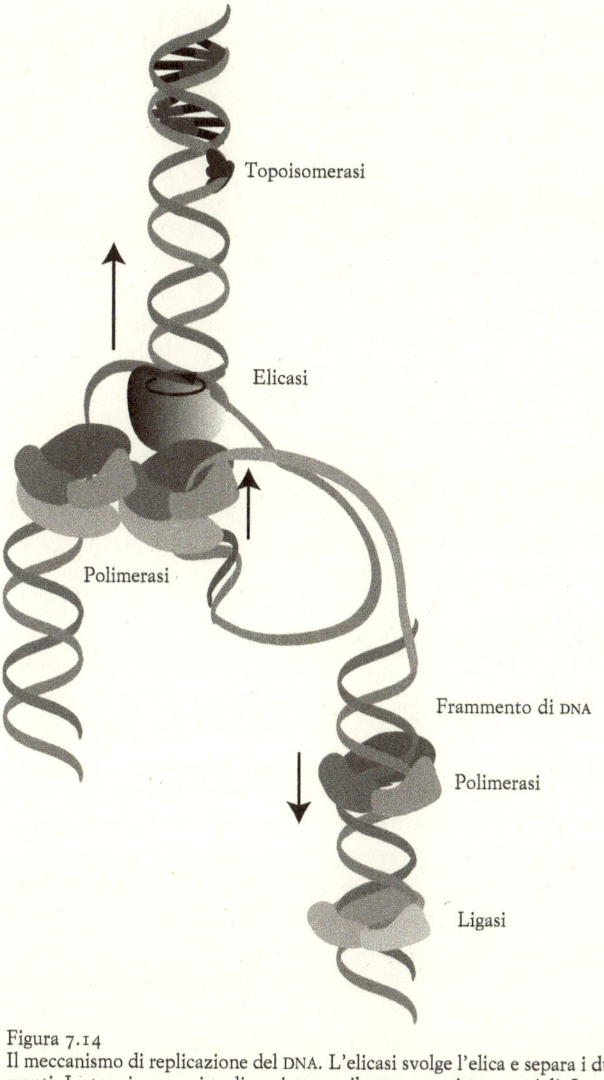

Figura 7.14
Il meccanismo di replicazione del DNA. L'elicasi svolge l'elica e separa i due filamenti. La topoisomerasi taglia e riattacca il DNA per evitare grovigli. Le polimerasi copiano il DNA e generano una nuova doppia elica a partire da ognuno dei due filamenti separati. Una delle polimerasi segue l'elicasi, mentre le altre due lavorano nella direzione opposta. Perciò sono obbligate a copiare il DNA in frammenti che vengono uniti nuovamente dalla ligasi.

dello srotolamento (e dell'apertura) dell'elica di DNA. Questa famiglia di macchine molecolari ha due compiti: separare i filamenti complementari di DNA e srotolarli in modo da prepararli per la copiatura. Lo srotolamento dei due filamenti può far attorcigliare ancora di più il DNA non ancora aperto: l'intervento della topoisomerasi fa sì che i motori di elicasi non trasformino il DNA in un groviglio inestricabile. Da un punto di vista strutturale, l'elicasi assomiglia a una stella a sei punte con un foro centrale, attraverso il quale passa il DNA. Come si fa ad avvolgere il DNA passando per il centro dell'enzima? L'elicasi si auto-assembla intorno al DNA, con ogni probabilità aprendo l'anello esagonale, lasciando entrare il DNA e richiudendosi. È possibile che la forma esagonale le consenta di operare anche quando il DNA si attorciglia nel passare attraverso il centro.

Come si è detto, i gradini della scala di DNA – le basi complementari – restano uniti grazie ai legami idrogeno. Le ricerche hanno dimostrato che l'elicasi spezza questi legami molto più rapidamente di quanto essi impiegherebbero a spezzarsi da soli. Le elicasi, prima di ogni altra cosa, sono enzimi che accelerano la scissione della doppia elica di DNA. Non dimentichiamo che qualsiasi legame, prima o poi, finirà per spezzarsi. Ogni molecola è sottoposta senza sosta al bombardamento della tempesta molecolare, e quindi c'è sempre la possibilità che il legame riceva casualmente dall'agitazione termica un'energia sufficiente a romperlo. Il tempo medio necessario perché ciò accada dipende dall'altezza della barriera di attivazione. L'elicasi abbassa questa barriera alterando la carica presente sul DNA e accelerando così il processo di scissione. Le elicasi, però, non si limitano a facilitare l'apertura della doppia elica: si muovono anche lungo il DNA come se fossero un paio di forbici. Mentre tagliano si spostano in avanti, grazie all'energia fornita dall'ATP. Anche le elicasi, quindi, sono motori molecolari. Sui dettagli del moto la discussione è ancora aperta: si tratta di un motore fortemente accoppiato o di un cricchetto browniano? A questo punto la discussione vi suonerà familiare. Alcune ricerche sembrano indicare che il legame con l'ATP indebolisca il legame tra l'elicasi e il DNA, consentendo all'enzima di muoversi con maggiore libertà. Se così fosse, sarebbe un elemento a favore dell'ipotesi del cricchetto browniano.

L'invio del messaggio

Il DNA presente nelle nostre cellule contiene tutte le informazioni necessarie per fabbricare le proteine di cui ha bisogno il nostro corpo. Per trasformare le istruzioni del DNA nelle proteine vere e proprie bisogna anzitutto copiarle in un RNA messaggero che le recapita alla fabbrica, dove si trovano le macchine che le traducono in proteine. L'RNA è un cugino più flessibile e più antico del DNA (sono in molti a ritenere che la vita sia cominciata con questa molecola). Rispetto al DNA, lo scheletro dell'RNA contiene uno zucchero differente – il ribosio al posto del deossiribosio – che lo rende più flessibile. Anche l'RNA, come il DNA, ha quattro basi, tre delle quali – A, C e G – sono le stesse, mentre la quarta è l'uracile (U).

Visto che il numero delle basi è lo stesso, è facile trascrivere il linguaggio del DNA in quello dell'RNA (basta sostituire la T con una U). In questo modo l'RNA può svolgere il ruolo di messaggero ogni volta che la cellula consulta la libreria del DNA per fabbricare una proteina. La trascrizione del DNA in mRNA è opera di una macchina molecolare chiamata RNA polimerasi, che si mette al lavoro ogni volta che incontra una particolare sequenza di DNA, il cosiddetto *promotore*. Il promotore indica il punto in cui l'RNA polimerasi deve cominciare a trascrivere ed è sempre formato da due parti, situate a monte della sequenza da tradurre, rispettivamente a 10 e a 35 coppie di basi di distanza. Non appena la polimerasi trova il promotore, si attacca al DNA e comincia a copiare in RNA le informazioni lette. L'RNA polimerasi è il coltellino svizzero delle macchine molecolari; mentre la replicazione del DNA coinvolge un'armata di enzimi e macchine molecolari, l'RNA polimerasi fa tutto da sola: scinde il DNA, lo trascrive, si sposta lungo i filamenti, corregge le bozze e infine conclude il processo di copia.

Il primo passo della trascrizione è la ricerca del promotore. Sfortunatamente il DNA ha una lunghezza impossibile ed è completamente attorcigliato su se stesso. Come fa l'RNA polimerasi a trovare una sequenza particolare tra i milioni di sequenze che compongono il DNA? Può sembrare incredibile, ma la polimerasi identifica il bersaglio molto rapidamente, a quanto pare legandosi debolmente al DNA per poi scivolare velocemente lungo i singoli filamenti, con l'aiuto della tempesta molecolare. Ogni tanto la polimerasi si ferma per assicurarsi che non le sia sfuggito niente. È come quando siete in un supermercato e state cercando qualcosa di particolare: prima scorrete con lo sguardo uno scaffale dopo l'altro, e quando non riuscite a trovare ciò che cercate vi spostate in un'altra zona del supermercato e ricominciate. La combinazione della ricerca lineare con i salti produce una strategia di ricerca molto efficiente.

Una volta trovato il promotore, la polimerasi si lega con più forza al DNA. A questo punto il suo movimento diventa unidirezionale: l'enzima comincia a trascrivere, ma solo dopo qualche falsa partenza che crea RNA spazzatura. Per poter effettuare la trascrizione bisogna aprire e srotolare i filamenti di DNA. A questo scopo, l'RNA polimerasi crea un avvolgimento locale di DNA aperto, ma il processo differisce da quello della replicazione, in cui vengono separati e copiati interi filamenti di DNA. Nel caso della trascrizione, la polimerasi apre il DNA localmente e lo richiude subito dopo. Le singole coppie di basi del DNA vengono accoppiate alle coppie di basi di RNA corrispondenti, scelte tra le coppie circolanti sotto forma di trifosfati come l'ATP (che fornisce la A) e i corrispettivi GTP, CTP e UTP. I nucleotidi carichi di energia presentano un grande vantaggio: non solo rendono disponibili le basi da inserire nel filamento di RNA in formazione, ma forniscono anche l'energia che consente alla macchina della polimerasi di muoversi lungo il DNA.

Block e i suoi collaboratori, di cui abbiamo già parlato brevemente quando abbiamo illustrato il moto della chinesina, hanno utilizzato la loro trappola ottica anche per misurare il moto dell'RNA polimerasi e hanno visto che l'enzima si muove a passi di una coppia di basi alla volta (0,34 nm). Spostandosi lungo il DNA, la polimerasi trascina dietro di sé un filamento sempre più lungo di RNA trascritto. Nonostante la resistenza esercitata dal frammento di RNA che penzola alle sue spalle, la macchina della polimerasi è altamente processiva: riesce a trascrivere migliaia di basi senza staccarsi dal DNA. In un esperimento i ricercatori hanno applicato una forza di 30 pN alla coda di RNA, ma la macchina ha proseguito allegramente per la sua strada, imperterrita. Una forza simile è molto più grande di quella che dovrebbe essere in grado di separare il DNA dall'RNA (che in corrispondenza del sito di trascrizione si legano temporaneamente attraverso l'accoppiamento delle basi). L'RNA polimerasi, a quanto pare, tiene uniti l'RNA e il DNA agendo come una pinza estremamente robusta.

La fabbricazione delle proteine

La terza fase del ciclo di vita del DNA è la traduzione dell'informazione in una proteina vera e propria. A effettuarla è la madre di tutte le macchine molecolari: il *ribosoma*. Un ribosoma umano è composto da circa 75 proteine e da molteplici filamenti di RNA lunghi e complessi. Tutti questi componenti, legati tra loro, formano due unità principali che si uniscono a formare il ribosoma vero e proprio. Perché i filamenti di RNA? Tutte le macchine di cui abbiamo parlato finora erano formate da proteine. La ragione per cui l'RNA delle nostre cellule è così importante è la sua versatilità: l'RNA, come il DNA, è un vettore di informazione, ma la sua grande flessibilità gli consente di assumere conformazioni tridimensionali complesse, capaci di catalizzare reazioni proprio come le proteine. È per questo che sono in molti a ritenere che l'RNA sia comparso precocemente, prima del DNA e delle proteine, ed è proprio questo che rende il ribosoma – una macchina a base di RNA – così interessante. Ogni essere vivente di questo pianeta possiede ribosomi, e tutti i ribosomi contengono RNA. Ogni cellula umana contiene approssimativamente 100 milioni di ribosomi; i batteri più piccoli, come *E. coli*, ne contengono circa 10 000.

La traduzione dell'informazione genetica in proteina richiede un traduttore. L'operazione è gestita da piccole molecole composte in parte da RNA e in parte da aminoacidi: il cosiddetto RNA transfer (tRNA). Le molecole di tRNA funzionano come una specie di dizionario: quando cercate di tradurre una parola dall'inglese al tedesco, cercate la parola inglese nella colonna di sinistra e andate a vedere a che parola corrisponde nella colonna di destra. Due parole come *flood* e *Überschwemmung* («diluvio») hanno ben poco in comune: senza un dizionario non indovineremmo mai che hanno lo stesso significato (mia moglie mi prende in giro perché le parole tedesche sono sempre tre volte più lunghe del loro equivalente inglese). Il tRNA funziona nello stesso modo: a un'estremità della molecola di tRNA si trova la sequenza di tre lettere del codone, mentre all'altra è legato l'aminoacido corrispondente. Non c'è modo di sapere che AGU vuol dire serina o che GGC significa glicina: ci serve il dizionario molecolare. La figura 7.15 illustra la sequenza di trascrizione e traduzione del DNA.

Anche il dizionario è codificato nel DNA. Il nostro DNA contiene infatti le informazioni necessarie per fabbricare gli enzimi noti come tRNA sintetasi, i quali, come ci suggerisce il nome, sintetizzano il tRNA. Si tratta di enzimi dotati di tasche speciali che consentono di accoppiare un dato codone all'aminoacido corrispondente. La tRNA sintetasi fa in modo che ci sia sempre ampia disponibilità di tutte le combinazioni possibili di tRNA, per consentire ai ribosomi di lavorare. Il ribosoma funziona come una macchina tipografica che utilizza le molecole di tRNA come caratteri: prende il messaggio in arrivo (generato dalla RNA polimerasi sotto forma di mRNA) e lo scorre, un passo alla volta, scegliendo l'aminoacido giusto per ogni codone incontrato. Ogni volta che ne trova uno, lo stacca dal tRNA che lo trasporta e lo attacca al nascente filamento di aminoacidi da cui nascerà la proteina.

Si noti che pur essendo il più complesso di tutte le macchine molecolari che abbiamo incontrato finora, il ribosoma condivide con la stragrande maggioranza di queste una caratteristica comune: il movimento lungo un percorso prefissato. La chinesina, abbiamo visto, si muove lungo i microtubuli, la miosina percorre i filamenti di actina, l'elicasi e l'RNA polimerasi si spostano lungo il DNA e i ribosomi lungo l'mRNA. Nella maggior parte di questi esempi, la traccia seguita non viene modificata in maniera permanentemente dalla macchina molecolare. Alcune macchine, invece, divorano letteralmente la traccia sulla quale si muovono.

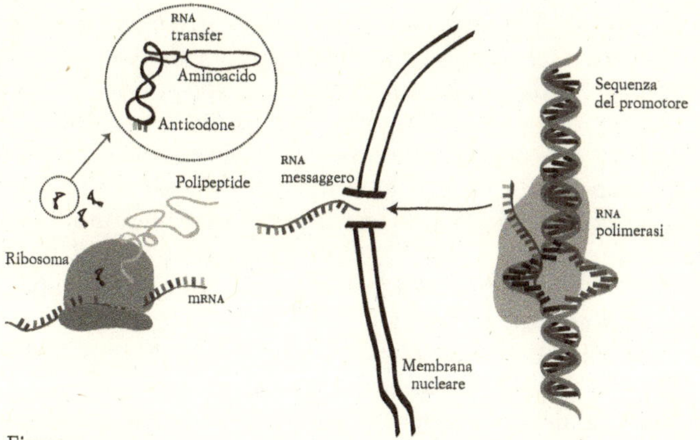

Figura 7.15
Trascrizione e traduzione: ecco in che modo il DNA viene tradotto in proteine. A destra: il messaggio scritto nel DNA contenuto nel nucleo cellulare è trascritto nell'RNA messaggero (mRNA) da una macchina chiamata RNA polimerasi. L'mRNA esce dal nucleo. A sinistra: il ribosoma prende l'mRNA e lo accoppia alla sequenza corretta di RNA transfer (tRNA) in modo tale che l'anticodone del tRNA si leghi al corrispettivo codone dell'mRNA. A quel punto, l'aminoacido presente sull'estremità finale di ogni tRNA si lega al filamento polipeptidico che si sta formando e che finirà per ripiegarsi su se stesso dando origine a una proteina pronta all'uso. La proteina così formata può essere una proteina strutturale come l'actina, un enzima o una macchina molecolare.

Cibo da passeggio

Un paio d'anni fa invitai il celebre biochimico Gregory Goldberg a tenere un seminario alla Wayne State University. Greg ha un senso dell'umorismo deliziosamente caustico. Iniziò la presentazione postulando la «legge di Goldberg della biofisica»: «Si può convertire un fisico in un biologo, ma la trasformazione inversa è proibita dalla natura». In realtà era stato generoso: per un fisico, capire la biologia è difficile tanto quanto lo è per un biologo capire la fisica. Cercare di entrare in una nuova disciplina richiede davvero tanta fatica. Parliamo lingue diverse anche quando parliamo delle stesse cose.

Gregory Goldberg è stato uno dei primi a studiare una classe particolare di macromolecole, le *metalloproteineasi di matrice* o MMP. Le MMP sono enzimi. I substrati delle MMP di Goldberg sono gli elementi costitutivi della matrice extracellulare. Ne è un esempio il collagene, una proteina che forma le fibre resistenti che danno forma al nostro corpo. Senza collagene trascorreremmo la nostra esistenza come un «blob», una chiazza melmosa sul pavimento. Le nostre cellule sono intrappolate come ragni in una tela intricata fatta di collagene e di altri componenti della matrice extracellulare. Per muoversi in questa ragnatela le cellule devono escogitare un modo per farsi strada: la soluzione è rappresentata da alcune MMP capaci di scindere il collagene. Senza le MMP sarebbe impossibile sostituire le cellule morte o riparare la cartilagine delle articolazioni. Le MMP, tuttavia, hanno un lato oscuro: vengono cooptate dalle cellule cancerose che se ne servono per potersi diffondere e causare le metastasi. Altre MMP sono implicate nella formazione dei vasi sanguigni che nutrono le masse cancerose. È per questo che le MMP sono uno degli obiettivi della ricerca sul cancro.

Goldberg studia le MMP da quasi vent'anni insieme ad altri colleghi sparsi per il mondo (il gruppo è stato definito «la mafia delle MMP»; uno dei membri più autorevoli di questa «mafia» è il mio collega Rafael Fridman, che mi ha spinto a misurare le MMP con l'AFM). Nel 2004, Goldberg e i suoi colleghi della Washington University fecero una scoperta stupefacente. Stavano cercando di capire come fa una particolare MMP, la cosiddetta MMP-1, a scindere il collagene e poi diffondersi. La velocità di diffusione dipende dal coefficiente di diffusione, ma misurare il coefficiente di diffusione è complicato. Le molecole non sono visibili con un microscopio comune. I colleghi del dipartimento di fisica, però, avevano proprio la tecnica che faceva al caso di Goldberg.

La spettroscopia di correlazione a fluorescenza (FCS, dall'inglese *fluorescence correlation spectroscopy*) viene utilizzata per misurare la diffusione nei polimeri, nelle nanoparticelle e nei liquidi isolati. La tecnica è piuttosto facile da capire: un laser, puntato sul campione da misurare, induce una classe particolare di molecole – i fluorofori – a emettere luce di lunghezza d'onda diversa da quella del laser. Quando non ci sono fluorofori nel fuoco del laser, tutto è buio; quando un fluoroforo, spinto dalla diffusione casuale, attraversa il fascio laser, si osserva un piccolissimo lampo luminoso. La luce misurata è soggetta a fluttuazioni dovute al fatto che i fluorofori entrano ed escono in maniera casuale dal fuoco del laser. Conoscendo le dimensioni di quest'ultimo e misurando il rumore generato dai fluorofori vaganti, gli scienziati possono determinare il coefficiente di diffusione. Legando un fluoroforo a una molecola più grande, come una MMP, quindi, se ne può determinare la costante di diffusione.

Goldberg e i suoi colleghi della Washington University scoprirono con grande stupore che i loro dati non si accordavano con alcun modello semplice di diffusione. Sembrava piuttosto che le molecole si spostassero lungo le fibre di collagene, muovendosi in una direzione fissa. Com'era possibile? Le molecole sono soggette al moto termico casuale, che non possiede direzioni preferite.

Come abbiamo visto, il moto direzionale richiede la degradazione dell'energia libera in calore. Gli MMP, però, sono enzimi, e non idrolizzano l'ATP per spostarsi. Come potevano muoversi in una direzione ben precisa senza violare il secondo principio della termodinamica? Succede che gli MMP si riforniscono di energia mangiando la traccia che stanno seguendo, ed è una buona strategia: scopo dell'MMP-1 è la scissione del collagene. Se l'enzima si limitasse a diffondere in maniera casuale, taglierebbe il filamento di collagene qua e là, a caso. Invece l'MMP lo taglia mentre lo percorre, creando ampi varchi attraverso i quali può passare la cellula.

Ogni varco nel collagene presenta una barriera di attivazione elevata che impedisce all'MMP di andare proprio in quella direzione. La molecola, quindi, non ha scelta: deve allontanarsi dal varco. Dopo di che ne catalizza un altro, se ne allontana e così via. Goldberg e i suoi lo hanno soprannominato «meccanismo della terra bruciata». Immaginate di guidare su un ponte molto lungo, e mentre siete al volante lanciate una carica esplosiva dal finestrino posteriore: la strada alle vostre spalle è ostruita da una grande buca nel ponte e voi non avete scelta, dovete allontanarvi dalle buche che voi stessi create. A forza di farlo, vedrete che non avete scelta: siete obbligati a viaggiare in una direzione fissa. Un meccanismo del genere evita il rischio di violazioni del secondo principio, perché la scissione del collagene fornisce energia utilizzabile per dirigere il moto dell'MMP divoratrice di tracce.

L'instradamento: i canali attivi

Dagli esempi citati finora può sembrare che quasi tutte le macchine molecolari seguano binari predefiniti (con l'eccezione dell'ATP sintasi, che ruota). Le nostre cellule, in realtà, contengono molte altre macchine molecolari che si muovono a malapena o non si muovono affatto. Le pompe ne sono un esempio. Le nostre cellule sono piene di acqua, proteine, micromolecole – come gli zuccheri – e tanti ioni: se non controllassero la quantità di micromolecole e di ioni al loro interno, potrebbe essere un bel guaio.

Quando ero piccolo, davanti a casa mia, in Germania, c'era un grande ciliegio i cui rami raggiungevano il balcone del secondo piano. D'estate se ne potevano raccogliere i frutti direttamente dalla terrazza. Spesso, dopo un acquazzone, i frutti erano spaccati. La causa? L'osmosi. La buccia di ciliegia è permeabile all'acqua ma non lascia uscire lo zucchero. L'eccesso di zucchero all'interno del frutto crea una situazione di non-equilibrio: le molecole di zucchero vogliono diluirsi in una maggior quantità d'acqua per raggiungere la stessa concentrazione che c'è all'esterno della ciliegia. La pioggia è la loro grande occasione: gli zuccheri non possono uscire dalla ciliegia, ma lo squilibrio tra la loro concentrazione all'interno e quella all'esterno genera una pressione che attira l'acqua nel frutto, che si gonfia e finisce per spaccarsi.

Se le cellule non fossero in grado di regolare la quantità di zuccheri, proteine, acqua o ioni al loro interno, farebbero la stessa fine. La membrana cellulare è piuttosto impermeabile, ma presenta un gran numero di pori specializzati. Molti di questi sono passivi: se una molecola diffonde verso di loro, la lasciano passare. Altri, invece, sono vere e proprie macchine, sistemi attivi che pompano solo alcuni ioni o molecole a spese dell'ATP.

Di solito gli ioni attraversano una membrana finché non c'è equilibrio. I pori passivi lasciano diffondere gli ioni, ma il processo si interrompe non appena viene raggiunto l'equilibrio. Per creare una situazione di non-equilibrio, con una differenza di concentrazione tra l'interno e l'esterno della cellula, è necessario un sistema di pompaggio attivo. La *pompa sodio-potassio*, ad esempio, espelle il sodio dalla cellula e vi fa entrare il potassio, preservando l'ambiente ricco di potassio e povero di sodio che caratterizza gran parte delle cellule. Le pompe sono estremamente importanti per la vita della cellula, tanto che le nostre cellule consumano circa un terzo della propria energia per far funzionare queste pompe sodio-potassio. Nelle cellule nervose, la frazione di energia consumata dalle pompe può raggiungere anche i due terzi.

Come abbiamo visto, i meccanicisti, da Democrito a Helmholtz, avevano ragione: la vita si basa sulle macchine, su pompe e motori. Ciò che questi scienziati non potevano sapere è che queste macchine sono nanobot molecolari il cui funzionamento è completamente diverso dalle macchine che loro avrebbero potuto immaginare. Le nanomacchine della vita sono figlie del caos, sono governate dal disordine e, come vedremo nel prossimo capitolo, dal caos sono – almeno in parte – modellate.

8.
L'orologio e il ribosoma

> Ho chiamato questo principio, secondo il quale ogni piccola variazione, se utile, viene conservata, selezione naturale.
>
> Charles Darwin

> Che cosa [potrebbe fare], come si è già detto, se non aumentare oltre misura la nostra ammirazione per l'abilità impiegata nella formazione di una simile macchina? O forse, invece, dovrebbe indurci immediatamente alla conclusione opposta, cioè che non c'è stata arte né talento alcuno, sebbene ogni indizio a favore dell'arte e del talento rimanga al suo posto, e che quest'ultima, suprema opera d'arte vada aggiunta così com'è a tutto il resto? Lo si può sostenere senza cadere nell'assurdo? Ma questo è ateismo.
>
> William Paley

William Paley (1743-1805) fu un sacerdote, teologo e filosofo del XVIII secolo. La sua opera suscitò nei colleghi sacerdoti un'ammirazione così grande che la Chiesa lo nominò canonico della cattedrale di St. Paul e rettore di Bishopwearmouth, garantendogli un reddito più che sufficiente per le necessità di un prete filosofeggiante. Gli scritti morali di Paley rivelano una modernità sorprendente: si opponeva alla schiavitù e alla conservazione attiva del divario tra poveri e ricchi e giunse persino a difendere il diritto dei poveri a rubare, se ciò si rendeva indispensabile per nutrire se stessi e la propria famiglia. Nel campo della storia naturale, invece, Paley era un reazionario. Pur scrivendo alla fine della rivoluzione scientifica, aveva adottato una filosofia naturale che richiamava concetti tipici dell'epoca prerivoluzionaria. Ciononostante, i suoi scritti erano così convincenti che persino Darwin, da giovane, divenne un suo ammiratore. Ciò che piaceva ai suoi colleghi del clero era che Paley, ai loro occhi, distruggeva la filosofia meccanicista. Anche loro, come Paley, ritenevano assurdo che si potesse credere che la materia fosse in grado di organizzarsi autonomamente ed erano concordi nell'equiparare una credenza simile all'ateismo.

Il brano più celebre degli scritti di Paley è l'inizio della sua *Teologia naturale*: «Supponiamo che io trovassi per terra un orologio, e che mi venisse chiesto come mai questo si trovi proprio lì; notiamo ... che le sue varie parti sono ... insieme per uno scopo ... che l'orologio deve avere avuto un creatore: che deve essere esistito un artefice, o più artefici, che l'hanno fabbricato con [uno] scopo».

L'analogia tra gli organismi viventi e gli orologi è stata così convincente da essere stata impiegata da radicali agnostici come La Mettrie, apologeti del Cristianesimo come Paley e persino da scienziati del XX secolo come Schrödinger per sostenere punti di vista totalmente divergenti. Il semplice fatto che la somiglianza superficiale di un organismo con un orologio possa essere utilizzata a favore dell'ateismo, del Cristianesimo e del misticismo scientifico dovrebbe far nascere qualche sospetto. Siamo sicuri che si tratti davvero di un'analogia valida?

Per rispondere, riformuliamo la domanda: il nostro corpo assomiglia alle macchine che progettiamo? La risposta, ovviamente, non può che essere negativa. Per quanto Cartesio o La Mettrie fossero influenzati dal sistema di pompe, tubi e leve che formano il nostro corpo, oggi sappiamo che un organismo è il frutto delle interazioni *tra* molecole. Certo, nel nostro corpo ci sono pompe, leve e tubi macroscopici, ma tutti questi elementi, da soli, non sono in grado di spiegare perché siamo vivi. Anche i batteri sono vivi, eppure non possiedono un cuore, delle braccia o dei polmoni. Sappiamo costruire una macchina che contiene pompe e leve, ma non sarà in grado di procurarsi il cibo da sé e riprodursi.

Se la vita si basa sulle molecole, quindi, sarà necessariamente soggetta alla potenza generatrice di casualità del moto atomico. Il caso avrà un ruolo importante. E in effetti, esaminando il moto delle macchine molecolari o i meccanismi dell'evoluzione, ci accorgiamo che il caso accompagna la vita in ogni suo istante. Per un orologio, invece, le cose vanno diversamente: l'ultima cosa che vogliamo in un orologio è che il caso vi abbia un ruolo; farebbe soltanto danni.

Paley si faceva beffe del caso: «Cos'ha mai fatto il caso per noi? Nel corpo umano, ad esempio, il caso, ovvero l'azione di cause senza disegno, può produrre una cisti, una verruca, un neo, una pustola, ma mai un occhio. Tra le sostanze inanimate, una zolla, un ciottolo o una goccia di liquido possono essere effetto del caso, ma mai si potrà dire lo stesso di un orologio, di un telescopio o di qualsiasi corpo organizzato che risponda a uno scopo di qualsivoglia valore attraverso un meccanismo complicato. Non è mai successo che esistesse un oggetto del genere senza che da qualche parte ce ne fosse l'intenzione». Ciò che trovo interessante nel punto di vista di Paley è che la goccia di liquido viene relegata nel dominio del caso, mentre si tratta indubbiamente di un frutto della necessità. Un ciottolo, naturalmente, ha una componente casuale, ma riassume in sé anche la formazione degli atomi a partire dalle particelle subatomiche, la creazione degli elementi pesanti nelle stelle supermassive e nelle supernove, la cristallografia dei minerali silicati complessi e numerosi processi geologici, dal vulcanismo all'erosione. Una verruca, invece, è il risultato di una macchina sofisticata, *evoluta*: un virus. Paley non poteva sapere tutte queste cose, ma l'esempio fatto mostra il destino di credenze così radicate alla luce delle conoscenze moderne.

Un orologio ha chiaramente un artefice, perché un orologio è un oggetto dalla struttura delicata. Esegue un compito ben preciso, funziona solo se funzionano tutte le sue parti e non sopporta ingerenze del caso o del caos. Per farla breve, un orologio non è poi così complicato. Di fatto – e me ne scuso con mio padre, orologiaio – un orologio, se paragonato all'organello o alla più piccola delle cellule, ha la complessità di un puzzle per bambini. D'altro canto, molte entità naturali che lo stesso Paley non avrebbe mai considerato frutto di un disegno sono di una complessità smisurata: le stelle, i pianeti, le montagne, i vulcani, l'andamento del clima, e – certo, anche loro – i ciottoli.

Sul tema della riproduzione, Paley fu vittima di un errore analogo. Riflettendo sulla possibilità di scoprire, in futuro, che l'orologio era in grado di creare un altro orologio «simile a sé», si chiese se ciò non avrebbe dimostrato che il creatore era ancora più raffinato di quanto pensassimo. La capacità dell'orologio di riprodursi lo avrebbe reso ancora più complesso, e quindi avrebbe reso ancora *più* probabile l'esistenza di un artefice responsabile della sua creazione. Il ragionamento, però, non sta in piedi: è evidente che se un orologio potesse costruire un altro orologio non avrebbe bisogno di un creatore. Un orologio sarebbe semplicemente il risultato di un altro orologio. E se il nuovo orologio, come afferma Paley, fosse semplicemente «simile» all'originale, non potrebbe essere addirittura un po' meglio di quest'ultimo? Curiosamente, nel sostenere che il nuovo orologio è simile - e non identico - al vecchio, Paley apre la porta proprio al caso. Simile, ma quanto? Che cosa determina ciò che è identico e ciò che è diverso nella discendenza? E se ci fossero milioni di orologi che si riproducono, scambiandosi informazioni sulla propria struttura e trasferendo i progressi alla generazione successiva? Non osserveremmo un miglioramento degli orologi man mano che il tempo passa?

Prima che possiate obiettare che gli orologi non fanno figli, lasciate che vi ricordi che sto semplicemente seguendo il ragionamento di Paley. È chiaro che se un orologio si riproducesse non sarebbe più un orologio. Un orologio è un artefatto realizzato con uno scopo *esterno*, cioè dire che ora è. Se cominciasse a riprodursi, acquisterebbe immediatamente uno scopo *interno*: l'efficienza riproduttiva. Se ci fosse un agente esterno che seleziona gli orologi più precisi e lascia che solo questi si riproducano, col passare delle generazioni avremmo orologi sempre migliori. In assenza di un agente esterno, però, gli orologi smetterebbero di essere solo orologi, perché l'efficienza riproduttiva diverrebbe la loro nuova *raison d'être*. Dopo qualche tempo si trasformerebbero in macchine totalmente diverse, con le caratteristiche di quelle che si sono riprodotte meglio.

Adesso facciamo un passo in più. Nulla funziona senza energia. Un orologio funziona solo se gli si dà la carica e un organismo vivente deve mangiare. Un orologio capace di riprodursi, quindi, avrebbe bisogno di energia. Dovrebbe trovare un modo per battere la concorrenza degli altri orologi e accaparrarsi una quantità di energia sufficiente per riprodursi. Per riuscirci, dovrebbe trovare un nuovo ruolo, un modo nuovo per guadagnarsi da vivere. I biologi chiamano questi ruoli *nicchie*. In breve non riconosceremmo più i nostri orologi: pochi di questi sarebbero ancora in grado di dirci che ora è. Gli ingranaggi verrebbero utilizzati per digerire o per muoversi; le lancette e il quadrante servirebbero ad attrarre un partner adatto per scambiare informazione. Chissà, forse una lancetta delle ore fosforescente farebbe impazzire il sesso opposto. Questa è evoluzione: è vita.

L'evoluzione

Come si evolvono le molecole? Nonostante i teatrali dibattiti avvenuti in diversi consigli scolastici americani, il meccanismo dell'evoluzione, come abbiamo visto nel primo capitolo, è abbastanza ovvio, a patto di considerarlo con una mentalità aperta. Proprio questa constatazione spinse Thomas Huxley, che sosteneva le idee di Darwin, a lamentarsi di non averci pensato prima lui. Le molecole sono soggette alla stessa selezione naturale che vale per le parti macroscopiche di un organismo. Di fatto, l'analisi dell'evoluzione delle proteine è un buon modo per capire come funziona l'evoluzione, poiché vi è una relazione diretta tra la sequenza degli aminoacidi di una proteina e la sua codifica all'interno del DNA. Ogni novità a livello molecolare – qualsiasi nuova macchina molecolare che trasporti un carico un po' più rapidamente o che commetta meno errori nel trascrivere il DNA – darà un vantaggio all'organismo che la ospita. Di conseguenza, un macchinario molecolare migliore finirà per imporsi all'interno di una popolazione. Oppure, al variare delle condizioni ambientali, emergeranno nuovi meccanismi capaci di far fronte al cambiamento.

Un esempio celebre dell'evoluzione delle proteine è rappresentato dalla scoperta, avvenuta nel 1975, di un ceppo di *Flavobacterium* in una vasca di acque reflue di una fabbrica di nylon giapponese. I batteri che popolavano la vasca si erano evoluti ed erano ora in grado di nutrirsi delle sostanze chimiche associate alla produzione del nylon, che in natura non esistono. Ulteriori ricerche portarono i ricercatori a isolare tre enzimi che si erano evoluti all'interno di quei batteri e che li aiutavano a scomporre il nylon. Nessuno di questi enzimi risultava presente nei ceppi di *Flavobacterium* che non erano stati coltivati nella vasca del nylon. Come avevano fatto i batteri a inventare i nuovi enzimi? I batteri vivono in colonie numerose e si moltiplicano molto rapidamente, pertanto possono evolversi molto velocemente. Nel caso in questione, a quanto pare, il meccanismo di replicazione del DNA di qualche cellula di *Flavobacterium* aveva commesso un errore, leggendo una sequenza di DNA a partire dal punto sbagliato e generando così una cosiddetta mutazione *frameshift*. Il caso volle che la proteina risultante aiutasse a scomporre il nylon, il che può servire se si vive in una vasca che ne è piena. Dobbiamo realmente credere a una coincidenza così fortuita? Assolutamente. Pensate solo che un corpo umano contiene 1014 batteri (centomila miliardi). È verosimile che la vasca giapponese ne contenesse molti di più. In media, un batterio si moltiplica in un tempo compreso tra 20 e 60 minuti. Prendendo per buono il valore più basso e assumendo che la fabbrica fosse in funzione da dieci anni, la vasca avrebbe dovuto essere già alla 87 600esima generazione di batteri, e avrebbe dovuto contenerne un'infinità di esemplari. Dato l'enorme quantità di batteri e le molte generazioni che si erano avvicendate nella vasca, una mutazione piuttosto improbabile rientra nel dominio del possibile. Ma non è tutto: è possibile che il primo enzima non fosse capace di digerire il nylon, benché fosse comunque meglio di niente. Quando l'enzima scarsamente capace di digerire il nylon si diffuse nella popolazione batterica, poté evolversi e migliorare rapidamente. L'enorme lentezza, la gradualità e la relativa imprevedibilità del processo evolutivo rendono difficile credere che un sistema simile abbia potuto portare ai meccanismi sofisticati che sono all'opera nelle nostre cellule. Come mostra l'esempio appena citato, però, a volte l'evoluzione avviene nell'arco di pochi anni. È interessante notare come la parte del leone nella storia della vita (stiamo parlando di tre miliardi di anni, cioè quasi tre quarti del totale) l'abbia avuta l'evoluzione dei soli organismi unicellulari. Gli organismi multicellulari apparvero solo nell'ultimo miliardo di anni. Perché ci misero così tanto tempo? Un'occhiata alla complessità dei meccanismi attivi nelle nostre cellule ci fa intuire la risposta: ci vollero miliardi di anni prima che l'evoluzione trasformasse i primi enzimi primitivi nelle macchine complesse oggi in funzione nelle cellule moderne. Gli organismi multicellulari fecero la loro comparsa solo quando si raggiunse un livello minimo di efficienza e di complessità. Un elemento in favore di questa lettura dei primi passi dell'evoluzione della vita è il fatto che tutti gli animali (e le piante) multicellulari condividono le stesse caratteristiche fondamentali. Può sembrare avvilente, ma su scala nanometrica le differenze tra un essere umano e un fungo sono ben poche. Gli attrezzi cellulari fondamentali sono gli stessi. La loro complessità spiega il tempo che è stato necessario per metterli a punto. Quando gli attrezzi furono pronti, l'evoluzione fu libera di dar vita a creature multicellulari sempre più stupefacenti, dai polpi alle foreste di sequoie. In un certo senso, il mistero della vita si cela a livello molecolare. È lì che è avvenuto il vero lavoro dell'evoluzione. Il resto è la classica ciliegina sulla torta.

Gli antenati fossili delle nostre macchine molecolari sono quasi tutti scomparsi. Le proteine non durano per più di tre miliardi di anni, e i batteri dotati dei meccanismi primitivi sono stati mangiati tanto tempo fa. Persino i cosiddetti Archea, microorganismi che differiscono in maniera significativa dai batteri, non sono davvero arcaici. In un certo senso, batteri e Archea sono più evoluti di noi. Dopo tutto hanno avuto a disposizione molto più tempo e si sono sempre riprodotti molto più velocemente. Ciò detto, *c'è qualcosa* che possiamo fare per capire come possono essersi evolute le macchine molecolari?

Cercare di capire i dettagli del percorso evolutivo che ha condotto al ribosoma o al motore molecolare della chinesina è come voler risolvere un crimine centinaia di anni dopo che è avvenuto. Chi era Jack lo Squartatore? Impossibile dirlo. Le sue tracce, ormai, sono state cancellate dal tempo. Tuttavia, possiamo sfruttare i rari documenti e le poche tracce ancora esistenti per formulare qualche ipotesi convincente. Nel caso dell'evoluzione delle macchine molecolari dobbiamo esaminare i pochi indizi disponibili per cercare di delineare una storia plausibile. Ciò che intendiamo per *plausibile*, qui, è una storia in accordo con le prove esistenti e con le leggi fisiche e chimiche note. Una volta formulata una storia così, se ne possono sottoporre certe parti a verifica sperimentale. Se la verifica ha successo, la storia diventa *probabile*, ma non avrà mai una dimostrazione definitiva. Jack resterà per sempre uccel di bosco.

Un esempio istruttivo è quello dell'evoluzione del ribosoma. Nel settimo capitolo ho detto che si pensa che l'RNA sia una molecola più antica del DNA e delle proteine. Nel problema dell'uovo e della gallina – è nato prima il DNA, che codifica le proteine, o sono nate prima le proteine, di cui c'è bisogno per leggere il DNA? – la risposta, ovviamente, è un'altra. L'RNA contiene informazione e può catalizzare reazioni. È una specie di uovo su due zampe, capace di deporre uova per proprio conto. La gallina è superflua.

La capacità dell'RNA di catalizzare reazioni è una scoperta relativamente recente. Nel 1982, Tom Cech scoprì insieme ai suoi collaboratori dell'Università del Colorado a Boulder che un certo ceppo di RNA batterico era capace di rimuovere parti di se stesso (un meccanismo noto come *splicing*) e di ricongiungere le porzioni rimanenti del filamento senza l'aiuto di enzimi di natura proteica. Fu il primo indizio che l'RNA poteva comportarsi da enzima. Ci vollero altri dieci anni prima che Harry Noller e il suo gruppo all'Università della California a Santa Cruz dimostrasse che anche l'RNA ribosomiale possiede proprietà catalitiche. Col passare degli anni divenne sempre più evidente che all'interno di un ribosoma, *tutto* il lavoro pesante è svolto dall'RNA. Quando i ricercatori rimossero le componenti proteiche videro che l'RNA era ancora in grado di leggere l'RNA messaggero e di produrre la catena di aminoacidi corrispondente, anche se con un'efficienza e una fedeltà più basse.

La scoperta che il ribosoma aveva bisogno del suo RNA ma poteva fare a meno delle proteine suggerì l'ipotesi che l'RNA catalitico fosse il costituente elementare delle prime forme di vita. In un articolo del 2010, ricercatori del Weizman Institute of Science di Rehovot, in Israele, e dell'European Molecular Biology Laboratory di Heidelberg, in Germania, formularono l'ipotesi che la tasca dell'RNA in cui avviene l'assemblaggio della catena di aminoacidi sia una componente universale di tutti i ribosomi e possa rappresentare il loro precursore originale. Se fu davvero l'RNA ad apparire per primo e a catalizzare la propria evoluzione attraverso lo *splicing* e le variazioni conformazionali è possibile che a un certo punto si sia imbattuto in una struttura capace di produrre proteine. Dopo tutto, è possibile che nel frattempo si fossero formate proteine in grado di aiutare l'organismo primitivo con un potere catalizzatore maggiore rispetto a quello dell'RNA. Può darsi che le prime forme di questo RNA produttore di proteine non riuscissero a creare molecole di qualità ben controllata, ma è anche vero che minori controlli implicavano la possibilità di più mutazioni e quindi di un'evoluzione più rapida. L'unione delle forze dell'RNA e delle proteine portò all'invenzione del DNA, gettando le basi per la nascita della cellula moderna. È una storia probabile.

Un altro modo di considerare l'evoluzione delle macchine molecolari consiste nell'analisi delle relazioni tra famiglie. Nel capitolo precedente abbiamo visto che i domini motori della chinesina e la miosina sono molto simili, il che lascia ritenere che possano essersi evoluti da una proteina ancestrale comune. La chinesina e la miosina condividono alcuni avvolgimenti a livello dei domini di switch, associati alle modifiche di conformazione indotte dal legame con l'ATP. È interessante notare come condividano le stesse strutture con le cosiddette «proteine G», che non sono macchine bensì interruttori molecolari. Gli interruttori molecolari trasmettono segnali chimici dall'esterno all'interno della cellula. Nel sesto capitolo avevamo ipotizzato che i motori molecolari potessero essere il risultato dell'evoluzione di enzimi capaci di modificare la propria conformazione legandosi a una molecola di controllo. È proprio questo effetto allosterico che consente il funzionamento degli interruttori molecolari.

I dettagli del collegamento tra le proteine G, la chinesina e la miosina si perdono nelle nebbie di miliardi di anni di evoluzione. Tuttavia è decisamente plausibile che le proteine motrici si siano evolute dagli interruttori molecolari, e la loro relazione con le proteine G avvalora l'ipotesi. Il nesso tra la chinesina, la miosina e le proteine G dimostra come spesso elementi simili in molecole diverse obbediscano a scopi diversi. L'evoluzione di una macchina sofisticata come la chinesina non richiede che ogni sua componente venga inventata da zero o che tutte le sue parti compaiano simultaneamente; quando si ha a che fare con l'evoluzione, vale quasi tutto.

Immaginiamo di avere due proteine A e B, codificate da determinati geni del nostro DNA. A e B svolgono funzioni diverse. Che cosa accadrebbe se parte della proteina B aiutasse la proteina A a funzionare meglio, o se dalla combinazione di elementi appartenenti ad A e B potesse nascere una nuova proteina con una funzione totalmente nuova? Nessun problema. Talvolta, nel genoma si verifica la traslocazione di intere sequenze genetiche associate a proteine, sia per errori di copia che per effetto di virus. Lo spostamento può condurre alla combinazione di proteine diverse e alla creazione di una linea di macchine molecolari assolutamente nuove. L'enzima divoratore di nylon del *Flavobacterium* ne è un esempio.

Sin dalla loro comparsa, miliardi di anni fa, la chinesina e la miosina si sono evolute in una molteplicità di forme diverse, dando origine ad alcune grandi superfamiglie. Nel settimo capitolo abbiamo visto un esempio di albero di una di queste famiglie. Lo stesso vale per quasi tutte le macchine molecolari. Ogni proteina appartiene a una famiglie di proteine correlate, le cui funzioni, spesso, sono molto diverse, ma che discendono chiaramente da un antenato comune. L'evoluzione non ha fine. È un processo in continuo movimento. Non appena scopre un nuovo trucco – ad esempio un motore molecolare che cammina – l'evoluzione ne crea un gran numero di varianti, ognuna delle quali svolge un compito specializzato.

Un'obiezione tipica dei creazionisti è che alcune strutture biologiche sono «irriducibilmente complesse». Quello che vogliono dire è che una struttura è composta da molte parti interdipendenti, e che quindi, rimuovendone una, l'insieme non può più funzionare. Ad esempio, come potrebbe evolvere un'automobile? Se non ci fosse già l'automobile, l'evoluzione del motore sarebbe impossibile. L'automobile, però, non potrebbe evolvere senza un motore. Tutte le componenti di un'automobile sono progettate per lavorare insieme. Non se ne può escludere nemmeno una. Secondo il ragionamento creazionista, dunque, le macchine molecolari devono essere frutto di un progetto, un *disegno*, proprio come un'automobile. Non sono ammissibili fasi evolutive intermedie. Senza tutte le componenti necessarie al posto giusto, qualsiasi versione precedente della macchina molecolare sarebbe stata assolutamente inutilizzabile.

L'idea, a un'analisi superficiale, sembra convincente, ma presenta una serie di problemi. Anzitutto, come abbiamo visto, accade spesso che una struttura nasca dall'assemblaggio di parti che in precedenza obbedivano a uno scopo completamente diverso. Prendiamo l'esempio dell'automobile. È evidente che si possono sviluppare le varie componenti di un'automobile indipendentemente da quest'ultima. Un motore serve a far funzionare una macchina stazionaria; il giunto cardanico delle automobili moderne, come abbiamo visto nel secondo capitolo, fu inventato per una pompa idraulica; i pistoni provengono dalle pompe ad aria; gli ingranaggi dagli orologi e così via. L'evoluzione ci offre un'infinità di esempi di tale versatilità. Le ossa dell'orecchio medio sono il risultato dell'evoluzione di un osso mandibolare di un precursore degli anfibi. L'evoluzione delle proteine motrici a partire dagli interruttori molecolari come le proteine G è un altro esempio.

Il secondo problema dell'argomento dell'irriducibilità è che le strutture incomplete non sono così inutili come si potrebbe credere. Prendete l'occhio, ad esempio. Un occhio senza lente è davvero inutile? Di sicuro è meglio che non avere affatto gli occhi. In natura esistono quasi tutte le tappe intermedie degli occhi, dalle semplici aree fotosensibili di alcuni microrganismi alla complessità degli occhi dei mammiferi. Lo stesso vale per le proteine motrici. Abbiamo visto che le proteine motrici a due gambe possono essere processive. Una proteina motrice con una gamba sola, però, funziona ugualmente – anche se con un'efficienza molto inferiore e una processività fortemente ridotta – grazie al meccanismo del cricchetto browniano puro e semplice. In effetti, come si è visto, esistono chinesine a una gamba sola, anche se non è stato ancora chiarito se possano accoppiarsi per formare una chinesina a due gambe. Ciononostante, non esistono ragioni fisiche – quantomeno sul piano teorico – per cui una chinesina a una gamba non possa funzionare. Può non essere brava come la chinesina-1, ma è sicuramente meglio di niente.

Per molti biologi, i cambiamenti evolutivi del DNA sono gli eventi più importanti di tutta la storia della vita. Un sostenitore di questa tesi è il biologo dell'evoluzione Richard Dawkins, noto per il concetto di «gene egoista». Si tratta, naturalmente, di un punto di vista con molti aspetti positivi, ma va detto che spesso i biologi sottovalutano il ruolo della legge fisica. La visione DNA-centrica tende a privilegiare il caso rispetto alla necessità. Ne hanno approfittato i creazionisti, che amano servirsi a sproposito del concetto di casualità per sostenere che l'evoluzione è dominata dal caso e che dal puro caso non avrebbe potuto emergere la complessità della vita.

Se l'evoluzione fosse davvero dominata dal caso, la probabilità di creare anche solo una proteina funzionale sarebbe astronomicamente piccola. Questo calcolo è un giochino che va di moda tra i creazionisti. Ma questo tipo di probabilità è irrilevante. L'evoluzione *non è* dominata dal caso: è la collaborazione tra un processo casuale (la mutazione) e un processo necessario, non casuale (la selezione). È il risultato di un equilibrio tra caso e necessità. Non è un evento insolito: *in natura, tutto è frutto di questo equilibrio*. In caso contrario la natura sarebbe una struttura priva di particolarità, identica a se stessa ovunque (se vincesse la necessità) o una «poltiglia» casuale priva di qualsivoglia struttura (se vincesse il caso). L'ordine raffinato e l'incredibile varietà della natura a ogni livello – dalle galassie alle molecole – è invece il risultato dell'interazione fruttuosa tra il caso e la necessità. Qual è la probabilità che esista la Terra o che esista un ciottolo? La domanda non ha senso, così come non ha senso la domanda sull'assemblaggio casuale di una proteina. L'evoluzione non è un processo casuale.

Tra le domande preferite dai creazionisti c'è anche questa: «Come ha fatto a entrare tutta quell'informazione nel DNA?» A prima vista, gli interrogativi sull'informazione contenuta nel DNA sembrano legittimi, e questo perché il messaggio trasportato dal DNA ha un significato: la codifica della struttura di una proteina o la regolazione dello sviluppo di un organismo. Ma possiamo davvero dire che significato e informazione sono la stessa cosa? L'informazione è misurabile, il significato no. I creazionisti mescolano i due termini in funzione dei loro bisogni. Nella teoria dell'informazione, all'aumentare della natura casuale di un messaggio aumenta il suo contenuto di informazione. Come abbiamo già accennato, un messaggio perfettamente ordinato contiene poca informazione. AAAAAA non contiene quasi informazione, mentre ACTTGATTC ne contiene. Ma ACTTGATTC ha un significato?

A mio avviso l'idea stessa che il DNA contenga informazione è una delle cause principali della sopravvivenza del mito creazionista e del disegno intelligente. Anzitutto, senza il codice genetico e tutti i meccanismi di trascrizione e traduzione, il DNA non contiene informazione né significato. Peggio ancora: a voler essere precisi, il DNA non codifica nemmeno per le proteine, quantomeno non per le proteine funzionali. Nel DNA è codificata esclusivamente la sequenza di aminoacidi di una proteina. La funzionalità di una proteina deriva dalla sua forma tridimensionale e dalle proprietà fisiche delle sue varie parti. La forma è il risultato del ripiegamento della proteina, il quale, a sua volta, è il risultato dell'azione di *forze fisiche* sulla sequenza di aminoacidi (in qualche caso con un aiuto da parte delle chaperonine). Gran parte dell'informazione necessaria per conferire a una proteina la sua forma funzionale è contenuta nelle leggi fisiche e nella loro azione nello spazio e nel tempo. Come quantifichereste l'informazione che la vita riceve dalla fisica e dallo spazio-tempo? Non ne sareste capaci. Il DNA trova un senso solamente nel contesto della legge fisica, nell'ordine prestabilito e nelle interazioni con l'ambiente. Il DNA non ci dice quale sarà la forma finale di un animale o di una proteina. Senza contesto, il DNA è privo di senso.

In genetica si parla spesso del *dogma centrale*: l'informazione fluisce in una sola direzione, dal DNA all'RNA e da questo alle proteine, e mai dalle proteine verso il DNA. Pur essendo un principio valido durante le fasi di replica, trascrizione e traduzione, è anche vero che nel corso dello sviluppo di un organismo sono le proteine a controllare quali parti del DNA vadano lette in ogni fase specifica del processo. Esistono cicli di feedback. L'informazione necessaria per costruire un essere umano, quindi, non è codificata nel DNA come in uno schema tecnico. È un'analogia utilizzata spesso, ma è fuorviante. Sarebbe molto più appropriato parlare di *ricetta*. Per fare un essere umano, il DNA contiene l'informazione necessaria per fare le proteine; queste, a loro volta, plasmano l'organismo nascente attraverso le loro *interazioni fisiche* con il DNA, l'RNA e altre proteine, che danno origine a un insieme complicato di cicli di feedback regolatori. È come preparare una torta. Una ricetta non contiene una descrizione completa del risultato che si vuole ottenere, ma solo l'informazione relativa agli ingredienti (le proteine) e il momento in cui vanno aggiunti nella teglia (la regolazione). Dopo di che, sono le interazioni fisiche tra gli ingredienti a far sì che si arrivi alla torta.

Un altro modo possibile di vedere le cose è quello di considerare gli organismi come fenomeni emergenti, che emergono cioè da interazioni complesse, secondo una ricetta dai tempi ben definiti. Il DNA non potrebbe mai contenere le informazioni relative ai minimi dettagli di ogni singola cellula di un essere umano. Come si potrebbero specificare i trilioni di connessioni del cervello? Qualche anno fa, lo Human Genome Project fece non poco scalpore annunciando che il genoma umano contiene circa 23 000 geni codificanti per proteine. Il numero non è molto più grande di quello misurato in un verme. A mio avviso, il fatto che l'informazione contenuta nel DNA sia assolutamente insufficiente a descrivere nei dettagli un organismo è uno degli argomenti più potenti a favore dell'evoluzione. Come abbiamo già detto, la vita è un gioco complesso che si svolge sulla scacchiera della fisica e della chimica. Non riesco a pensare a un'analogia migliore. Lo sviluppo di un organismo ha bisogno di informazioni sulle proteine ma anche di spazio, tempo, fisica, e cicli di feedback complessi. Nessuno di questi è codificato nel DNA.

Anche l'evoluzione, come la vita, è un gioco che si svolge sulla scacchiera dello spazio-tempo e della fisica. Il suo esito non può essere determinato a priori. Il gioco ammette un numero enorme di finali possibili, e il ruolo dell'evoluzione è quello di trovarne alcuni. Deformando una proteina qui, regolando una sequenza di DNA là, ne vediamo gli effetti; l'evoluzione ha creato un mondo abitato da un sottoinsieme limitato di tutte le creature teoricamente possibili. Il caso ha voluto che una di queste fossimo noi.

I creazionisti affermano che il genere umano è il fine ultimo della storia della Terra. Partendo da un presupposto del genere, è indubbiamente difficile vedere come possa arrivare a noi un processo giocherellone come l'evoluzione. Se però abbandonate quell'assunto e accettate l'idea che l'evoluzione avrebbe comunque dato vita a *qualche* organismo, anche se non necessariamente gli stessi che incontriamo su questo pianeta, tutto comincia ad acquistare un senso. Mi sto forse schierando dalla parte del caso? Il caso è importante, ma credo che la vita sia inevitabile e che un numero enorme di forme di vita avrebbe finito comunque per evolversi. Come abbiamo visto prima, dal puro caso nasce il caos; dalla pura necessità, la rigidità. Insieme, il caso e la necessità diventano creazione. Ciò che viene creato può essere imprevedibile, ma la creazione è, di per sé, inevitabile.

Questa discussione mi ricorda le differenze tra le tesi di D'Arcy Thompson e quelle di Jacques Monod di cui abbiamo parlato nel secondo capitolo. Monod credeva che l'esistenza della vita fosse un incredibile accidente del caso, il biglietto vincente di una lotteria cosmica. Si direbbe che fosse prigioniero della visiona DNA-centrica della vita. Thompson, dal canto suo, visse prima della scoperta del DNA. Per lui, la necessità era tutto: era convinto che tutte le strutture presenti negli esseri viventi fossero il risultato di leggi fisiche e matematiche. Anche questo, ovviamente, è sbagliato. Le leggi fisiche, da sole, possono creare una roccia, ma senza l'informazione fornita dall'evoluzione non si arriverà mai a un essere vivente. Combinando le posizioni di Monod e di Thompson possiamo arrivare a una visione della vita più completa e a prova di creazionisti: l'informazione è importante, ma l'informazione ha molte fonti: l'evoluzione, la fisica, la chimica, e l'interazione delle molte entità complesse presenti nelle cellule degli esseri viventi.

Cricchetti

L'interazione tra il caso e la necessità nell'ambito dell'evoluzione trova un parallelo nell'interazione tra il caso (nelle vesti della tempesta molecolare) e la necessità (la struttura e le leggi fisiche) nel funzionamento delle macchine molecolari. Il secondo principio della termodinamica prevede che tutto vada verso un'uniformità priva di caratteristiche salienti. Eppure abbiamo visto che l'emergere dell'incredibile complessità che ci circonda non viola il secondo principio, a patto che si paghi il prezzo dovuto in energia libera. Per arrivare a tale complessità, però, ci serve un meccanismo alimentato a energia libera. All'interno delle nostre cellule, il moto direzionale, l'attività «con uno scopo», nasce dall'azione dei cricchetti molecolari: macchine molecolari, enzimi e motori che grazie a una struttura asimmetrica e attraverso la degradazione dell'energia libera riescono a trasformare in ordine il moto casuale della tempesta molecolare. Anche l'evoluzione è un cricchetto: reindirizza l'input casuale delle mutazioni verso la creazione di un numero sempre più grande di creature possibili. Il processo avviene grazie alla selezione naturale. Come si vede, c'è una bella analogia tra l'evoluzione e i suoi prodotti, le nostre macchine molecolari.

Tra la tempesta molecolare e l'evoluzione c'è una relazione anche più diretta. Come abbiamo visto parlando del libriccino verde pubblicato da Delbrück e fonte di ispirazione del libro di Schrödinger *Che cos'è la vita?*, il moto termico è il principale responsabile delle mutazioni. Per essere più precisi, la replicazione e la riparazione del DNA sono opera di macchine molecolari; queste, essendo soggette alla tempesta molecolare, possono – per quanto raramente – commettere errori. Sono questi errori ad alimentare l'incessante evoluzione della vita sul pianeta.

Curiosamente, l'evoluzione fa di tutto per minimizzare le mutazioni. L'altissima fedeltà della replicazione (una coppia di basi sbagliata su dieci miliardi) dimostra, paradossalmente, che esiste un vantaggio evolutivo a non evolversi. È raro che l'evoluzione avvenga in maniera radicale. Il tasso di errori limitato garantisce che il processo sia graduale. Ciononostante, può accadere che piccole differenze abbiano un grande impatto sul risultato finale, e questo proprio perché il DNA non contiene uno schema tecnico ma una ricetta. In cucina accade lo stesso; provate a dimenticare il lievito quando fate una torta!

L'osservazione che l'evoluzione funziona come un cricchetto serve anche a stroncare le argomentazioni probabilistiche dei creazionisti. L'evoluzione costruisce l'improbabile un passo alla volta, mutazione dopo mutazione, selezione dopo selezione. La domanda «Qual è la probabilità che si riesca a creare la chinesina combinando a caso gli aminoacidi?» è irrilevante rispetto al funzionamento dell'evoluzione. La chinesina non è apparsa dal nulla nella sua forma finale, e non è mai stata neanche un obiettivo dell'evoluzione. È semplicemente qualcosa nella quale l'evoluzione si è imbattuta nel suo cammino a piccoli passi irreversibili verso la complessità.

Non c'è altro modo...

L'osservazione delle macchine molecolari mi ha fatto capire che l'evoluzione è *l'unico* modo possibile per giungere alla loro comparsa. Come abbiamo visto, la vita sfrutta al massimo ogni caratteristica del mondo fisico: lo spazio e il tempo, il moto termico, la chimica del carbonio, i legami chimici, le proprietà dell'acqua. Le macchine progettate a tavolino sono diverse. Spesso si basano su un insieme limitato di proprietà fisiche e sono concepite per resistere a qualsiasi influenza esterna. La tendenza delle macchine molecolari a *usare* il caos anziché resistergli è un argomento forte a favore dell'evoluzione. Perché? Se la vita è nata da sola, senza un miracolo, deve essere successo a livello molecolare. Le scale molecolari sono sempre state dominate dalla tempesta termica. La capacità della vita di fare della casualità un elemento costituente del proprio funzionamento, anziché arrendersi al caos, dimostra che si tratta di un processo che nasce dal basso. Un processo top-down avrebbe evitato le complicazioni del moto termico, progettando componenti fondamentali della vita abbastanza grandi da resistere più facilmente alla tempesta molecolare. È quello che fanno le macchine progettate dall'uomo, quantomeno prima che i nanotecnologi imparassero dai nanobot della vita a creare le loro minuscole macchine.

Anche l'eccezionale adattabilità delle macchine molecolari all'ambiente che le circonda è un argomento forte a favore dell'evoluzione. L'evoluzione procede per tentativi: è il miglioramento graduale, l'adattamento progressivo delle strutture biologiche. La vita ha una lunga storia e l'evoluzione ha avuto molto tempo per creare le incredibili macchine che governano il nostro corpo sfruttando le leggi fisiche. Per giungere a questa quasi-perfezione ci vuole un processo che si riconfiguri dinamicamente di continuo. Una singola fase di progettazione non basterebbe. Le condizioni cambiano con il tempo, e le nostre macchine molecolari devono potersi adattare. Un progettista esterno farebbe meglio ad affidarsi all'evoluzione. L'adattamento è aiutato dal fatto che sono le leggi fisiche a fornire l'ingrediente mancante. Molte delle strutture presenti nelle nostre cellule, ad esempio, nascono da processi di autoassemblaggio che sono frutto di forze fisiche (le vescicole, il collagene e così via). L'evoluzione non progetta sistemi ridondanti: si limita a sfruttare le leggi fisiche. Se la fisica fa quello che serve, perché darsi la pena di progettare ciò che è già stato progettato?

Un altro elemento da considerare è l'universalità degli apparati molecolari delle cellule di ogni essere vivente. Un essere umano, un lievito, una begonia, un uccello, un batterio *E. coli*, condividono un gran numero di molecole e processi molecolari praticamente identici. È decisamente un indizio a favore di un'origine comune. Al tempo stesso, l'analisi delle differenze tra gli organismi ci mostra come certe macchine molecolari abbiano saputo adattarsi per svolgere funzioni specifiche di specie particolari.

Tuttavia, l'argomento migliore a favore dell'evoluzione e contro la visione di un disegno statico è che qualsiasi progettista dovrebbe dannarsi per impedire agli organismi di evolvere. È a questo che alludevo all'inizio del capitolo: l'orologio capace di riprodursi, cui accennava Paley, avrebbe finito per evolversi. Come abbiamo visto, possono esserci mutazioni; alcune di queste possono dare un vantaggio al loro portatore, e il vantaggio tenderebbe a diffondersi nella popolazione. Come impedirlo? E poi, perché mai impedirlo? Se fossi l'essere onnipotente che governa il mondo, non me ne preoccuperei. Perché non sedersi, rilassarsi e godersi tutte le cose meravigliose che l'evoluzione potrebbe creare per noi?

9.
Dalla materia alla vita

> Né il DNA né altri tipi di molecole possono, da soli, spiegare la vita.
>
> Lynn Margulis, *What is life?*[1]

Nel libro *Il modello biologico*, il celebre biologo e scrittore di Harvard Ernst Mayr (1904-2005) scriveva che ogni volta che filosofi e scienziati hanno parlato della vita lo hanno fatto considerandola antitetica alla mancanza di vita di «un oggetto inanimato». Il problema di questa definizione, secondo Mayr, è che sembra riferirsi a una «cosa», e che un'idea del genere ha portato fuori strada per secoli sia i biologi che i filosofi. Se la vita è una cosa, allora bisogna distinguerla chiaramente dalle altre cose, finendo per essere costretti a invocare l'esistenza di una «sostanza vitale» o di una «forza vitale». Ma appena ci rendiamo conto che la vita non è una cosa ma un *processo*, sosteneva Mayr, possiamo cominciare a studiarla in maniera scientifica. Possiamo operare una distinzione tra ciò che è vivente e ciò che non lo è. Potremmo persino cercare di spiegare in che modo i processi vitali possano avere la loro origine nelle molecole.

Nessuno è in grado di spiegare che cosa sia la vita. Il problema della domanda «Che cos'è la vita?» – una domanda che non solo per centinaia, ma addirittura per migliaia di anni ha spinto filosofi e scienziati alla ricerca di una forza vitale – è sempre stato questo. Anche se non siamo in grado di definire che cosa sia la vita, tuttavia, *sappiamo* spiegare come funziona, sappiamo spiegarne il processo. Per riprendere le parole di Mayr, «la ri-

[1] Citazione da Lynn Margulis e Dorion Sagan, *What is Life?* © 2000, Regents of the University of California. Pubblicato dalla University of California Press.

voluzione della biofisica molecolare e della nanoscienza è riuscita a spiegare in che modo la vita, intesa come processo, possa essere il prodotto di molecole che, quanto a loro, non sono viventi». Si tratta di un passo importante. Per determinare le caratteristiche della vita a partire dalla «mancanza di vita di un oggetto inanimato» dobbiamo capire anzitutto come fanno le molecole a generare moto e attività direzionali: in altre parole, come si passa dal caos all'ordine. È proprio ciò che la nuova scienza delle macchine molecolari è riuscita a fare. Ma è abbastanza? La «vita» coincide realmente con l'attività complessiva di tutte le macchine molecolari del nostro corpo?

Purtroppo, capire come funziona la chinesina o l'ATP sintasi non spiega la vita umana, e nemmeno quella di una singola cellula. Posso prendere tutte le molecole di una cellula, schiaffarle in una provetta e agitarle per bene: può darsi che qualcuna delle proteine motrici si dimeni un poco, ma non assisteremo all'auto-assemblaggio di una cellula vivente. Ma allora siamo tornati al punto di partenza? Abbiamo realmente bisogno di una forza invisibile che coordini l'attività molecolare nelle nostre cellule? Niente affatto. Ormai dovremmo saperne abbastanza per capire che non ce n'è bisogno. Ciò che distingue gli organismi viventi non è un'esistenza al di fuori della fisica, ma il fatto che essi si basino su una struttura dinamica auto-organizzata che perpetua nel tempo l'organizzazione dell'organismo. La vita si auto-sostiene. La vita proviene dalla vita.

Tutti gli atomi di ognuno di noi vengono sostituiti ogni sette anni, eppure rimaniamo sempre gli stessi. Non siamo gli atomi di cui siamo fatti, e non siamo neanche le proteine, il DNA o le macchine molecolari del nostro corpo. Siamo un processo complesso, un programma, per così dire, che gira su un hardware chemo-meccanico. L'analogia della vita come programma di computer è perfetta per i nostri tempi, dove i computer hanno occupato lo status iconico che un tempo era patrimonio degli orologi e delle macchine. Tuttavia dobbiamo fare attenzione a non abusarne. Il «programma» che costituisce il processo della vita è massivamente parallelo, decentralizzato, auto-adattivo, «spugnoso» e controllato quasi esclusivamente da scambi di materia (con l'eccezione degli impulsi nervosi, sebbene anche in questo caso ci sia uno scambio di materia). È anche un programma che si è evoluto per miliardi di anni.

La vita è una danza molecolare programmata. Non possiamo permettere che i motori molecolari spostino un carico scelto a caso in un posto scelto a caso. Carichi specifici devono raggiungere posti precisi in momenti ben precisi. Lo stesso vale per tutte le attività che hanno luogo all'interno delle cellule: quali proteine produrre? Quando? In che quantità? Quand'è che un motore molecolare deve agganciare un carico e quando invece rilasciarlo? Nel sesto capitolo abbiamo visto di sfuggita in che modo le cellule regolano queste decisioni. La maggior parte delle proteine complesse possono essere controllate grazie all'allosteria, la variazione della struttura e dell'attività che si verifica quando la proteina si lega a una molecola di controllo. Nelle nostre cellule, le proteine regolano altre proteine, ma anche la trascrizione del DNA. A loro volta, le proteine sono assemblate a partire dalle istruzioni contenute nel DNA e sono controllate da altre sostanze (zuccheri, ioni e lipidi). Il complesso programma della «vita» emerge da complicati cicli di feedback che legano tutte queste molecole in un sistema di reti complesse. L'idea di uno stato dinamico di cicli di feedback complessi è difficile da capire a fondo, ma è proprio ciò che accade in una cellula. Le molecole complesse presenti nelle nostre cellule sono autentiche meraviglie di ingegneria dell'evoluzione. La cellula, però, diventa tale solo quando queste molecole cooperano all'interno di una rete complessa di interazioni regolate; ciò che chiamiamo *vita* è questa attività cooperativa, auto-sostenuta e regolata.

La regolazione

Come funziona la regolazione? Quando abbiamo parlato del funzionamento delle macchine molecolari non abbiamo mai accennato a come facciano a sapere che è il momento di entrare in azione. Lavorano sempre, agganciando e spostando il proprio carico, pompando ioni nella cellula e dalla cellula, producendo ATP senza sosta anche se non ce n'è bisogno? Se così fosse, sarebbe la ricetta giusta per la catastrofe. Le macchine molecolari sono anzitutto enzimi, e quasi tutti gli enzimi del nostro corpo sono regolati da legami inibitori o da interazioni allosteriche. I primi sono un modo per regolare in maniera diretta un enzima o un motore. Se una molecola diversa dal substrato dell'enzima si lega alla sua tasca di legame senza esserne trasformata, la funzionalità dell'enzima viene compromessa. Siamo di fronte a un processo di inibizione. L'allosteria, come ormai sappiamo, consiste nel controllo dell'attività di un enzima attraverso il legame di una molecola di controllo a un'altra tasca di legame dell'enzima: la variazione della conformazione della molecola che ne deriva controlla il legame con il substrato, amplificandolo o inibendolo.

La maggior parte dei farmaci (e dei veleni) funziona grazie al legame inibitorio. Il pantoprazolo, un antiacido, è un inibitore della pompa protonica. La specifica pompa protonica inibita da questa sostanza è una macchina molecolare situata nella membrana delle cellule che rivestono lo stomaco. Il suo compito consiste nel prendere energia dall'ATP e utilizzarla per pompare protoni (ioni idrogeno) nello stomaco. I protoni sono responsabili dell'acidità dell'ambiente gastrico. Il pantoprazolo si lega alla macchina, bloccandola temporaneamente e inibendo l'aumento dell'acidità gastrica. La forza di legame dell'inibitore, cioè quanto tempo passerà prima che l'inibitore lasci libero l'enzima, dipende dall'altezza della barriera di attivazione. In tal modo, la natura può fabbricare inibitori su misura per controllare le reazioni su scale temporali diverse. Per l'allosteria il discorso è analogo: il legame con una molecola di controllo dipende dalla forza di legame (la cosiddetta *affinità*), dalla velocità di dissociazione della molecola, che dipende a sua volta dalla barriera di attivazione e dalla concentrazione della molecola di controllo all'interno della cellula (a basse concentrazioni, la probabilità che un enzima e una molecola di controllo si incontrino è bassa).

Le chinesine costituiscono un buon esempio di regolazione corporea delle macchine molecolari; sono formate da uno o due domini motori simili, la cui funzione è quella di processare l'ATP e di legarsi ai microtubuli. Oltre al dominio motore, le chinesine possono contenere diversi domini destinati ad agganciare il carico, a legarsi ai siti specifici e a svolgere funzioni regolatrici. Nel motore per il trasporto merci noto come chinesina-1 (così come nella chinesina-2, nella chinesina-3 e nella chinesina-7), il dominio di legame al carico svolge anche una funzione regolatrice, poiché sarebbe uno spreco avere proteine motrici attive in assenza di un carico da trasportare. Dopo tutto, consumano l'ATP disponibile. Come viene regolato il meccanismo? In assenza di carichi da trasportare, la molecola di chinesina si ripiega in modo che il dominio di legame al carico possa legarsi debolmente ai domini motori. In pratica, la molecola innesta il freno a mano. Se la cellula vuole attivare il motore invia due molecole di controllo che si attaccano al dominio di legame al carico e lo sganciano dai domini motori. In sostanza, il processo toglie il freno a mano. Ci sono anche altri meccanismi di regolazione della chinesina-1; la cellula, ad esempio, può controllare il microtubulo sul quale far camminare la chinesina, servendosi di proteine specifiche. Alcune di queste «attrarranno» la chinesina; altre ne inibiranno il moto lungo la rotaia. Un altro gruppo di proteine regolatrici controlla l'aggancio e lo sgancio del carico. Per gli enzimi e per le macchine molecolari, la molteplicità dei meccanismi di regolazione è un fatto abbastanza comune, poiché garantisce che si effettui l'attività giusta al momento giusto nel posto giusto. L'esistenza stessa dei motori molecolari è regolata da una serie di cicli di feedback molecolari e da diverse molecole di controllo. Ad esempio, certi tipi di chinesina sono necessari solo durante una fase specifica della mitosi (divisione cellulare). In questa fase, le chinesine sono prodotte a ritmo accelerato. Quando ha inizio la fase successiva, altre proteine governano la scomposizione delle chinesine, che vengono riciclate. La mitosi è un processo complicato e altamente coreografico; non basta regolare solo la presenza delle chinesine (che aiutano a separare i cromosomi), ma anche la loro posizione. Le proteine di controllo fanno sì che le varie chinesine facciano il proprio lavoro nel posto giusto.

La comprensione del ruolo e delle regolazione delle macchine molecolari si è rivelata una manna per l'industria farmaceutica. I farmaci, salvo poche eccezioni, funzionano attraverso l'inibizione di enzimi o di macchine molecolari: sono molecole di controllo artificiali. L'obiettivo dei ricercatori delle principali aziende farmaceutiche è quello di trovare sostanze capaci di legarsi in maniera specifica alle proteine bersaglio e di impedirne l'attività; al tempo stesso, quelle stesse sostanze non devono legarsi ad altro, per evitare effetti collaterali. I farmaci devono essere specifici.

Le chinesine sono un bersaglio dei farmaci antitumorali. Le cellule cancerose si dividono a una velocità prodigiosa, dando origine ai tumori. A un certo punto cominciano a diffondersi nell'organismo e causano le metastasi, la causa principale delle morti per cancro. Il monastrol è un farmaco mirato contro la chinesina-5, che ha un ruolo di primaria importanza nella mitosi. Come si è detto nel settimo capitolo, la chinesina-5 è un motore doppio, capace di legarsi contemporaneamente a due microtubuli e controllare la tensione nel fuso mitotico, la struttura che separa i cromosomi nel corso della divisione. Quando il monastrol si lega alla chinesina-5, modifica la struttura del sito di legame dell'ATP. La chinesina riesce sempre a legarsi all'ATP ma non può più rilasciare l'ADP dopo l'idrolisi. Con l'ADP bloccato nella tasca dell'ATPasi, il motore non riesce più a ottenere energia e muore. Il fuso perde tensione e la cellula non può dividersi. Bloccata nel bel mezzo della mitosi, la cellula tumorale si suicida.

Effetti collaterali

Alla Wayne State University, il laboratorio del mio collega Rafi Fridman studia l'interazione tra MMP-14 (metalloproteinasi 14), l'enzima divoratore di collagene che sta attaccato alla membrana, e il suo inibitore TIMP-2. Il mio laboratorio collabora con quello di Rafi con l'obiettivo di misurare l'affinità di TIMP-2 per MMP-14 nelle cellule viventi. Per farlo, sono necessarie misure a livello di singola molecola. Perciò abbiamo attaccato TIMP-2 alla punta di un AFM e lo abbiamo lasciato interagire con l'MMP-14 presente sulla superficie cellulare. Fatto questo, abbiamo sollevato il braccio del microscopio per esercitare una trazione sul legame tra MMP-14 e TIMP-2, e abbiamo misurato la forza necessaria a rompere il loro legame. Dopo un'infinità di misure, e con le tecniche statistiche appropriate, siamo stati in grado di determinare la vita media del legame tra le due proteine.

L'interazione tra MMP-14 e TIMP-2 è particolarmente interessante perché in passato si era scoperto che TIMP-2, oltre a inibire MMP14, prepara anche l'enzima ad *attivare* un'altra MMP presente allo stato libero, la MMP-2. In altre parole, il cosiddetto inibitore di MMP-14 inibisce l'attività di distruzione del collagene di MMP-14 ma al tempo stesso *attiva* un'altra macchina che distrugge il collagene. L'inibitore, in realtà, non inibisce, ma passa da un modo per distruggere il collagene a un altro. Perché? Le ricerche sono in corso.

Come abbiamo visto nel settimo capitolo, le MMP hanno un ruolo fondamentale nel moto cellulare. Nel caso delle cellule tumorali accade spesso che le MMP, prodotte in abbondanza, consentano alle cellule di diffondersi in tutto il corpo. L'importanza delle MMP per il cancro ne ha fatto uno dei bersagli principali per lo sviluppo di nuovi farmaci. Analogamente al monastrol, anche i farmaci che colpiscono le MMP sono inibitori artificiali, che in questo caso impediscono alle MMP di funzionare correttamente. Quando furono sviluppati, i primi inibitori artificiali funzionavano benissimo – in provetta. Dopo un tortuoso processo di approvazione furono utilizzati sui malati terminali di cancro, ma non si dimostrarono molto efficaci. Avevano anche effetti collaterali pesanti, soprattutto dolori articolari lancinanti. Che cosa era successo? Le MMP non vengono utilizzate esclusivamente dalle cellule tumorali ma anche da quelle sane, comprese quelle che mantengono in buono stato la cartilagine delle nostre articolazioni. Bloccare in maniera indiscriminata l'attività di una macchina molecolare importante non è il modo migliore per affrontare il cancro.

Va detto, per inciso, che anche il monastrol aveva avuto un po' di problemi. I numerosi effetti collaterali (anche alle cellule non tumorali piace dividersi) avevano impedito di usarlo in molti tipi di cancro. Non sempre si capisce come mai alcuni farmaci non sono all'altezza delle speranze che avevano suscitato durante gli esperimenti di laboratorio. Disattivare un solo tipo di enzima o di motore molecolare può non essere sempre il modo migliore per trovare nuove cure. All'interno delle nostre cellule le molecole interagiscono tra loro secondo meccanismi complessi che stiamo cominciando a capire soltanto ora. Le nostre cellule sono macchine ben regolate e decodificarne la regolazione si è dimostrato arduo a causa della loro sbalorditiva complessità. L'incapacità di capire a fondo la complessità delle nostre cellule è la principale ragione per cui spesso i farmaci non arrivano a fornire i risultati desiderati.

Biologia dei sistemi e reti regolatrici

La regolazione dei sistemi biologici opera a più livelli. Il DNA contiene l'informazione per fabbricare le proteine. I tipi di proteina e il momento adatto per la loro produzione sono regolati da speciali proteine che si legano al DNA (*DNA-binding*). La trascrizione e la traduzione sono regolate da molecole di controllo. In tutti questi processi compaiono cicli di feedback positivi e negativi. Gli enzimi e le macchine molecolari, come abbiamo visto, sono regolati in molti modi, dall'autoregolazione del «freno a mano» della chinesina-1 alla regolazione complessa (e talvolta contraddittoria) delle macchine molecolari, con l'interazione di numerose molecole di controllo. A tutto questo possiamo aggiungere i numerosi recettori specializzati presenti sulla superficie della cellula e controllati da sostanze chimiche esterne. Quando un recettore si lega al suo bersaglio chimico, subisce una variazione conformazionale che lega o rilascia una molecola di controllo, innescando una cascata di cicli di feedback all'interno della cellula e portando così alla risposta «macroscopica». Questi percorsi metabolici di segnali rappresentano gran parte di ciò che tiene attualmente occupati i biochimici e i biologi cellulari.

Il primo percorso regolatore mai decifrato è il cosiddetto «operone lac» del batterio *E. coli*, per il quale Jacques Monod e François Jacob ricevettero il premio Nobel nel 1965. *E. coli* può assumere una molteplicità di «cibi», tra i quali vi è il lattosio (lo zucchero contenuto naturalmente nel latte). Per scindere il lattosio servono tre enzimi e uno di questi è una macchina molecolare che pompa il lattosio nella cellula. Dato che per realizzare gli enzimi servono risorse, non avrebbe molto senso fabbricarli se non ci fosse lattosio da trattare, anche perché la pompa consuma prezioso ATP. Ma come fa il batterio a sapere se è presente del lattosio nel «brodo» circostante? Quando c'è, sulla superficie della cellula si attiva un recettore specifico (cioè che si lega solo al lattosio e genera un segnale chimico all'interno della cellula, mediante allosteria) che, a sua volta, attiva le poche pompe per il lattosio presenti sulla superficie della cellula, le quali cominciano a pompare lo zucchero al suo interno. Il loro numero, però, non è sufficiente a catturare tutto il lattosio circostante. Che fare? Più pompe!

Il gene che codifica per gli enzimi necessari alla digestione del lattosio è preceduto da una sequenza di DNA detta «operone». L'operone è una porzione di DNA alla quale può legarsi una proteina di controllo (una proteina *repressore*). Quando il repressore si lega all'operone, l'RNA polimerasi che trascrive il DNA in RNA si blocca, e la trascrizione non può proseguire. In pratica non vengono prodotti enzimi per la digestione del lattosio.

Il lattosio, però, può legarsi alla proteina repressore, facendole cambiare forma (attraverso un'interazione allosterica) in modo che non possa più legarsi all'operone. A questo punto l'RNA polimerasi è libera di trascrivere i geni del lattosio, innescando la produzione di grandi quantità di enzimi digestivi e pompe per il lattosio. Perciò l'interazione tra il lattosio, il repressore e l'operone garantisce che si producano enzimi per la digestione del lattosio solo quando il lattosio è effettivamente presente. È così che funziona la «logica informatica» delle nostre cellule. Cicli di feedback analoghi regolano quasi ogni singola proteina.

Lo studio del funzionamento di questi cicli di feedback costituisce la cosiddetta *biologia dei sistemi*. Se la biologia molecolare dà per scontati i legami chimici, la biologia dei sistemi dà per scontata la biologia molecolare e tratta le proteine e le sequenze di DNA come entità matematiche che interagiscono tra loro, come attori del programma di computer eseguito dalle nostre cellule. Così gli scienziati risalgono dagli atomi alle molecole, alle proteine, alle reti e ai sistemi, per giungere infine all'intera cellula. Vari gruppi in tutto il mondo stanno cercando di sviluppare *cellule virtuali* – simulazioni complete delle reti di regolazione di cellule semplici – che consentano di capire i dettagli fini del loro funzionamento.

Un'importante scoperta emersa da tali studi è il fatto che all'aumentare della complessità delle reti emergono proprietà nuove e sorprendenti. In un articolo pubblicato nel 1999 su «Science», Upinder S. Bhalla e Ravi Iyengar, due ricercatori della Mount Sinai School of Medicine di New York, simularono le interazioni tra le reti di segnali attive all'interno delle cellule che erano state oggetto dei loro studi sperimentali. Bhalla e Iyengar scoprirono che collegando tra loro reti diverse (ad esempio, una rete che produce una molecola di controllo che controlla un enzima in un'altra rete) emergevano nuove proprietà che non facevano parte delle singole reti. Una di queste proprietà era l'*attivazione persistente*, cioè la produzione persistente di una proteina o di una molecola di controllo anche molto tempo dopo la scomparsa dello stimolo iniziale che originariamente aveva causato la sua produzione. Che utilità può avere l'attivazione persistente? Alcuni processi all'interno delle nostre cellule richiedono molto tempo, ma al tempo stesso può accadere che lo stimolo che li innesca abbia vita breve. Ad esempio è quello che avviene nello sviluppo, dove si richiede alla cellule staminali di trasformarsi in cellule del sangue, dei reni o del cervello. Un altro processo nel quale l'attivazione persistente è importante è la formazione della memoria. Per ricordare qualcosa, il cervello deve apportare modifiche fisiche alla struttura delle cellule del cervello e alla loro interazione. Queste modifiche sono innescate da impressioni sensoriali che vengono tradotte in segnali chimici. Le impressioni sensoriali però non durano a lungo, così come i segnali chimici che ne derivano. Eppure dobbiamo essere in grado di ricordare. Ciò che rende possibile la memoria è proprio l'attivazione persistente.

L'attivazione persistente richiede un interruttore che, una volta scattato, resta in quella posizione per molto tempo. Al contempo, però, l'interruttore non dovrebbe scattare troppo facilmente. Dopo tutto, la creazione di un ricordo permanente o la trasformazione di una cellula staminale in una cellula nervosa hanno conseguenze serie e non vogliamo che accadano a meno che non siano strettamente necessarie. Perciò l'interruttore deve scattare solo se il segnale è abbastanza forte e persistente. E se un semplice interruttore molecolare fosse in grado di farcela? Di solito, gli interruttori molecolari non generano segnali durevoli: quando scattano, inviano il loro segnale e basta.

Una strategia migliore, come scoprirono Bhalla e Iyengar, consiste nell'avere un ciclo di feedback auto-attivante. Quando le reti di segnali interagiscono in determinati modi, possono dar luogo a una situazione in cui un segnale chimico può rimanere bloccato in uno stato ad alta attività, o, in altri termini, quando un segnale molecolare viene prodotto in gran quantità e a lungo. Un evento simile avverrà solo in risposta a segnali chimici abbastanza forti. Una volta attivata la rete, l'attivazione è persistente, cioè rimarrà attivata fino all'arrivo di un segnale che la spegne. Questa *bistabilità* (in cui la rete ha due stati stabili: alto e basso), la durata dello stato «acceso» e la concentrazione di soglia necessaria per attivare la rete sono proprietà emergenti delle reti interagenti. Unendo gli interruttori molecolari in una rete interagente (in modo analogo all'unione dei transistor in una rete più grande all'interno di un computer) si possono ottenere funzionalità più complesse.

Il fisico e il biologo

Abbiamo scomposto la vita nei suoi costituenti elementari: DNA, proteine, enzimi, macchine molecolari. Per un fisico, l'idea che si possa capire il funzionamento di qualcosa riducendolo alle parti che lo compongono è del tutto naturale. Secondo alcuni, la fisica non è altro che il tentativo di scomporre ogni cosa in elementi sempre più piccoli finché non si troverà il costituente o l'equazione fondamentale che spiega tutto. I biologi sanno che, quando si studia la vita, un approccio del genere non funziona. Non esiste un «atomo di vita» e non esiste una formula che spieghi la vita.

Come abbiamo visto, grazie alla meccanica statistica e alla nanoscienza siamo in grado di decifrare in che modo l'attività direzionale delle macchine molecolari *emerga* dal caos molecolare sottostante. La nostra attuale conoscenza di queste macchine, però, è ancora ben lontana dalla piena comprensione del funzionamento di una cellula vivente. Il passo successivo consiste nel capire le interazioni tra macchine molecolari all'interno delle reti complesse che gestiscono i segnali cellulari e le attività di regolazione. L'accesso a questo nuovo livello di conoscenza fa emergere nuove proprietà specifiche, avvicinandoci ulteriormente alla piena comprensione del funzionamento della vita.

Capire le singole parti è cruciale, ma le parti, di per sé, non sono sempre sufficienti a spiegare il tutto. Le interazioni complesse tra le parti creano nuovi processi, princìpi e strutture che pur avendo il proprio fondamento materiale nelle parti sottostanti ne sono concettualmente indipendenti. Una visione del genere è ciò che chiamiamo «olismo».

Per ragioni che mi risultano misteriose, esiste un dibattito molto acceso tra scienziati di ogni sorta su quale sia l'approccio più corretto nei confronti della scienza: olismo o riduzionismo? Il riduzionismo – e spero di essere riuscito a dimostrarlo in questo libro – è essenziale se si vuole capire che cos'è la vita. Senza il riduzionismo gli scienziati avrebbero smesso da molto tempo di esplorare scale sempre più piccole e si sarebbero lasciati sfuggire le meraviglie delle macchine molecolari. Al tempo stesso, le macchine molecolari non spiegano tutto. Gli scienziati devono ancora rispondere agli interrogativi sulle loro interazioni e sul loro ruolo nella complessità della cellula. L'obiettivo finale resta sempre la spiegazione della totalità dei processi vitali, dalle molecole alle cellule e, per finire, agli organismi. Dopo aver smontato il giocattolo, vogliamo rimettere insieme tutti i pezzi. È così che si impara come funzionano le cose. Il riduzionismo e l'olismo, quindi, sono due lati della stessa medaglia: fanno parte entrambi di quella che dovrebbe essere buona scienza.

In un certo senso, la battaglia tra olismo e riduzionismo è la prosecuzione moderna dell'antica lotta tra gli atomisti e i vitalisti. Postulando l'esistenza di atomi in perpetuo movimento, gli antichi atomisti spiegavano le attività e i cambiamenti all'opera nella realtà in termini delle interazioni tra particelle, la cui natura rimaneva sostanzialmente indecifrabile. I vitalisti, con la loro visione top-down, affermavano l'impossibilità di ridurre la vita alle sole forze fisiche, poiché la vita, se osservata dall'esterno, appariva del tutto misteriosa e diversa dal mondo inanimato. La linea di faglia che separa il riduzionismo dall'olismo attraversa tutte le discipline scientifiche, ma in modo particolare la biologia. Gli ecologi, ad esempio, devono pensare alle interazioni di molti organismi in un ambiente complesso in chiave olistica; all'estremo opposto dello spettro, i biologi molecolari e i biofisici studiano la vita attraverso l'analisi dei suoi componenti più piccoli.

Ernst Mayr fu uno dei difensori più accaniti dell'olismo biologico e uno dei massimi biologi dell'evoluzione del XX secolo. Uno dei suoi più grandi successi fu la miglior definizione moderna di specie, cioè l'idea che la separazione tra le specie fosse definita dalla loro impossibilità a incrociarsi. Mayr scrisse molti splendidi libri sulla storia della biologia e dell'evoluzione, e fu uno dei sostenitori più accesi della teoria di Darwin. Purtroppo, però, aveva un difetto (a mio giudizio) curioso: odiava i fisici.

Più in generale, Mayr era profondamente contrario agli approcci riduzionistici alla biologia. In un articolo pubblicato nel 2004 si spinse addirittura a fare l'affermazione seguente: «Per quel che ne so, nessuna delle grandi scoperte compiute dalla fisica nel XX secolo ha mai contribuito alla conoscenza del mondo vivente». Se pensiamo che tutte le innovazioni tecniche di cui abbiamo parlato nel corso del libro – come la spettroscopia a fluorescenza, la nanotecnologia o la diffrazione a raggi X – hanno a che fare con la fisica del XX secolo, un'affermazione del genere da parte di uno scienziato così importante mi sembra il frutto di una disinformazione quantomeno bizzarra. Sembra quasi che Mayr fosse sinceramente preoccupato dall'eventualità che la sua amata biologia potesse finire sotto l'egemonia dei fisici. Ma un timore del genere era e resta infondato.

In tutta onestà, Mayr riuscì meglio di chiunque altro a spiegare perché la fisica e la biologia sono così diverse. Per lui le differenze riguardavano il livello di complessità, il ruolo del caso, l'importanza della storia evolutiva e l'analisi delle specie come popolazioni. Come abbiamo visto, il caso e la complessità sono proprietà fondamentali della vita. Mayr, ad esempio, aveva decisamente ragione nel ritenere che gran parte della biologia fosse una questione di circostanze fortuite, i cosiddetti «accidenti congelati». La biofisica è in grado di spiegare come faccia un ribosoma a tradurre il codice genetico in una proteina, ma il codice genetico in sé sembra essere un mero frutto del caso. Non sembrano esserci ragioni fisiche che giustifichino il fatto che le lettere UUG (corrispondenti alla sequenza di tre basi di RNA uracile-uracile-guanina) debbano tradursi in una sub-unità proteica di leucina, o che la sequenza UGU debba tradursi in cisteina. In gran parte della fisica non esistono eventi fortuiti che diventano permanenti: fate cristallizzare una massa di rame fuso, e formerà sempre una struttura cubica a facce centrate; i livelli energetici sono gli stessi in tutti gli atomi di idrogeno; il mercurio diventa superconduttore sempre alla stessa temperatura di transizione. Tutti questi eventi obbediscono a leggi immutabili e possono essere previsti grazie alla meccanica quantistica.

Eppure nel nostro universo ci sono anche molti «accidenti congelati» non biologici. Il Sole, la Terra, la Luna e tutte le montagne del nostro pianeta sono il risultato delle stravaganze della storia. Tuttavia nessuno di questi fenomeni è privo di una spiegazione fisica: conosciamo i meccanismi alla base delle formazione di una stella, di un pianeta e di una montagna, e tuttavia non sappiamo prevedere se tra un miliardo di anni una certa montagna si troverà in un certo posto.

Per la maggior parte degli scienziati i dibattiti filosofici sulla prevalenza dell'olismo o del riduzionismo sono un non-problema. La maggior parte dei fisici sa bene che occorre rimettere insieme tutti i pezzi. Molte proprietà fisiche, come l'elasticità, la conduttività o la trasparenza, nascono «olisticamente» dalle interazioni di grandi quantità di atomi. La meccanica statistica, come abbiamo visto nel terzo capitolo, nacque proprio per spiegare l'emergenza di leggi olistiche dalla visione riduzionista di una nuvola di atomi in moto vorticoso.

La scienza opera a molti livelli. Nel caso di un organismo vivente possiamo cominciare dai quark e dagli elettroni. A partire da qui, in linea di principio, siamo in grado di predire le proprietà dei nuclei e degli atomi. Giunti agli atomi possiamo, in teoria e non senza difficoltà, spiegare le proprietà delle molecole. Già a questo punto, però, la relazione tra il livello dei quark e quello delle molecole è quantomeno debole. È *possibile* capire molte cose delle molecole attraverso la conoscenza della loro struttura atomica, ma la struttura dei quark è già troppo lontana per darci qualche informazione utile in più sulle proprietà delle molecole. Andando oltre, le relazioni diventano sempre più deboli, fino a perdere qualsiasi connessione concettuale significativa tra un'entità molto complessa e i livelli fondamentali, dominati dalla materia e dall'energia.

Ciò che rende difficile capire la biologia è il fatto che opera su molti di questi livelli: dalle molecole agli ecosistemi. Ogni livello contribuisce alla comprensione della vita, e ognuno ha la sua importanza. Da fisico, ciò che mi affascina di più sono i livelli che legano la vita alla fisica, ma sono consapevole del fatto che non rappresentano che una piccola parte della complessità del vivente.

Mucche e quark

A questo punto, potreste avere qualcosa da obiettare alla mia affermazione sull'assenza di connessioni concettuali significative tra un'entità complessa e i livelli fondamentali della materia e dell'energia. Ma come sono arrivato a questa conclusione?

Non molto tempo fa mi è capitato di discutere del conflitto tra olismo e riduzionismo con il mio amico e collega Sean Gavin, un fisico teorico nucleare della Wayne State University. Sean mi raccontava di aver assistito a un seminario di Steven Weinberg, un acceso sostenitore della ricerca nel campo della fisica delle particelle. Come tale, Weinberg proponeva il suo classico ragionamento per cui la fisica delle particelle è fondamentale per tutte le altre scienze, comprese la chimica e la biologia. Da fisico, capisco che non ci sia nulla di più fondamentale che scoprire di cosa è fatta la materia e quali forze plasmino il nostro universo; è un lavoro importante, non c'è dubbio. Se vogliamo scoprire la natura del nostro universo – e noi tutti vogliamo che la scienza, a lungo termine, progredisca – dobbiamo unirci a Weinberg e sostenere il lavoro dei fisici delle particelle. Dal recente avvio del più grande acceleratore di particelle esistente, il Large Hadron Collider di Ginevra, in Svizzera, possiamo aspettarci non poche scoperte e sorprese sulla struttura fondamentale della materia. Sean e io – così come quasi tutti i fisici che conosco – non potevamo che essere d'accordo su questo punto. Ma poi Sean disse qualcosa di molto divertente e pertinente: «Ma come puoi predire l'esistenza di una mucca partendo dalla fisica delle particelle?». Gran bella domanda!

Predire l'esistenza delle mucche partendo dalle proprietà di quark ed elettroni è semplicemente troppo complicato, o è fondamentalmente impossibile? Una mucca è formata da molecole (ne abbiamo incontrate molte nel corso del libro) e le molecole sono formate da atomi. Le proprietà delle molecole possono essere ridotte – non senza difficoltà – alle proprietà degli atomi che le compongono. Gli atomi sono formati da elettroni e da quark, i quali, a loro volta, sono tenuti insieme dai gluoni (i quark e i gluoni formano i protoni e i neutroni contenuti nel nucleo). Le proprietà chimiche dei vari tipi di atomi dipendono dalla disposizione degli elettroni intorno al nucleo. Quindi è lecito dire che una mucca può essere spiegata dalla fisica delle particelle, visto che quark ed elettroni (e le forze tra di loro) formano atomi con proprietà diverse, i quali a loro volta formano le molecole che formano le cellule che formano le mucche.

A qualche punto del percorso, però, abbiamo perso di vista la ragione per cui esistono le mucche. Dire che una mucca è spiegata dai suoi costituenti è come dire che i mattoni spiegano una casa. È più corretto dire che una mucca è il risultato dell'evoluzione – un processo reso possibile dalla sottostante realtà materiale delle particelle – ma che è fondamentalmente impredicibile. Se dovessimo girare una seconda volta il film della vita ci ritroveremmo ancora con una mucca? Nessuno può dirlo: probabilmente emergerebbe di nuovo qualcosa di *simile* a una mucca, ma il nuovo arrivato potrebbe avere sei zampe e solo due stomaci. Non esiste una formula basata sulle leggi della fisica delle particelle il cui risultato sia «mucca». La fisica delle particelle sarà anche necessaria per avere una mucca (perché abbiamo bisogno di atomi e di molecole), ma chiaramente non è sufficiente.

Tutti i corpi materiali di questo universo si basano sulla fisica delle particelle a noi nota. Se dovesse esistere un altro universo, però, le leggi cui obbediscono le particelle potrebbero essere piuttosto diverse dalle nostre. Se tali leggi consentono la creazione di strutture complicate, potranno condurre all'emergenza di qualcosa che potremmo chiamare «mucca» a ragion veduta. Il concetto di «mucca» è totalmente indipendente dalle proprietà specifiche dei quark e degli elettroni. Un filosofo direbbe che una mucca non è spiegata dalle particelle perché le particelle non possono fornirci una ragione per la «mucchità» della mucca.

Che dire, allora, della realtà delle macchine molecolari? Analogamente a quanto si è detto per i quark e per gli elettroni, per capire la vita presente sul pianeta dobbiamo prima capire le macchine molecolari. Abbiamo visto, però, che i meccanismi molecolari della maggior parte degli organismi non sono proprietà esclusiva di una pianta o di un animale particolare, quindi non possiamo derivare una mucca o un altro animale neanche dalle macchine molecolari. Questo significa che ciò che abbiamo imparato sulle macchine molecolari è inutile? Le macchine molecolari non ci dicono nulla su un intero organismo vivente? No, le macchine molecolari ci dicono solo come funzionano le cellule. La loro somiglianza in tutte le forme di vita presenti sulla Terra ci parla dell'evoluzione e dell'unità della vita; la loro capacità di domare il caos ci dice che un universo creativo è possibile solo attraverso la combinazione di caso e necessità; la loro capacità di regolare e di essere regolate ci dice che la vita è materia e programma; e la loro attività incessante, animata dalla tempesta molecolare, ci dice che la vita non è un oggetto ma un processo.

Scommetto che in un universo differente tutte queste cose non sarebbero poi così differenti. Dopo tutto, chi mai potrebbe dimostrare che ho torto?

Epilogo
La vita, l'universo e tutto quanto

Abbiamo fatto tanta strada, dalle forze vitali degli antichi alle molecole dei biologi molecolari e dei biofisici. Se stessimo cercando la «forza della vita», la forza che anima gli esseri viventi, la nostra ricerca avrebbe raggiunto il suo obiettivo. Ma risulta che la forza animatrice è la forza casuale degli atomi, l'eco luminosa e vibrante della creazione dell'universo. Le macchine molecolari, che prendono questa forza caotica e le danno una direzione, incarnano lo stretto legame tra il caso e la necessità e sono esse stesse il frutto di quel legame. Scolpite dall'evoluzione, le macchine molecolari del nostro corpo domano la tempesta molecolare e la trasformano nella danza della vita.

L'universo è figlio del caso e della necessità. Ogni stella, ogni galassia, i pianeti, le montagne, i microbi e gli elefanti sono la prova dell'interazione tra queste due tendenze fondamentali della natura. Dobbiamo accettare che questa visione dell'universo, trasmessa dalla scienza moderna, influenzi l'idea che abbiamo di noi stessi? Da un lato, forse è meglio di no. La vita si articola su molti livelli, dalle collisioni tra gli atomi alla mente di un genio. Le macchine molecolari sono parte di ciò che siamo, ma non determinano ciò che siamo. Siamo esseri creativi, intelligenti, un'estensione naturale della creatività dell'universo, ma non siamo rigidamente determinati dalle leggi di natura. Siamo fondati sulle macchine, ma non siamo macchine.

D'altro canto, grazie alla scienza abbiamo scoperto qualcosa di molto profondo su noi stessi. La vita è un meccanismo molecolare meraviglioso, e questo dovrebbe spingerci ad ammirarla persino nelle sue forme più «primitive». Anche un virus è un miracolo della natura. Gli esseri umani appartengono a quella stessa natura, e forse ne siamo la parte più miracolosa. Siamo tutti uguali, e al tempo stesso siamo tutti molto diversi. La *necessità* ci lega tutti all'unità della vita; il *caso* ci rende tutti unici. Era previsto che fossimo qui, in una forma o in un'altra.

Se c'è vita altrove nell'universo, anch'essa si baserà sulle macchine molecolari. Per quello che sappiamo, le leggi fisiche sono le stesse ovunque. In ogni parte dell'universo le nanoscale corrispondono a quel particolare ordine di grandezza che permette di trasformare l'energia con facilità, rendendo possibile la comparsa di nanoscopiche macchine autonome. Persino il più semplice degli organismi viventi è incredibilmente complesso. Per raggiungere tale complessità, l'organismo deve essere composto da un gran numero di componenti che interagiscono tra loro, che devono essere piccole, attive, diversificate e complicate: solo le molecole sono in grado di offrire un profilo del genere.

Per capire il mondo nel suo insieme dobbiamo abbandonare il nostro abituale modo di pensare, lineare e deterministico. La complessità della vita, della nostra mente, della società umana, è frutto dell'aggiunta di un pizzico di casualità alle regole del gioco, un gioco che si svolge su una rete di relazioni complesse ed è ricco di proprietà emergenti. Credo (anche se non saprei come dimostrarlo) che nel nostro vasto e vecchio universo la comparsa della vita fosse inevitabile. Tenete però presente che la vita sulla Terra rappresenta solo una frazione minuscola di tutta la materia dell'universo; anche se in ogni galassia dell'universo ci fossero milioni di mondi disabitati, la quantità totale di materia contenuta in tutti gli esseri viventi continuerebbe a essere una frazione minuscola di tutta la materia esistente.

L'universo non è vittima del secondo principio della termodinamica. Se lo fosse, conterrebbe solo una nebulosa diffusa di idrogeno ed elio. La realtà è diversa. Prima della comparsa della vita, l'azione della gravità concentrò gli atomi, le stelle fabbricarono gli elementi più pesanti e i pianeti offrirono una superficie sulla quale gli atomi poterono concentrarsi ulteriormente, consentendo così la creazione di molecole complesse. L'universo ha 13,7 miliardi di anni. Ha avuto un sacco di tempo e di materia per far apparire la vita *da qualche parte*. Se consideriamo la tendenza intrinseca della materia a formare strutture sempre più complesse, la vita sembra un fenomeno inevitabile.

Certo, sono in molti a rifiutare le scoperte della scienza moderna. Preferirebbero continuare a considerarsi separati dalla natura, separati dall'universo. In un brano memorabile del saggio *Il mio credo*, scritto nel 1926, il filosofo Bertrand Russell opponeva a questa visione quella fornita dalla scienza: «Anche se le finestre spalancate della scienza in un primo momento ci fanno rabbrividire, abituati come siamo al confortevole tepore casalingo dei miti tradizionali, alla fine l'aria fresca ci rinvigorirà». Io aggiungerei che non appena cominciamo a scoprire che cos'è la scienza, scopriamo che il brivido è un brivido di eccitazione, per la grandiosità del nostro universo e per la nostra stupefacente capacità di comprenderne un angolino, per ora minuscolo ma in continua espansione.

Molta gente non crede all'idea che l'essere umano possa essere il risultato delle «forze cieche» del caso. Vuole credere che la creazione di strutture complesse richieda la mente organizzatrice di un architetto. Ma come fa una mente a inventare? Come nasce un'idea nuova? Non è forse un evento casuale che si affaccia alla nostra mente come un ospite non invitato? E se ogni tanto, quella stessa tempesta molecolare che anima le nostre cellule scuotesse i nostri pensieri creando intuizioni improvvise? Da quei pensieri casuali potrebbero nascere nuove connessioni tra esperienze apparentemente scollegate, permettendoci così di pensare fuori dagli schemi, in maniera innovativa. Un simile modello del pensiero umano mi sembra ragionevole: in che altro modo potrebbero mai nascere le idee nuove? Da dove verrebbero? Dall'esterno? No, sappiamo che le idee sono generate dal cervello, che è una rete complessa di cellule biologiche che comunicano mediante segnali chimici ed elettrici. L'unico modo per generare nuove idee è mediante l'introduzione di un certo livello di casualità. Anche se per spiegare l'origine dell'universo o quella della vita invochiamo una mente onnipotente, finiamo sempre per fare i conti con le stesse forze fondamentali del caso e della necessità. Persino una mente onnipotente dovrebbe vedersela con loro.

Ci stiamo avvicinando alla comprensione di tutto quello che c'è da capire? centocinquant'anni fa, Charles Darwin, arrendendosi, esclamava: «Sono profondamente convinto che l'intera questione della Creazione sia troppo profonda per l'intelletto umano. Sarebbe come se un cane riflettesse sulla mente di Newton! Lasciamo che l'uomo speri e creda in ciò che può». Posso capire che cosa provasse. Siamo *ancora* lontanissimi dalla soluzione del più grande dei misteri. Ma ci siamo avvicinati tantissimo.

Se non capiamo ancora tutto è perché la vita è incredibilmente complessa. Come si possono combinare i costituenti elementari della vita – il DNA, gli enzimi, le macchine molecolari – per dare vita a uno Shakespeare o a un Einstein? Di fronte a misteri del genere sono in molti a dichiararsi sconfitti, affermando che la vita, in ultima analisi, non può essere spiegata. Eppure, come abbiamo visto in questo libro, la scienza può trasformare l'oscurità in luce, svelando i segreti più nascosti. La vita, lo abbiamo visto, è governata dal caso e dalla necessità.

Glossario

ACCOPPIAMENTO FORTE L'accoppiamento esatto dell'idrolisi dell'ATP e il moto di un motore molecolare. Implica, normalmente, che per ogni passo fatto dal motore si ha l'idrolisi di un ATP. È tipico dei motori che hanno almeno un elemento sempre attaccato alla rotaia. È l'opposto di accoppiamento debole.

ACCOPPIAMENTO DEBOLE La capacità di un motore molecolare di percorrere una distanza variabile per ogni ATP consumato. Un motore dotato di accoppiamento debole deve staccarsi periodicamente dalla rotaia e muoversi come un cricchetto browniano.

ACTINA Proteina lunga e fibrosa, che fa parte dello «scheletro» della cellula. Funge anche da rotaia per la miosina; nei muscoli, forma le fibre sulle quali esercita la propria trazione la miosina II.

ADP (ADENOSINDIFOSFATO) Prodotto della rimozione di un gruppo fosfato dall'ATP, una molecola utilizzata nelle cellule per trasportare energia chimica. L'ADP è formato da un nucleotide (adenina) cui sono attaccati due gruppi fosfato.

ALLOSTERIA La capacità di alcuni enzimi di cambiare forma e funzionalità in risposta al legame con una molecola di controllo. L'allosteria è alla base della regolazione all'interno della cellula.

AMINOACIDO Costituente elementare di una proteina. Le proteine sono formate dalle combinazioni dei 20 aminoacidi esistenti in natura.

ANFIFILICA Una molecola che presenta proprietà idrofile e idrofobe.

ANIMISMO La credenza che ogni cosa ha un'anima ed è viva.

ATOMI Unità chimiche elementari, composte da un nucleo (formato da protoni e neutroni) e da una nube di elettroni. Gli elettroni sono responsabili dei legami chimici.

ATOMISMO La credenza che ogni cosa è formata da piccole particelle indivisibili e in perpetuo movimento.

ATP (ADENOSINTRIFOSFATO) Molecola utilizzata nelle cellule come vettore di energia chimica. È formata da un nucleotide (adenina) cui sono attaccati tre gruppi fosfato.

ATP SINTASI Sofisticata macchina molecolare rotante situata nei mitocondri. Si serve di un gradiente protonico per ricaricare l'ATP.

ATPasi Enzima che scinde l'ATP. È un componente di quasi tutte le macchine molecolari.

BARRIERA DI ATTIVAZIONE Barriera energetica che le molecole devono superare per cambiare forma o per reagire tra di loro.

BIOLOGIA DEI SISTEMI Teoria matematica della regolazione e del calcolo nelle cellule viventi.

BIT Quantità minima di informazione; l'informazione contenuta in una risposta «sì» o «no» (o «1» e «0»).

CASO E NECESSITÀ I princìpi fondamentali responsabili di tutto ciò che esiste. Il caso nasce dalla meccanica quantistica e dalla tempesta molecolare; la necessità deriva dalle leggi fisiche.

CHAPERONINA Proteina che aiuta le altre proteine ad assumere la forma corretta.

CHINESINE Famiglia di motori molecolari che si spostano lungo i microtubuli. Sono responsabili dello spostamento di carichi; partecipano alla divisione cellulare.

CODICE GENETICO Il codice utilizzato dal DNA per definire la sequenza degli aminoacidi in una proteina.

CODONE Una «parola» del codice genetico; è formato da tre lettere nucleotidiche. Ogni codone corrisponde a un aminoacido secondo il codice genetico.

COLLAGENE Insieme di proteine fibrose. Fa parte della matrice extracellulare e conferisce struttura al corpo animale.

COMPLESSITÀ Attributo di un sistema composto da molte parti interagenti e che manifesta proprietà emergenti.

COOPERAZIONE Proprietà di un processo in cui più componenti devono operare insieme simultaneamente affinché il processo in questione possa avere luogo.

CRICCHETTO BROWNIANO Una macchina molecolare che si muove in un verso specifico mediante un processo di diffusione direzionale. Non c'è violazione del secondo principio della termodinamica perché per far funzionare il cricchetto gli si fornisce energia periodicamente per farlo staccare dalla rotaia sulla quale si muove. In seguito quell'energia viene dissipata.

CROMOSOMA Ammasso di DNA contenuto nel nucleo cellulare.

DIFFUSIONE Moto casuale di molecole o atomi. In media, la diffusione porta allo spostamento delle particelle da una regione ad alta concentrazione a una a bassa concentrazione.

DINEINA Famiglia di motori molecolari che si spostano lungo i microtubuli.

DISSIPAZIONE Degradazione dell'energia utilizzabile (libera) in energia inutilizzabile (calore).

DISTRIBUZIONE NORMALE Distribuzione che ci si aspetta per le misure che dipendono da più fattori statisticamente indipendenti. Si tratta di una distribuzione universale che ritroviamo in fisica, biologia, economia e in altri campi.

DNA (ACIDO DEOSSIRIBONUCLEICO) Molecola formata da una lunga doppia elica situata nel nucleo cellulare; contiene le sequenze necessarie per fabbricare le proteine e governa lo sviluppo della cellula.

DOMINIO Regione di una macromolecola.

ELICASI Macchina molecolare che srotola e separa i filamenti di DNA durante la replicazione.

EMERGENZA Comparsa di proprietà nuove risultanti dall'interazione di molte parti; le proprietà emergenti non sono proprietà delle parti prese separatamente.

ENERGIA Capacità di compiere lavoro. L'unità di energia è il joule (J).

ENERGIA LIBERA Energia disponibile per compiere lavoro. È pari all'energia totale meno l'energia dispersa, cioè inutilizzabile. Quest'ultima è data dal prodotto dell'entropia per la temperatura.

ENTROPIA Il grado di dispersione dell'energia. Spesso equiparata a «disordine».

ENZIMA Catalizzatore proteico; proteina che rende più facile una reazione abbassandone l'energia di attivazione.

EQUILIBRIO In termodinamica, lo stato di massima entropia e minima energia libera nel quale non si può più estrarre lavoro.

EVOLUZIONE Processo che porta alla formazione di nuove proteine, macchine molecolari e organismi. Le innovazioni nascono dalle mutazioni, sulle quali agisce poi la selezione. L'evoluzione funziona come un «cricchetto» e porta a un aumento della complessità.

FEEDBACK, CICLO DI L'interazione dei prodotti di un processo con i precursori di un processo attraverso l'allosteria; porta a controllare la quantità finale del prodotto. I cicli di feedback sono i costituenti fondamentali dei «circuiti» chimici preposti alla regolazione della cellula.

FEYNMAN, CRICCHETTO DI Una versione automatizzata del diavolo di Maxwell, capace di estrarre energia da un sistema all'equilibrio e di violare così il secondo principio della termodinamica. Ne è stata dimostrata l'impossibilità.

FLUORESCENZA Emissione di luce con lunghezza d'onda maggiore da parte di una molecola eccitata da luce con lunghezza d'onda minore.

FLUOROFORO Molecola che emette luce visibile quando viene eccitata da luce con lunghezza d'onda inferiore (fluorescenza). Utilizzato per marcare molecole in modo da poterne studiare il comportamento al microscopio.

FORZA Una trazione o una spinta che deforma un oggetto o ne altera lo stato di moto. L'unità di misura della forza è il newton (N).

FORZE ENTROPICHE Forze che non derivano da una diminuzione dell'energia ma da un aumento dell'entropia. Ne sono un esempio le forze di deplezione e le forze idrofobiche.

GEDANKENEXPERIMENT Una situazione ipotetica immaginata per verificare se una teoria fisica è sensata. Parola tedesca traducibile con «esperimento mentale».

GENE Unità di informazione ereditaria. Sequenza completa di informazione contenuta nel genoma e codificata mediante il DNA.

IDROFILE Molecole che subiscono una diminuzione dell'energia libera quando sono disciolte in acqua. Formano legami idrogeno con l'acqua o sono elettricamente cariche.

IDROFOBE Molecole che subiscono un aumento dell'energia libera quando sono messe in acqua, e quindi non si sciolgono in acqua.

IDROLISI DELL'ATP Reazione dell'ATP con l'acqua in cui uno dei gruppi fosfato si stacca e libera una grande quantità di energia. Prodotto finale: ADP (adenosindifosfato).

IRRITABILITÀ Proprietà che porta i tessuti viventi a reagire agli stimoli esterni (ad esempio alle correnti elettriche).

KILOCALORIA Unità di energia equivalente a 4184 joule.

LANDAUER, LIMITE DI L'energia minima necessaria per cancellare un bit di informazione.

LAVORO Il prodotto della forza per lo spostamento. Il consumo di energia quando la forza opera su una certa distanza per spostare un oggetto. L'unità di misura del lavoro è il joule (J), pari a 1 newton per metro (Nm).

LIGASI Enzima che connette segmenti di DNA.

LIPIDI Molecole anfifiliche che formano micelle o vescicole e che rappresentano il costituente principale delle membrane cellulari. Sono formate da un acido grasso idrofobo legato a una testa che contiene un gruppo idrofobo.

LOSCHMIDT, DIAVOLO DI Creatura immaginaria capace di invertire il corso del tempo.

MACCHINA MOLECOLARE Molecola capace di trasformare l'energia da una forma all'altra.

MACROSTATO Lo stato di un sistema misurabile dall'esterno, ottenibile solo mediando su un gran numero di atomi e di molecole. Solitamente viene descritto in termini di quantità macroscopiche come la temperatura e la pressione.

MAXWELL, DIAVOLO DI Creatura immaginaria capace di selezionare le molecole violando il secondo principio della termodinamica. È stato dimostrato che non può esistere.

MECCANICA QUANTISTICA Teoria fisica che descrive gli atomi, gli elettroni e le particelle subatomiche. Vi svolge un ruolo cruciale la probabilità.

MECCANICA STATISTICA L'applicazione di metodi statistici al moto degli atomi e delle molecole. Mediando su grandi quantità di atomi e di molecole si arriva alla scienza macroscopica nota come termodinamica.

MICELLA Aggregato sferico di molecole anfifiliche.

MICROMETRO Un milionesimo di metro. Corrisponde alle dimensioni tipiche di un batterio.

MICROSCOPIA A FORZA ATOMICA (AFM) Tecnica di microscopia a scansione di sonda che misura le forze di piccola intensità tra una punta acuminata e una superficie. La AFM permette di ottenere immagini ad alta risoluzione e può essere usata per misurare le forze tra le molecole.

MICROSCOPIA A SCANSIONE A EFFETTO TUNNEL Tipo di microscopia a scansione di sonda che misura le correnti di tunneling tra un ago metallico appuntito e una superficie conduttiva.

MICROSCOPIA A SCANSIONE DI SONDA Tecnica di microscopia in cui una sonda appuntita «sente» una superficie per generarne un'immagine o per misurarne le proprietà.

MICROSTATO Lo stato esatto di un sistema; comprende la posizione e la velocità di tutti gli atomi che ne fanno parte.

MICROTUBULI Fibre proteiche rigide, appartenenti allo scheletro della cellula. La chinesina e la dineina si muovono lungo i microtubuli.

MIOSINE Famiglia di motori molecolari che si spostano sull'actina. La miosina II è responsabile della contrazione muscolare, mentre la miosina V trasporta carichi all'interno delle cellule.

MITOCONDRI Centrali elettriche delle cellule. È qui che lo zucchero viene scomposto e che la sua energia viene trasferita all'ATP.

MITOSI Divisione cellulare.

MMP (METALLOPROTEINASI DI MATRICE) Enzima che scompone la matrice extracellulare e libera le cellule consentendo loro di muoversi. È stato dimostrato che alcune MMP sono macchine molecolari che ricavano l'energia dal collagene che mangiano.

MOLECOLA Aggregato di almeno due atomi fortemente legati. Nelle cellule degli organismi biologici, alcune molecole, come il DNA o le proteine, possono avere dimensioni considerevoli e contenere molte migliaia di atomi.

MOTO BROWNIANO Il moto casuale di particelle di piccole dimensioni, risultante dalle numerose collisioni con le molecole dell'aria o di un liquido.

MOTORE MOLECOLARE Macchina molecolare che trasforma l'energia chimica in energia meccanica.

MUTAZIONE Variazione irreversibile di un gene; è il risultato di una reazione chimica del DNA con uno ione o un radicale (un atomo o una molecola con elettroni spaiati).

NANOBOT Ipotetiche macchine nanoscopiche capaci di eseguire operazioni complesse, soprattutto in ambito medico.

NANOMETRO Un miliardesimo di metro. Corrisponde alle dimensioni tipiche di una piccola molecola.

NANOSCIENZA La scienza degli oggetti nanoscopici.

NANOTECNOLOGIA Tecnologia che utilizza strutture o materiali nanoscopici.

NUCLEOTIDE Molecola che corrisponde a una «lettera» del codice genetico. Componente del DNA e dell'RNA. Nel DNA ci sono 4 nucleotidi: adenina, guanina, timina e citosina, indicati dalle lettere A, G, T e C.

OLISMO L'idea che i sistemi vadano studiati nel loro insieme, senza scomporli nei loro costituenti.

PAESAGGIO ENERGETICO Rappresentazione concettuale di un paesaggio multidimensionale corrispondente alle variazioni dell'energia di una proteina al variare della sua forma. Ogni punto del paesaggio corrisponde a una conformazione specifica della proteina, mentre l'altezza del paesaggio in quel punto rappresenta l'energia associata a quella forma particolare.

PERPETUUM MOBILE Macchina capace di violare il primo o almeno il secondo principio della termodinamica. Se ne è dimostrata l'impossibilità.

PINZE LASER Tecnica di misura basata sulla forza cui viene sottoposta una sferetta sospesa in un fascio focalizzato di luce laser.

POLIMERASI Macchina molecolare che fabbrica (polimerizza) il DNA o l'RNA.

POTENZA Velocità di trasformazione dell'energia in una forma differente; in alternativa, lavoro fatto nell'unità di tempo. Energia al secondo. L'unità di misura della potenza è il watt (W); 1 watt = 1 joule al secondo.

PRESSIONE Forza per unità di area. In un gas, la pressione è il risultato di un gran numero di collisioni degli atomi con le pareti del contenitore.

PROBABILITÀ Misura della facilità con la quale può verificarsi un evento; è data dal numero di modi in cui può verificarsi l'evento, diviso per il numero di tutti i risultati possibili.

PROCESSIVITÀ La capacità di un motore molecolare di seguire una rotaia molecolare per grandi distanze senza staccarsi.

PROTEINA Macromolecola formata da una sequenza ripiegata di aminoacidi connessi da legami peptidici. Le proteine assumono forme specifiche che consentono loro di svolgere molti compiti all'interno delle cellule, ad esempio comportarsi da enzimi, macchine molecolari o elementi strutturali (collagene, actina e così via).

RAGGI X Radiazione elettromagnetica estremamente energetica, generata bombardando un bersaglio metallico con elettroni ad alta velocità.

REPLICAZIONE La copia del DNA durante la divisione cellulare.

RIBOSOMA Macchina a RNA contenuta all'interno delle nostre cellule. Produce le proteine seguendo le istruzioni contenute nell'RNA.

RIDUZIONISMO Metodo che analizza un sistema scomponendolo in elementi più piccoli.

RIPIEGAMENTO (*FOLDING*) Processo fisico che porta una catena di aminoacidi a ripiegarsi fino ad assumere lo stato di minima energia libera che dà alla molecola la sua piena funzionalità.

RNA (ACIDO RIBONUCLEICO) Molecola che può trasportare informazione o agire da catalizzatore. All'interno della cellula svolge molti ruoli, da vettore di informazione a macchina per la produzione delle proteine (all'interno dei ribosomi).

RNA MESSAGGERO (mRNA) RNA che trasporta l'informazione necessaria per realizzare una proteina dal DNA contenuto nel nucleo cellulare ai ribosomi che si trovano all'esterno del nucleo.

RNA TRANSFER (tRNA) Complessi RNA-aminoacidi contenenti la chiave per tradurre l'informazione genetica in proteine.

SISTEMA APERTO Sistema capace di scambiare energia, materia o entrambe le cose con l'ambiente; è il contrario di un sistema chiuso.

STATO DI TRANSIZIONE Stato «scomodo» in cui si trovano temporaneamente le molecole che si stanno trasformando da una forma stabile a un'altra. L'energia associata agli stati di transizione è la barriera di attivazione.

TEMPERATURA L'energia cinetica media degli atomi o delle molecole di un sistema in equilibrio.

TEMPESTA MOLECOLARE Moto termico caotico degli atomi e delle molecole.

TEORIA CINETICA Teoria che precorre la meccanica statistica. Consiste nell'applicazione della statistica al moto degli atomi nei gas.

TERMODINAMICA La scienza del calore e dell'energia, del volume, della pressione e della temperatura.

TERMODINAMICA, PRIMO PRINCIPIO DELLA Legge di conservazione dell'energia; include esplicitamente il calore tra le forme di energia.

TERMODINAMICA, SECONDO PRINCIPIO DELLA Legge che afferma che in un sistema chiuso l'entropia non può mai diminuire e che, in generale, tende ad aumentare durante le trasformazioni di energia. Esistono molte altre formulazioni alternative del principio.

TESTA Termine utilizzato per il dominio motore di una proteina motrice; più precisamente, la parte sulla quale si muove la proteina.

TOPOISOMERASI Enzima che taglia e ricuce filamenti di DNA per ridurre la tensione e impedire al DNA di attorcigliarsi durante la replicazione.

TRADUZIONE Trasferimento dell'informazione genetica in una proteina. Avviene nel ribosoma, con l'aiuto dell'RNA transfer (tRNA).

TRASCRIZIONE Il trasferimento dell'informazione dal DNA all'RNA messaggero.

TRASFORMAZIONE ENERGETICA Trasformazione dell'energia da un tipo a un altro, ad esempio da energia chimica a energia cinetica, come avviene in un'automobile.

VESCICOLA Aggregato sferico di lipidi, formato da una sfera a doppia parete che separa una cavità piena d'acqua dall'acqua situata all'esterno della vescicola.

VITALISMO La credenza secondo cui la vita è associata a forze speciali.

Fonti bibliografiche

Quella che segue è una lista parziale delle fonti cui ho attinto nella stesura del libro. Molte di queste sono state utilizzate in più di un capitolo. Tuttavia, per risparmiare spazio, ogni fonte è citata solo una volta nel capitolo in cui è stata utilizzata la prima volta. I riferimenti sono riportati in ordine alfabetico per cognome dell'autore. Ho elencato solo le fonti facilmente accessibili. Sfortunatamente, molti articoli tecnici sono inaccessibili al grande pubblico e spesso sono anche incomprensibili ai profani.

Introduzione

Monod, J., *Le Hasard et la nécessité*, Editions du Seuil, Paris 1970 [trad. it. *Il caso e la necessità*, A. Mondadori, Milano 1997].

Schrödinger, E., *What is Life?*, Cambridge University Press, Cambridge 1992 [trad. it. *Che cos'è la vita? La cellula vivente dal punto di vista fisico*, Adelphi, Milano 2010].

Thompson, D., *On Growth and Form*, Cambridge University Press, Cambridge 1992 [trad. it. *Crescita e forma*, Bollati Boringhieri, Torino 1992].

Capitolo primo

Alioto, A., *A History of Western Science*, Prentice-Hall, Englewood Cliffs (NJ) 1986.

Aristotele, *L'anima*, Bompiani, Milano 2008.

–, *Fisica*, Bompiani, Milano 2011.

Cahan, D., *Hermann von Helmholtz and the Foundations of Nineteenth-Century Science*, California Studies in the History of Science, University of California Press, Berkeley 1994.

Darwin, C., *On the Origin of Species*, John Murray, London 1859. Online Literature Library, www.literature.org/authors/darwin-charles/the-origin-of-species/ [trad. it. *L'origine della specie*, Bollati Boringhieri, Torino 2011].

Debus, A.G., *Man and Nature in the Renaissance*, Cambridge Studies in the History of Science, Cambridge University Press, Cambridge 1978 [trad. it. *L'uomo e la natura nel Rinascimento*, Jaca Book, Milano 1992].

Descartes, R. (Cartesio), *Discorso sul metodo*, Feltrinelli, Milano 2012.

Gay, P., *The Enlightenment: The Rise of Modern Paganism*, W. W. Norton, New York 1995.

Granger, H., *Aristotle's Idea of the Soul*, Kluwer, Boston 1996.

Hankins, T., *Science and the Enlightenment*, Cambridge Studies in the History of Science, Cambridge University Press, Cambridge 1985.

Harris, H., *The Birth of the Cell*, Yale University Press, New Haven (CT) 2000.

Helmholtz, H., *Über die Ehraltung der Kraft*, Reimer, Berlin 1847. Internet Archive, www.archive.org/details/berdieerhaltungo1helmgoog.

Henry, J., *The Scientific Revolution and the Origins of Modern Science*, Studies in European History, Palgrave Macmillan, New York 2008

Holmes, R., *The Age of Wonder: How the Romantic Generation Discovered the Beauty and Terror of Science*, Pantheon, New York 2008.

Hooke, R., *Micrographia*, Jo. Martin & Ja. Allestry, London 1665. Project Gutenberg, www.gutenberg.org/files/15491/15491-h/15491-h.htm.

La Mettrie, J., *L'homme machine*, Leyden 1748 [trad. it. *L'uomo macchina*, in *Opere filosofiche*, Laterza, Roma-Bari 1992].

La Mettrie, J. e Vartanian, A., *La Mettrie's L'homme Machine: a Study in the Origins of an Idea*, Princeton University Press, Princeton (NJ) 1960.

Lenoir, T., *The Strategy of Life: Teleology and Mechanics in Nineteenth-Century German Biology*, University of Chicago Press, Chicago 1989.

Lindberg, D., *The Beginnings of Western Science: The European Scientific Tradition in Philosophical, Religious and Institutional Context, Prehistory to A. D. 1450*, Chicago University Press, Chicago 2008.

Lucrezio, *De Rerum Natura*, UTET, Torino 2013.

McKendrick, J. G., *Hermann Ludwig Ferdinand von Helmholtz (Masters of Medicine)*, Longmans, Green & Co, New York 1899.

Mendelsohn, E., *Heat and Life: The Development of the Theory of Animal Heat*, Harvard University Press, Cambridge (MA) 1964.

Newton, Isaac, *Opticks*, S. Smith & B. Walford, London 1704. Project Gutenberg, www.gutenberg.org/files/33504/33504-h/33504-h.htm [trad. it. *Scritti di ottica*, UTET, Torino 1997].

Rubenstein, R., *Aristotle's Children: How Christians, Muslims, and Jews Rediscovered Ancient Wisdom and Illuminated the Middle Ages*, Houghton Mifflin, Mariner Books, New York 2004.

Russell, B., *A History of Western Philosophy*, Simon & Schuster, New York, 1972 [trad. it. *Storia della filosofia occidentale e dei suoi rapporti con le vicende politiche e sociali dall'antichità a oggi*, TEA, Milano 2010].

Shelley, M. W., *Frankenstein – or the Modern Prometheus*, London 1818. Online Literature Library, www.literature.org/authors/shelleymary/frankenstein.

Capitolo secondo

Theilard de Chardin, P., *Le phénomène humain*, Editions du Seuil, Paris 1955 [trad. it. *Il fenomeno umano*, Queriniana, Brescia 2008].

Eigen, M. e Winkler, R., *Das Spiel – Naturgesetze steuern den Zufall*, Piper, München 1985 [trad. it., *Il gioco. Le leggi naturali governano il caso*, Adelphi, Milano 1987].

Judson, H. F., *The Eighth Day of Creation: Makers of the Revolution in Biology*, Cold Spring Harbor Laboratory Press, Plainview (NY) 1996 [trad. it. *L'ottavo giorno della creazione. La scoperta del DNA*, Editori Riuniti, Roma 1986].

Kline, M., *Mathematics for the Nonmathematician*, Dover, New York 1985.

–, *Mathematics in Western Culture*, Oxford University Press, New York 1964 [trad. it. *La matematica nella cultura occidentale*, Feltrinelli, Milano 1982].

Mainzer, K., *Der Kreative Zufall – Wie das Neue in die Welt kommt*, C. H. Beck, München 2007.

Mlodinow, L., *The Drunkard's Walk: How Randomness Rules Our Lives*, Pantheon, New York 2008 [trad. it. *La passeggiata dell'ubriaco. Le leggi scientifiche del caso*, Mondadori, Milano 2010].

Moore, W., *Schrödinger: Life and Thought*, Cambridge University Press, Cambridge 1992.

Timoféeff-Ressovsky, N. W., Zimmer, K. G. e Delbrück, M., *Über die Natur der Genmutation und der Genstruktur* (il «libretto verde»), in «Nachrichten von der Gesellschaft der Wissenschaften zu Göttingen», Weidmannsche Buchhandlung, Berlin 1935. http://www.ini.uzh.ch/žtobi/fun/max/timofeeffZimmerDelbruck1935.pdf.

Wykes, A., *Doctor Cardano, Physician Extraordinary*, Muller, London 1969.

Capitolo terzo

Feymnan, R., *The Feymnan Lectures on Physics*, Addison Wesley Longman, Boston 1970 [trad. it. *La fisica di Feynman*, Zanichelli, Bologna 2001].

Lindley, D., *Boltzmann's Atom: The Great Debate That Launched a Revolution in Physics*, Free Press, New York 2001 [trad. it. *Gli atomi di Boltzmann*, Bollati Boringhieri, Torino 2002].

Capitolo quarto

Drexler, K. E., *Engines of Creation 2.0*, e-book. WOWIO, 2006. http://www.wowio.com/users/product.asp?BookId = 503.

Feynman, R., *There's Plenty of Room at the Bottom*, in «Caltech Engineering and Science» 23, febbraio 1960, pp. 22-26. www.zyvex.com/nanotech/feynman.html.

Nelson, P., *Biological Physics: Energy, Information, Life*, W. H. Freeman, New York 2008.

Philips, R. e Quake S. R., *The Biological Frontier of Physics*, in «Physics Today», Maggio 2006, pp. 38-43.

Capitolo quinto

Feynman, R., *Feynman Lectures on Computation*, Perseus, Reading (MA) 2000.

Gamow, G., *Mr. Tompkins in Paperback*, Cambridge University Press, Cambridge 1993 [trad. it. *Il nuovo mondo di Mr. Tompkins. Avventure di un curioso nel mondo della fisica*, Zanichelli, Bologna 2005].

Mahon, B., *The Man Who Changed Everything: The Life of James Clerk Maxwell*, Wiley, New York 2003.

Capitolo sesto

Astumian, R. D., *Making Molecules into Motors*, in «Scientific American», luglio 2001 [trad. it. *Da molecole a motori*, in «Le Scienze», agosto 2001].

Astumian, R. D. e Hänggi P., *Brownian Motors*, in «Physics Today», novembre 2002, pp. 33-39.

Capitolo settimo

Boyer, P., Energy, *Life and ATP*, discorso tenuto in occasione del conferimento del premio Nobel, 8 dicembre 1997. http://nobelprize.org/nobel_prizes/chemistry/laureates/1997/boyer-lecture.html.

Cooper, G., *The Cell: A Molecular Approach*, ASM Press, Washington (DC), 1997 [trad. it. *La cellula. Un approccio molecolare*, Piccin, Padova 2011].

Hoagland, M. e Dodson B., *The Way Life Works*, Three Rivers Press, New York 1995.

Walker, J., *ATP Synthesis by Rotary Cathalisis*, discorso tenuto in occasione del conferimento del premio Nobel, 8 dicembre 1997. http://nobelprize.org/nobel_prizes/chemistry/laureates/1997/walker-lecture.html.

Capitolo ottavo

Paley, W., *Natural Theology*, Faulder, London 1802.

Capitolo nono

Alon, U., *An Introduction to System Biology*, Chapman & Hall/CRC, Boca Raton (FL) 2007.

Margulis, L. e Sagan D., *What is Life?*, University of California Press, Berkeley 1995.

Mayr, E., *This is Biology: The Science of the Living World*, Harvard University Press, Cambridge (MA) 1997 [trad. it. *Il modello biologico*, McGraw-Hill, Milano 1998].

Letture consigliate

Nell'elenco che segue ho riunito alcuni titoli che consiglio vivamente di leggere per chiarire alcuni dei temi trattati nel libro o per approfondire un argomento partendo da dove finisce il libro.

Atomismo

Greenblatt, S., *The Swerve: How the World Became Modern*, W. W. Norton, New York 2011 [trad. it. *Il manoscritto*, Rizzoli, Milano 2012]. Lettura molto gradevole sull'impatto delle idee atomistiche degli antichi Greci e Romani sulla scienza moderna.

Complessità

Kauffman, S., *At Home in the Universe: The Search for the Laws of Self-Organization and Complexity*, Oxford University Press, New York 1996 [trad. it. *A casa nell'universo: le leggi del caos e della complessità*, Editori Riuniti, Roma 2001]. Una raccolta di idee provocatorie sull'auto-organizzazione, sulla complessità e sull'origine della vita, scritta da uno dei più celebri teorici della complessità.

Waldrop, M. M., *Complexity: The Emerging Science at the Edge of Order and Chaos*, Simon & Schuster, New York 1992 [trad. it. *Complessità: uomini e idee al confine tra ordine e caos*, Instar Libri, Torino 2002]. Resoconto di facile lettura e dal taglio quasi giornalistico sugli albori delle ricerche sulla complessità. Anche se il libro ha già qualche anno, gli argomenti affrontati hanno ancora la stessa rilevanza che avevano all'inizio degli anni novanta.

Sviluppo

Carroll, Sean B., *Endless Forms Most Beautiful: The New Science of Evo Devo*, Norton, New York 2005 [trad. it. *Infinite forme bellissime: la nuova scienza dell'Evo-Devo*, Codice, Torino 2006]. Questo e l'altro libro di Carroll, *Al di là di ogni ragionevole dubbio*, citato più avanti, offrono un'introduzione magnifica allo sviluppo evolutivo («evo-devo»), la teoria che descrive il modo in cui un corpo acquista la sua forma e come tale forma evolva.

The Making of the Fittest: DNA and the Ultimate Forensic Record of Evolution, W. W. Norton, New York 2005 [trad. it. *Al di là di ogni ragionevole dubbio: la teoria dell'evoluzione alla prova dell'experienza*, Codice, Torino 2008]. Si vedano le note al libro precedente.

Evoluzione

Dawkins, R., *The Ancestor's Tale: A Pilgrimage to the Dawn of Evolution*, Houghton Mifflin, New York 2004 [trad. it. *Il racconto dell'antenato: la grande storia dell'evoluzione*, Mondadori, Milano 2006]. Di tutti i libri di Dawkins, questo è il mio preferito (ma vi raccomando anche tutti gli altri). Un viaggio a ritroso nel tempo, una specie dopo l'altra, verso l'origine della vita.

Pallen, M., *The Rough Guide to Evolution*, Penguin Books, New York 2009. Un'introduzione rapida ma sorprendentemente dettagliata all'evoluzione. Una lettura divertente.

Zimmer, C., *Evolution: The Triumph of an Idea*, HarperCollins, New York 2001. Un libro per aiutarvi a seguire la serie TV in onda sulla PBS, che vi raccomando vivamente. Spiegazioni impeccabili, ben scritto e ricco di illustrazioni.

Genetica

Ridley, M., *Genome: The Autobiography of a Species in 23 Chapters*, Harper Perennial, New York 2000 [trad. it. *Genoma: l'autobiografia di una specie in 23 capitoli*, Instar Libri, Torino 2002]. Una grande introduzione al genoma umano, scritta magnificamente. Ogni capitolo è dedicato a un cromosoma.

Biologia molecolare

Harold, F. M., *The Way of the Cell: Molecules, Organisms, and the Order of Life*, Oxford University Press, New York 2003. Un'introduzione molto gradevole e di facile lettura alla biologia cellulare.

Hoagland, M. e Dodson B., *The Way Life Works*, Three Rivers Press, New York 1995. Il libro compare anche nella bibliografia ma l'ho citato di nuovo perché credo che chiunque si interessi alla biologia dovrebbe averne una copia. È un'introduzione seria alla biologia molecolare miscelata in maniera unica con una serie di vignette divertenti. È il libro più indicato per avere le ultime informazioni sull'argomento.

Lane, N., *Power, Sex, Suicide: Mitochondria and the Meaning of Life*, Oxford University Press, New York 2005. Un resoconto dettagliato ma di gradevolissima lettura sulla generazione di energia nelle cellule. Tuttavia non manca l'attenzione per molti interrogativi fondamentali, come il motivo per cui esistono due sessi.

Rensberger, B., *Life Itself: Exploring the Realm of the Living Cell*, Oxford University Press, New York 1996. Un'introduzione gradevole e accessibile alla biologia cellulare e molecolare.

Macchine molecolari

Jones, R., *Soft Machines: Nanotechnology and Life*, Oxford University Press, New York 2007. Copre un ambito simile a *Gli ingranaggi di Dio* ma privilegia la nanotecnologia rispetto alla fisica. Una buona lettura.

Nelson, P., *Biological Physics: Energy, Information, Life*, Freeman, New York 2008. Il libro compare già nelle fonti bibliografiche, ma lo cito nuovamente a causa della sua importanza fondamentale per *Gli ingranaggi di Dio*. È stato soprattutto il libro di Nelson a spingermi a scrivere il mio. *Biological Physics* è il testo scientifico più interessante e meglio scritto che abbia mai letto. Tuttavia è piuttosto tecnico, perciò compratelo solo se le vostre basi di analisi matematica e di fisica sono solide.

Origine della vita

Davies, P., *The Fifth Miracle: The Search for the Origin and Meaning of Life*, Simon & Schuster, New York 2000 [trad. it. *Da dove viene la vita: il mistero dell'origine sulla Terra e su altri mondi*, Oscar Mondadori, Milano 2001]. Un'introduzione molto gradevole alle teorie sull'origine della vita.

Hazen, R., *Genesis: The Scientific Quest for Life's Origin*, Joseph Henry Press, Washington (DC) 2007. Descrive in prima persona, e in maniera molto gradevole, le ricerche sull'origine della vita. Aggiornato.

Auto-organizzazione e regolarità in natura

Ball, P., *The Self-Made Tapestry: Pattern Formation in Nature*, Oxford University Press, New York 2001. Una descrizione dettagliata e meravigliosamente illustrata della formazione spontanea di regolarità in natura. Una versione moderna di *Crescita e Forma* di D'Arcy Thompson.

Termodinamica e vita

Brown, G., *The Energy of Life: The Science of What Makes Our Minds and Bodies Work*, Free Press, New York 1999. Una descrizione divulgativa del ruolo della termodinamica nella vita umana, dal moto termico all'interno della cellula a come perdere peso.

Kursynski, M., *The Thermodynamics Machinery of Life*, Springer, Berlin-New York 2006. Analisi molto tecnica ma approfondita della termodinamica e della vita.

Schneider, E., *Into the Cool: Energy Flow, Thermodynamics and Life*, University of Chicago Press, Chicago 2006. Non si limita ad analizzare la compatibilità tra la vita e il secondo principio della termodinamica, ma anche in che modo quest'ultimo sia necessario per la vita.

Indice dei nomi